U0143267

名家通识讲座书系

人工智能哲学十五讲

徐英瑾 著

图书在版编目（CIP）数据

人工智能哲学十五讲/徐英瑾著.—北京：北京大学出版社，2021.7

（名家通识讲座书系）

ISBN 978 - 7 - 301 - 32258 - 1

Ⅰ.①人…　Ⅱ.①徐…　Ⅲ.①人工智能—科学哲学　Ⅳ.①TP18

中国版本图书馆 CIP 数据核字（2021）第 121839 号

书　　名	人工智能哲学十五讲 RENGONG ZHINENG ZHEXUE SHIWUJIANG
著作责任者	徐英瑾　著
责任编辑	田　炜
标准书号	ISBN 978 - 7 - 301 - 32258 - 1
出版发行	北京大学出版社
地　　址	北京市海淀区成府路 205 号　100871
网　　址	http://www.pup.cn　新浪微博：@北京大学出版社
电子邮箱	编辑部 wsz@pup.cn　　总编室 zpup@pup.cn
电　　话	邮购部 010 - 62752015　发行部 010 - 62750672 编辑部 010 - 62750577
印 刷 者	大厂回族自治县彩虹印刷有限公司
经 销 者	新华书店
	965 毫米×1300 毫米　16 开本　20.75 印张　271 千字
	2021 年 7 月第 1 版　2024 年 7 月第 4 次印刷
定　　价	65.00 元

“名家通识讲座书系”
编审委员会

“名家通识讲座书系”总序

本书系编审委员会

“名家通识讲座书系”是由北京大学发起,全国十多所重点大学和一些科研单位协作编写的一套大型多学科普及读物。全套书系计划出版100种,涵盖文、史、哲、艺术、社会科学、自然科学等各个主要学科领域,第一、二批近50种将在2004年内出齐。北京大学校长许智宏院士出任这套书系的编审委员会主任,北大中文系主任温儒敏教授任执行主编,来自全国一大批各学科领域的权威专家主持各书的撰写。到目前为止,这是同类普及性读物和教材中学科覆盖面最广、规模最大、编撰阵容最强的丛书之一。

本书系的定位是“通识”,是高品位的学科普及读物,能够满足社会上各类读者获取知识与提高素养的要求,同时也是配合高校推进素质教育而设计的讲座类书系,可以作为大学本科生通识课(通选课)的教材和课外读物。

素质教育正在成为当今大学教育和社会公民教育的趋势。为培养学生健全的人格,拓展与完善学生的知识结构,造就更多有创新潜能的复合型人才,目前全国许多大学都在调整课程,推行学分制改革,改变本科教学以往比较单纯的专业培养模式。多数大学的本科教学计划中,都已经规定和设计了通识课(通选课)的内容和学分比例,要求学生在完成本专业课程之外,选修一定比例的外专业课程,包括供全校选修的通识课(通选课)。但是,从调查的情况看,许多学校虽然在努力建设通识课,也还存在一些困难和问题:主要是缺少统一的规划,到底应当有哪些基本的通识课,可能通盘考虑不够;课程不正规,往往因人设课;课量不足,学生缺少选择的空间;更普遍的问题是,很少有真正适合通识课教学的教材,有时只好用专业课教材替代,影响了教学效果。一般来说,综合性大学这方面情况稍好,其他普通的大学,特别是理、工、医、农类学校因为相对缺少这方面的教学资源,加上很少有可供选择的教材,开设通识课的困难就更大。

这些年来,各地也陆续出版过一些面向素质教育的丛书或教材,但无论数量还是质量,都还远远不能满足需要。到底应当如何建设好通识课,使之能真正纳入正常的教学系统,并达到较好的教学效果?这是许多学校师生普遍关心的问题。从2000年开始,由北大中文系主任温儒敏教授发起,联合了本校和一些兄弟院校的老师,经过广泛的调查,并征求许多院校通识课主讲教师的意见,提出要策划一套大型的多学科的青年普及读物,同时又是大学素质教育通识课系列教材。这项建议得到北京大学校长许智宏院士的支持,并由他牵头,组成了一个在学术界和教育界都有相当影响力的编审委员会,实际上也就是有效地联合了许多重点大学,协力同心来做成这套大型的书系。北京大学出版社历来以出版高质量的大学教科书闻名,由北大出版社承担这样一套多学科的大型书系的出版任务,也顺理成章。

编写出版这套书的目标是明确的,那就是:充分整合和利用全国各相关学科的教学资源,通过本书系的编写、出版和推广,将素质教育的理念贯彻到通识课知识体系和教学方式中,使这一类课程的学科搭配结构更合理,更正规,更具有系统性和开放性,从而也更方便全国各大学设计和安排这一类课程。

2001年年底,本书系的第一批课题确定。选题的确定,主要是考虑大学生素质教育和知识结构的需要,也参考了一些重点大学的相关课程安排。课题的酝酿和作者的聘请反复征求过各学科专家以及教育部各学科教学指导委员会的意见，并直接得到许多大学和科研机构的支持。第一批选题的作者当中，有一部分就是由各大学推荐的，他们已经在所属学校成功地开设过相关的通识课程。令人感动的是，虽然受聘的作者大都是各学科领域的顶尖学者，不少还是学科带头人，科研与教学工作本来就很忙，但多数作者还是非常乐于接受聘请，宁可先放下其他工作，也要挤时间保证这套书的完成。学者们如此关心和积极参与素质教育之大业，应当对他们表示崇高的敬意。

本书系的内容设计充分照顾到社会上一般青年读者的阅读选择，适合自学；同时又能满足大学通识课教学的需要。每一种书都有一定的知识系统，有相对独立的学科范围和专业性，但又不同于专业教科书，不是专业课的压缩或简化。重要的是能适合本专业之外的一般大学生和读者，深入浅出地传授相关学科的知识，扩展学术的胸襟和眼光，进而增进学生的人格素养。本书系每一种选题都在努力做到入乎其内，出乎其外，把学问真正做活了，并能加以普及，因此对这套书的作者要求很高。我们所邀请的大都是那些真正有学术建树，有良好的教学经验，又能将学问深入浅出地传达出来的重量级学者，是请"大家"来讲"通识"，所以命名为"名家通识讲座书系"。其意图就是精选名校名牌课程，实现大学教学资源共享，让更多的学子能够通过这套书，亲炙名家名师课堂。

本书系由不同的作者撰写，这些作者有不同的治学风格，但又都有共同的追求，既注意知识的相对稳定性，重点突出，通俗易懂，又能适当接触学科前沿，引发跨学科的思考和学习的兴趣。

本书系大都采用学术讲座的风格，有意保留讲课的口气和生动的文风，有"讲"的现场感，比较亲切、有趣。

本书系的拟想读者主要是青年，适合社会上一般读者作为提高文化素养的普及性读物；如果用作大学通识课教材，教员上课时可以参照其框架和基本内容，再加补充发挥；或者预先指定学生阅读某些章节，上课时组织学生讨论;也可以把本书系作为参考教材。

本书系每一本都是“十五讲”,主要是要求在较少的篇幅内讲清楚某一学科领域的通识,而选为教材,十五讲又正好讲一个学期,符合一般通识课的课时要求。同时这也有意形成一种系列出版物的鲜明特色,一个图书品牌。

我们希望这套书的出版既能满足社会上读者的需要,又能有效地促进全国各大学的素质教育和通识课的建设,从而联合更多学界同仁,一起来努力营造一项宏大的文化教育工程。

2002年9月

序言

读者将要读到的这本书的关键词乃是“人工智能哲学”。有的读者或许会问:人工智能难道不是理工科的话题吗?既然你是从事人文学科研究的,又有什么资格对科学问题插嘴呢?

关于哲学家是否有资格对科学问题插嘴,作为科学哲学与西方哲学的双料研究者,笔者觉得有几句话要说。我承认:并非面对所有理工科问题,哲学家都有话要说。譬如,关于“歼-20 战斗机为何用鸭式布局的形体”这个问题,哲学家就不会发言,至少不会以哲学家的身份发言(以资深军迷的身份发言则可能是被允许的,但这一身份与哲学家的身份并无本质联系)。然而,关于“进化论是否能够沿用到心理学领域”“量子力学的本质到底是什么”这些科学家自己都未必有定见的问题,心理学哲学、生物学哲学与物理学哲学当然有话要说。如果有人不知道这些具体的科学哲学分支的存在的话,那么,则是他本人的责任,而不是这些学科分支的责任。

按照同样的逻辑,关于人工智能的问题,哲学家当然也可以发言,正如物理学哲学家可以对基本物理学发现的意义进行追问一样。具体而言,在人工智能学界,关于何为智能的基本定义目前都没有定见,而由此导致的技术路线分歧更是不一而足。在这种情况下,就此多听听哲学家关于此类问题的见解,恐怕也没有啥坏处。

有人或许会反问:哲学家们连一行程序都不会写,为何要听哲学家的?

对这个疑问,两个回应足以将其驳倒。

第一,你怎么知道哲学家都不会写程序?比如,知识论研究领域的重磅学者波洛克(John L. Pollock),就曾开发了一个叫作“奥斯卡”的推理系统,相关研究成果在主流人工智能杂志上都发表过。再比如,在当今英美哲学界名声赫赫的心灵哲学家查尔莫斯(David Chalmers),是印第安纳大学布鲁明顿分校的人工智能大专家侯世达(Douglas Richard Hofstadter)的高足,以前也和老师一起发表过很多人工智能领域的专业论文,难道他竟然不会写程序?

第二,难道一定会写程序才是能够对人工智能发表意见的必要条件?作为一种底层操作,写具体的代码的工作,类似于军队中最简单的射击动作。然而,大家请试想一下:汉高祖刘邦之所以能够打败西楚霸王项羽,究竟是因为他有知人善用的本事呢,还是因为他精通弩机的使用?答案无疑是前者。很显然,哲学之于人工智能的底层操作,就类似于刘邦的战略思维之于使用弩机之类的战术动作。

有的读者还会说:纵然我们承认“人工智能哲学”现在是一个在哲学内部被承认的学术分支,这又如何?譬如,主流的人工智能哲学专家之一德瑞福斯(Hubert Dreyfus)就是一个如假包换的海德格尔(Martin Heidegger)哲学的粉丝,而海德格尔哲学的描述云山雾罩,毫无算法说明支持,以这样的哲学为基础再建立一种人工智能哲学的理论,难道不是在卖狗皮膏药吗?

对于这一点批评,笔者的意见是:虽然作为英美分析哲学研究者,笔者本人有时候对海氏晦涩的表述方式也感到抓狂,但在我能够看懂他的论述的限度内,我并不怀疑海氏哲学肯定说出了一些非常重要、非常深刻的事情。换言之,在我看来,只要能够将海氏哲学思想“翻译”得清楚一点,他的洞见就更容易被经验科学领域内的工作者所吸收。从这个角度来看,德瑞福斯先生在重新表述海氏哲学方面所做出的努力,乃是吾辈相关“翻译”工作的重要思想伴侣。

那么,到底该怎么来做这种“翻译”呢?下面我就来举一个例子。

概而言之,海氏现象学的一个基本观点是:西方哲学传统关心的是“存在者”,而不是“存在”本身。而他自己的新哲学要重新揭露这被遗忘的“存在”。我承认这是海氏的“哲学黑话”,不经解释的确不知所云。但它们并非在原则上不可被说清楚。所谓“存在者”,就是能够在语言表征中被清楚地对象化的东西。比如,命题、真值、主体、客体,都是这样的存在者。而“存在”本身,则难以在语言表征中被对象化,比如你在使用一个隐喻的时候所依赖的某种模糊的背景知识。你能够像列举你的十根手指一样,将开某个玩笑时的背景知识都说清楚吗?在背景知识与非背景知识之间,你能够找到清楚的界限吗?而传统人工智能的麻烦就在这里。人类真实的智能活动都会依赖这些说不清楚的背景知识,而程序员呢,他们不把事情说得清清楚楚,就编写不了程序。这就构成了人类的现象学体验与机器编写的机械论预设之间的巨大张力。

有人会说:机器何必要理睬人的现象学体验?人工智能又不是克隆人,完全可以不理睬人是怎么感知世界的啊?对这个非常肤浅的质疑,如下应答就足够了:我们干吗要做人工智能?不就是为了给人类增加帮手吗?假设你需要造一个搬运机器人,帮助你搬家,那么,你难道不希望他能够听懂你的命令吗?——譬如如下命令:“哎,机器人阿杰啊,你把那个东西搬到这里来,再去那边把另外一个东西也拿过来。”——很显然,这个命令里包含了大量的方位代词,其具体含义必须在特定语境中才能够得到确定。在这样的情况下,你怎么可能不指望机器人与你分享同样的语境意识呢?你怎么能够忍受你的机器人是处在另外一个时空尺度里的怪物呢?既然这样的机器人必须具有与人类似的语境意识,由海氏哲学所揭示的人类现象学体验的某些基本结构,一定意义上不也正适用于真正的人工智能体吗?

需要指出的是,海德格尔绝非是唯一会在本书中出现的西方哲学大牛。别的大牛还包括胡塞尔(Edmund Husserl)、福多(Jerry Fodor)、塞尔(John Searle)、安斯康姆(Gertrude Elizabeth Margaret Anscombe),以及前面提到过的波洛克,还有国内学术界很少谈论的日本哲学家九鬼周造。但这些哲学家并不是本书的真正主角。本书的真正主角,毋宁说是这样三个问题:

第一,现实评估之问:当下的主流人工智能,算是通用人工智能吗?(笔者的答案是“非也”。)

第二,伦理维度之问:研究通用人工智能,在伦理上是利大于弊,还是弊大于利?(笔者的答案是“利大于弊”。)

第三,路线图勾画之问:我们该如何逼近通用人工智能?(笔者对该问题的答案包含三个关键词:“小数据主义”“绿色人工智能”与“心智建模”。)

从笔者预先给出的这些问题的答案来看,读者应当看出,我是不可能赞成如下三条在当前媒体界与商界被反复鼓吹的意见的(但这三条意见彼此之间在逻辑上未必自洽):

第一(针对我的第一问):当前主流的人工智能,经由深度学习技术所提供的强大运算力,会在某个不太遥远的时刻逼近通用人工智能的目标。

第二(针对我的第二问):尽管通用人工智能技术可以通过当前的技术路线而达成,然而,该目标的实现会对人类社会构成莫大的威胁。

第三(针对我的第三问):未来人工智能的主要技术路径,是大数据技术、5G环境中的物联网技术。

笔者认为以上三条意见都是错的,而且是那种哲学层面上的错误(注意,当一个哲学家说某人“犯下哲学层面上的错误”的时候,他真正想说的是:嘿,老兄,你错得离谱了!)但不幸的是,全球范围内关于人工智能的技术与资本布局,都多多少少受到了上述三种观点——尤其是最后一种观点——的影响。对此,我感到非常忧虑。

不过,读者能够读到笔者的这些忧虑,至少说明这本书已经得到了出版。在此,我首先要感谢北京大学出版社的田炜女士在促成本书出版的过程中付出的努力。早在2018年我在北京主持“世界哲学大会人工智能分会场”的工作时,她其实就向我约了稿,但因为稿约繁忙,直到2020年6月底我才交稿,甚为惭愧。在此我还要感谢中国工程院院士李德毅教授在阅读本书一些章节的初稿时对笔者的鼓励与批评意见。需要指出的是,本书的很多思想,来自笔者长期与美国天普大学的计算机专家王培老师学术交流的结果,因此,没有他的思想刺激,这本书也不可能完成。同时需要指出的是,我已故的导师俞吾金先生在生前一直嘱咐我要做分析与欧陆哲学兼通的学者,而本书对于各种相关思想资源的调用,也正是为了实践我导师生前的治学理念。

本书十五讲的内容,很多来自笔者在复旦大学开设的“人工智能哲学”(本科生课程)与“智能科学”(研究生课程)的讲义。与本书内容相关的研究,得到了教育部哲学社会科学研究重大课题攻关项目“新一代人工智能发展的自然语言理解研究”(项目号:19JZD010)的资助。本书也是该项目的前期阶段性成果的一部分。

徐英瑾

2020年6月26日

目　录

下篇　如何实现通用人工智能？

上篇

主流人工智能批判

第一讲

人工智能为何需要哲学?

一 人工智能本就自带哲学气质

顾名思义,“人工智能哲学”(philosophy of Artificial Intelligence)的任务,就是从哲学的角度,对“人工智能”(Artificial Intelligence,以下简称为AI)科学的观念前提和工作方法,进行反思性的研究。从学科分类上讲,该哲学分支应当属于广义的“特定科学的哲学”(philosophy of specific disciplines of natural science)之范畴,并与“物理学哲学”(philosophy of physics)、“生物学哲学”(philosophy of biology)等哲学分支相平级。但由于其和心灵哲学(philosophy of mind)之间明显的学术牵扯,西方学界更习惯视之为心灵哲学的一个下属研究领域——而且,由于AI与认知科学(cognitive sciences)之间的密切关联,人工智能哲学与认知科学哲学(philosophy of cognitive sciences)之间的界限也是相对模糊的。

那么,为何作为人文学科的哲学能够与作为理工科的AI发生积极的联系呢?这首先与哲学自身的三个特征有关:

第一,思考大问题,澄清基本概念。这里所说的“大问题”,即极具基础意义的问题。比如,数学哲学家追问数学家“数”的本性为何,物理学哲学家追问物理学家“物质”“能量”的本性为何,生物学哲学家追问生物学家“生命”的本性为何。与哲学家相比,一般的自然科学家往往只是在自己的研究中预设了相关问题的答案,却很少系统地反思这些答案的合法性。

第二,在不同学科的研究成果之间寻找汇通点,而不受某一具体学科视野之局限。比如,科学哲学家往往喜欢追问这样的问题:如何汇通生物学研究的成果和化学研究的成果?是不是所有的生物现象,都可以还原为更为微观的化学现象?而所有的化学现象,是否复又可被还原为更为微观的微观物理学现象?或者,存在着一种不同于"还原论"的汇通方式?——相比较而言,职业科学家对于这些跨学科问题虽或偶有反思,但往往也不够系统和深入。

第三,重视论证和辩护,相对轻视证据的约束。这就是说,评价哲学工作优劣的标准,主要是看一个哲学论证本身的合理性和常识可接受性,却一般不用受到严格的科学证据的检测。而对于科学而言,合理的辩护程序却必须和实打实的经验证据相互匹配,否则导出的结论就无法被科学共同体所接受。这种差异,一方面固然使得哲学工作的自由度要远大于科学工作的自由度,但另一方面也使得哲学争议往往不如科学争议那样,容易取得学科共同体内部的一致意见。

综合以上三点我们不难发现,经过正规哲学训练的学者,在精神气质方面便很容易具备这样的品质:喜欢刨根问底,喜欢融会贯通,不受制于一门特殊经验科学的思维方式(或套用孔子在《论语·为政》中的训诫来说,"君子不器"),并倾向于对敌对的学术观点保持一种"绅士风度",视哲学争议为正常。笔者将这些文化品质,统统归到"哲学文化"这个大的标签之下。但需要指出的是,在今天典型的科学训练中,上述这种"哲学文化"在一定程度上是受到排斥的。首先,对处于"学徒期"的科学入门者而言,学会服从既定的研究范式乃是其第一要务,而对这些范式的"哲学式怀疑"则会导致其无法入门;其次,严格的一级、二级、三级学科分类导致学生们忙于熟悉特定领域内的研究规范,而无暇开拓视野,浮想联翩;最后,对于权威科学模式的服从,在一定程度上也压制了那些离经叛道的“异说”的话语权（与之相比较，在哲学界内部，对于“异说”的宽容度相对较高——只要你的论证符合一般的论证规范，任何古怪的观点都可以自由提出）。

但凡事都有例外。就对于哲学文化的宽容程度而言，AI 绝对算是个科学界内部的异数。从某种意义上说，该学科本身的诞生，就恰恰是“头脑风暴”般哲学思辨的产物。

说到该学科的起源，就不能不谈到一篇经典论文和一个重要会议。1950 年 10 月，伟大的英国数学家、逻辑学家和计算机科学的理论奠基人阿兰·图灵（Alan Turing，1912—1954）在英国哲学杂志《心智》上发表了论文《计算机器和智能》①。在文中他提出了著名的“图灵测验”（Turing Test）的思想，并认为判断一台人造机器是否具有人类智能的充分条件，就是看其言语行为是否能够成功地模拟人类的言语行为（具体而言，若一台机器在人机对话中能够长时间误导人类认定其为真人，那么这台机器就通过了“图灵测验”）。在文末他乐观地预言道，这样的一台机器会在 50 年内问世。以今天的眼光来看，这篇论文无疑是向我们指出了今日所说的 AI 科学的某种研究方向。但需要注意的是，图灵对于这种研究方向的揭示，其在本质上是一种哲学工作：它牵涉到了对于“何为智能”这个大问题的追问，并试图通过一种行为主义的心智理论，最终消弭心理学研究和机器编程之间的楚河汉界，同时还对各种敌对意见提供了丰富的反驳意见。这些特征也使得这篇论文不仅成为 AI 科学的先声，也成了哲学史上的经典之作。

有意思的是，图灵本人并没有正式使用“AI”这个今日家喻户晓的词组——他甚至连“计算机”（computer）这个词也没有用（他使用的是“computing machinery”，即“计算机器”）。“AI”这个词组正式进入英语

---

① Alan Turing（1950），“Computing Machinery and Intelligence”，*Mind* 59（236）：433-460.

流通领域,得等到1956年。在这一年夏天的美国达特茅斯学院(Dartmouth College),一群志同道合的学者驱车赴会,畅谈如何利用刚刚问世不久的计算机来实现人类智能的问题,而洛克菲勒基金会则为会议提供了7500美元的资助(这笔资助在当时属于“巨款”)。在会议的筹备时期,麦卡锡(John McCarthy,1927—2011)建议学界以后就用“人工智能”一词来标识这个新兴的学术领域,与会者则附议。值得一提的是,在参加此次会议的学者中,有四人在日后获得了计算机领域内的最高学术奖励:图灵奖(Turing Award)。此四君即:明斯基(Marvin Minsky, 1927—2016,1969年获奖)、纽厄尔(Allen Newell,1927—1992,1975年获奖)、司马贺[1](Herbert Simon,1916—2001,1975年获奖),还有麦卡锡本人(1971年获奖)。从这个意义上说,1956年的达特茅斯会议,无疑是一次名副其实的“群英会”。

参加达特茅斯会议的虽无职业哲学家,但这次会议的哲学色彩依然浓郁。首先,与会者都喜欢讨论大问题,即如何在人类智能水平上实现机器智能(而不是如何用某个特定的算法解决某个具体问题)。其次,与会者都喜欢讨论不同的子课题之间的关联,追求一个统一的解决方案(这些子课题包括:自然语言处理、人工神经元网络、计算理论以及机器的创造性,等等)。最后,不同的学术见解在这次会议上自由碰撞,体现了高度的学术宽容度(从麦卡锡完成的会议规划书[2]来看,没

---

① “司马贺”是Herbert Simon生前首肯的汉化译名(正常的译名应当是“西蒙”)。此译名在我国计算机学界已通行多年。顺便说一句,司马贺先生非常仰慕中华文化,并在1994年被选为中国科学院外籍院士。他也是1978年诺贝尔经济学奖获得者。

② John McCarthy & Marvin Minsky & Nathan Rochester & Claude Shannon (1955), *A Proposal for the Dartmouth Summer Research Project on Artificial Intelligence*, http://www-formal.stanford.edu/jmc/history/dartmouth/dartmouth.html.(访问日期2020年7月10日。本书中提到的网址,均于该日访问,下不另注。)

有什么证据表明这次形式松散的会议是围绕着任何统一性的、强制性的研究纲领来进行的)。

但看到这里,有的读者恐怕不禁要问:为何 AI 科学对哲学的宽容度相对来得就比较高?这背后又有何玄机呢?

这首先和 AI 科学自身研究对象的特殊性相关的。AI 的研究目的,即是在人造机器上通过模拟人类的智能行为,最终实现机器智能。很显然,要做到这一点,就必须对“何为智能”这个问题做出解答。然而,不同的解答方案往往会导致截然不同的技术路径。比如,如果你认为“智能”的实质就是具体的问题求解能力,那么,你就会为你心目中的智能机器规划好不同的问题求解路径,而每一路径自身又对应于不同的问题(这就是主流 AI 学界所做的);如果你认为实现“智能”的实质就是去尽量模拟自然智能体的生物学硬件,你就会去努力钻研人脑的结构,并用某种数学模型去重建一个简化的神经元网络(这就是联结主义者所做的);如果你认为智能的实质仅仅在于智能体在行为层面上和人类行为的相似,那么你就会用尽一切办法来填满你理想中的智能机器的“心智黑箱”(无论是在其中预装一个巨型知识库,还是让其和互联网接驳,以便随时更新自己的知识——只要管用就行)。由此看来,正是因为自身研究对象的不确定性,AI 研究者在哲学层面上对于“智能”的不同理解,也才会在技术实施的层面上产生如此大的影响。很明显,这种学科内部的基本分歧,在相对成熟的自然科学那里是比较罕见的。

其次,AI 科学自身的研究手段,缺乏删除不同理论假设的决定性判决力,这在很大程度上也就为哲学思辨的展开预留了空间。我们知道,在成熟物理科学那里有所谓“判决性实验”的说法,即通过一个精心构思的实验来决定性地驳倒一个科学假设。其最著名的案例,即麦克尔逊-莫雷实验对于“以太”假设的证伪。但与物理学家不同,AI 科学家一般不做实验(experiment),而只做试验(test)——就这一点而言,这门学科似乎更像是工科(engineering),而非理科(science)。说得更具体一点,判断一个AI系统好不好,其标准就在于检验其是否达到了设计者预定的设计目标,或者其是否比同类产品的表现更好——但这些标准自身无疑存在着很大的弹性。另外,即使这些标准暂时没有被满足,这也不能够证明系统的设计原理的失误,因为设计者完全可能会根据某种哲学理由而相信:基于同样设计原理的改良产品一定能有更佳的表现。从这个角度看,对于特定的AI进路来说,经验证据的辩护功效,更容易受到形而上的哲学辩护力的补充或者制衡。

再次,关于人类心智结构的猜测,哲学史上曾经积累了大量的既有成果,这在一定程度上便构成了AI研究的智库。与之相比,虽然心理学研究和神经科学也能够在一定程度上扮演这种智库的角色,但是它们的抽象程度不如哲学,其解释对象又主要针对人脑的生理机能,因此反而不太具备某种横跨心灵和机器的普适性。

最后,和目前的成熟科学的研究状况不同,当前AI学界依然是处在“战国群雄”阶段,各种研究进路彼此竞争,很难说谁已经获得了绝对的优势。这在一定程度上又为哲学家留出了表演的舞台。

以上的解说,只是在义理层面上澄清了哲学和AI研究之间的密切关系。现在就让我们来查看哲学史上的两个具体哲学案例对于特定的AI流派的预报意义。

二　符号主义与联结主义的人工智能进路在近代西方哲学中的根苗

若要顶真起来说,AI科学在西方哲学思想中的起源,的确完全可以上溯到古希腊。古希腊为AI提供了至少两个思想资源:第一是德谟克利特的机械唯物主义。根据这种学说,世界中出现的所有事态都可以被视为原子的机械配置方式(如原子的直线和偏离运动)。这就蕴涵了:人类的灵魂活动——作为世界中的一类事态——也可以被系统地还原为原子的配置形式(具体而言,在德谟克利特看来,“灵魂原子”只是比别的原子更为精微和灵活而已,并非在本体论上自成一类的对象)。这种观点显然在精神上是和司马贺、纽厄尔的“物理符号假设”(详见后文)相亲近的,只不过后者要比前者来得更为精致。第二个思想资源则是古希腊人的形式主义传统,即通过形式刻画来澄清自然语言推理的歧义。在这个问题上做出贡献的哲学家,主要有毕达哥拉斯、苏格拉底、柏拉图和亚里士多德四人。其中,毕达哥拉斯明确把“数”视为世界的本原,这就为后世科学对数学语言(以及一般意义上的形式语言)的推崇定下了大调子。在这个问题上,今日的新派 AI(崇尚各种统计学方法)和老派 AI(崇尚形式逻辑)都可算作是毕达哥拉斯主义的后人。至于苏格拉底和柏拉图师徒,虽在形而上学立场上秉持客观唯心论而远离唯物论,但他们对于谬误论证的不妥协态度,以及对于明述定义(explicit definition)的孜孜以求,都深刻影响了整个西方文化的理性主义传统。从这个角度看,符号主义进路的 AI 对于符号表征之明述含义(explicit meaning)的高度依赖,以及对于自然语义歧义的低宽容度,实际上秉承的都是他们这对师徒的路子。而沿着这条道路继续前进的亚里士多德,则在人类历史上第一次系统构建了一个形式逻辑体系,这就为后来者对自然语言的整编提供了初步的技术依据。后世的弗雷格虽对亚里士多德逻辑的缺点大加诟病,但在形式化的道路上,他实际上比前人走得还要彻底。毫不夸张地说,没有这个绵延两千多年的“将形式化进行到底”的大传统,AI 之花是不可能盛开在 1956 年的达特茅斯学院的。

但古希腊思想毕竟只能算是 AI 的“远亲”。与在时间上更为晚近的十七、十八世纪哲学相比,古希腊人的思想还是和 AI 隔了三座山。

第一座山是:在古希腊人那里,机械唯物主义和形式主义传统基本上还是两条进路,而没有机会在同一个思想体系中得到整合。这也就是说，古希腊人还未想到这样一个思路：数理化的形式语言能够提供对于物理实在的一种最准确的抽象方式（或者说，这种思想至多只是在柏拉图的《蒂迈欧篇》中才冒出了一点苗头）。这样一来，他们就更不可能抵达那个对于符号 AI 来说至关重要的哲学预设：数理化的形式语言能够提供对于心理实在的一种最准确的抽象方式。

古希腊哲学和 AI 之间所隔的第二座山则是：心智理论的构建还不是古希腊哲学家的核心关涉，而只是其形而上学理论的一个运用领域（比如柏拉图的灵魂学说就是对其“相论”的一个运用，而亚里士多德的灵魂学说则是对其“潜能—现实”学说的一个运用）。心智理论的这种边缘地位，自然使得相关的思想家不会有更多的精力将他们的相关建树精致化。而典型的符号 AI 路数，却恰恰要求一种具有一定成熟程度的认知心理学理论作为其参考系。

第三座山则是：各种人工机械在古希腊世界的运用还非常有限，复杂程度也很低，这就在客观上限制了思想家对于“人造机械到底能够做些啥”这个问题的想象力（唯一看似例外的是诗人荷马，他在《伊利亚特》中设想了一个黄金造的机器人。但需要指出的是，这个机器人毕竟是由希腊的技术神赫菲斯托斯[其地位类似于我国的鲁班]所制，所以，这至多只算是“神工智能”，而非“人工智能”）。而一些哲学家（特别是柏拉图）对于人工产品的鄙夷态度，无疑又禁锢了人们对于人造器械的想象力。可 AI 工作最需要的，恰恰就是想象力：没有对于现有机械之未来可能发展形态的“想入非非”，就不可能有 1956 年的达特茅斯会议，就不会有“通用问题求解器”，就不会有“深蓝”，就不会有日本产业界野心勃勃的“第五代计算机计划”，也就不会有今日的 AI 学科。

而对于近代哲学家来说，以上三座大山即使没有被完全搬开，至少也已经被历代“愚公”们掏空了大半。

先来看第二座。心智理论在近代哲学家那里的核心地位乃是众所周知的,哲学家们纷纷以“人性研究”或“人类知识研究”为名建立了各种心智理论,并在大体上构成了“唯理派”和“经验派”这两大阵营。他们在这方面的思想建树不仅滋养了今日的 AI 科学,而且也滋养了和 AI 密切相关的认知心理学以及认知语言学。

而就第一座大山而言,数理形式和物理实在之间的隔膜实际上已经被初步消除,因为以伽利略为领军人物的近代“科学革命”,业已在人类历史上第一次完成了数理形式和物理实在的伟大联姻。从某种向度上来看,肇始于笛卡尔的近代哲学,正是对于这次婚礼的一次次反思、注释和发挥。这些阐发和相关思想家的心智理论建树结合在一起,自然就很容易催生一种机械化的心智理论(在这方面霍布斯可谓典型。详后)。

再来看前述第三座大山。从笛卡尔到康德的西方哲学家虽然生活在第一次工业革命的前夜,但此前文艺复兴运动对于机械发明(特别是基于齿轮技术的钟表制造技术)的推崇,早已在西方智识阶层的心智上打下深刻的烙印(在这方面艺术大师达·芬奇的工程学奇想,可谓大开风气之先)。在军事方面,使用黑火药的大小火器已经全面成熟,而远洋航船设计则已经基本上穷尽了蒸汽机时代之前的种种技术可能性。在医学方面,解剖学的发展已经使得人们能够从机械系统的角度认识人体的运作。从社会心理学的角度看,上述这些技术成功无疑大大提高了欧洲人对于人类自身理智能力的信心,并为哲学家们想象力的拓展提供了大量的现实刺激。这种迥异于古希腊的历史文化氛围,显然更有利于那些更富有机械主义气息的心智理论(以及相关思辨)的出炉。

而在近代西方哲学史中,有两位哲学家的名字特别值得一提,因为他们恰好与 AI 研究的两个流派——符号主义与联结主义——密切相关(这里所说的“符号主义”,相当于通过符号化的规则来编制 AI 的程序的做法,而“联结主义”相当于通过对于神经元结构的数学建模来编制AI程序的做法)。这两位哲学家分别是预告了符号主义AI的霍布斯(Thomas Hobbes, 1588—1679),与预告了联结主义AI的休谟(David Hume,1711—1776)。

略有西方哲学史背景的读者或许知道,霍布斯是近代唯物主义哲学家的代表人物之一——但这并不是他在这里被我们提到的首要原因。这是因为,尽管AI的理想(即制造出某种智能机器)必然会预设某种版本的唯物主义,但反过来说,从唯物主义中我们却未必能够推出AI的理想。说得更清楚一点,一种关于AI的唯物主义必须得满足这样的条件:它除了泛泛地断定心理层面上的人类智能行为在实质上都是一些生物学层面上的物理运作之外,还必须以某种更大的理论勇气,去建立某种兼适于人和机器的智能理论,以便能指导我们把特定的智能行为翻译为某些非生物性的机械运作。在这方面,拉·美特里(Julien Offray de La Mettrie, 1709—1751,他可能是近代西方哲学史中最著名的唯物主义者)对于AI的价值恐怕就要小于霍布斯,因为前者关于"人(是)机器"(*L'homme Machine*)的主张,实质上并没有直接承诺智能机器实现的可能性。毋宁说,拉·美特里只是给出了一个关于人的生物属性和心理属性之间关系的局域性论题,其抽象程度是不足以产生对于AI的辐射效应的。

与迷恋医学和解剖学的拉·美特里不同,霍布斯迷恋的乃是更为抽象的几何学,并致力给出一种关于人类思维的抽象描述。他在其名著《利维坦》中写道:

> 当人进行推理的时候,他所做的,不外乎就是将各个部分累加在一起获得一个总和,或者是从一个总和里面扣除一部分,以获得一个余数。……尽管在其他方面,就像在数字领域内一样,人们还在加减之外用到了另外一些运算,如乘和除,但它们在实质上还是同一回事情。……这些运算并不限于数字领域,而是适用于任何

可以出现加减的领域。这是因为，就像算术家在数字领域谈加减一样，几何学家在线、形（立体的和平面的）、角、比例、倍数、速度、力和力量等方面也谈加减；而逻辑学家在做如下事情的时候也做加减：整理词序，把两个名词加在一起以构成断言，把两个断言加在一起以构成三段论，或把很多三段论加在一起以构成一个证明，或在一个证明的总体中（或在面对证明的结论时）减去其中的一个命题以获得另外一个。政治学的论著者把契约加在一起，以便找到其中的义务；法律学家把法律和事实加在一起，以找到个体行为中的是与非。总而言之，当有加减施加拳脚的地方，理性便有了容身之处，而在加减无所适从的地方，理性也就失去了容身之所。①

这段文字可以被视为今日所说的符号主义 AI 的主要思想的一个预告。严格地说，所谓"符号主义 AI"，即以"物理符号假设"为自身哲学前提的 AI 研究。此假设内容如下：

物理系统假设：对于展现一个一般的智能行动来说，一个物理符号系统具有必要的和充分的手段。也就是说，一方面，任何一个展现出智能行为的系统，归根结底都能够被分析为一个物理符号系统；另一方面，任何一个物理符号系统，只要具有足够的组织规模和适当的组织形式，都会展现出智能（这里的"智能"一词和人类智能同义）。②

---

① Thomas Hobbes, *Leviathan, or the Matter, Form & Power of a Common-wealth Ecclesiasticall and Civil*, edited with an introduction and notes by J. C. A. Gaskin, New York: Oxford University Press, 1996. pp. 27-28.

② 此段文字根据下面文献改写：John Haugeland, *Artificial Intelligence: The Very Idea*, Cambridge: The MIT Press, 1985, p. 41。

说得更具体一点,这里所说的“物理符号系统”,乃是由以下三个要素所构成的一种理论模型:

(1)一个内置符号识别子系统(以便将某个特定物理印记解读为某符号);

(2)一个内置的句法规范子系统,用以剔除掉不合句法的字符串;

(3)一套表达式操作程序,以便规定出:在怎样的条件下,向机器的某一内部状态输入怎样的表达式,机器会输出怎样的新表达式。这类操作程序归根结底都能在抽象的层面上被还原为一台“图灵机”的操作(“图灵机”即由图灵提出的一种可以模拟出任何有限步骤的数学与逻辑运算的通用计算模型)。

霍布斯很可能并不了解后世的“图灵机”模型(该模型也可以被视为对于“物理符号系统”的一种数学抽象),但他已经很清楚地说到了:看似复杂的人类理性思维,实际上是可以被还原为“加”和“减”这两个机械操作的。这个讲法,在精神上和图灵机的思想是很接近的(而我们今天已经知道了,所谓的“加法”和“减法”,其实都可以通过一台“万能图灵机”来加以模拟)。不难想见,如果霍布斯是对的话,那么“加”和“减”这样的机械操作,只要被赋予了特定的计算形式,就会成为理性存在的充分必要条件。也就是说,一方面,从加减的存在中我们就可以推出理性的存在;而另一方面,从前者的不存在中我们也就可以推出后者的不存在(正如引文所言:“当有加减施加拳脚的地方,理性便有了容身之处,而在加减无所适从的地方,理性也就失去了容身之所”)。很明显,如果我们承认这种普遍意义上的加减的实现机制不仅包含人脑,也包含一些人造机械的话,那么他对于“理性存在”的充分必要条件的上述表达,也就等于承诺了机器智能的可能性。换言之,霍布斯的言论虽然没有直接涉及AI,但是把他的观点纳入AI的叙事系统之内,在逻辑上并无任何突兀之处。另外,就“哪些知识领域存在有加减运作”这个问题,霍布斯也抱有一种异常开放的态度。根据《利维坦》的这段引文,这个范围不仅包括算术和几何学,甚至也包括政治学和法律学。这也就是说,从自然科学到社会科学的广阔领域,相关的理性推理活动竟然都依据同一个机械模型!这几乎就等于在预报后世 AI 专家设计“通用问题求解器”的思路了。也正鉴于此,哲学家郝格兰才把霍布斯称为“AI 之先祖”①。而考虑到霍布斯的具体建树和符号 AI 更为相关,笔者更情愿将其称为“符号 AI 之先祖”。

但需要注意的事,符号 AI 的基本哲学预设——“物理符号假设”——在霍布斯那里只是得到了一种弱化的表达。为何说是“弱化”的呢?因为该假设原本涉及的是一般意义上的智能行为和底层的机械操作之间的关系,而霍布斯则只是提到了理性推理和这种机械操作之间的关系。换言之,他并没有承诺理性以外的心智活动——如感知、想象、情绪、意志等——也是以加减等机械运作为其存在的充分必要条件的。而从文本证据上来看,在正式讨论理性推理之前,《利维坦》对于“感觉”“想象”“想象的序列”等话题的讨论,也并未直接牵涉到对于加减运作的讨论。

那么,如何把一种机械化的心灵观从理性领域扩张到感性领域,并由此构建一种更为全面的并对 AI 更有用的心智理论呢?这关键的一步是由休谟走出的。不过,走出这一步,并没有导致他去采纳一种更强版本的“物理符号假设”;相反,却导致了他彻底抛弃了该假设,并和 AI 阵营中的另一派——联结主义(也可以被称为“人工神经元网络技术”)——攀上了亲。

从认知心理学的视角来看,休谟的心智理论的基本思想是:一种更为全面的心智理论应当弥补前符号表征层面和符号表征层面之间的鸿

① John Haugeland, *Artificial Intelligence: The Very Idea*, Cambridge: The MIT Press, 1985, p.23.

沟,否则就会失去应有的统一性(而缺乏对于前符号的感觉印象的覆盖力,恰恰就是霍布斯的心智理论的毛病)。而休谟采取的具体"填沟"策略则是还原论式的,即设法把符号表征系统地还原为前符号的感觉原子。在《人性论》中,这些感觉原子被他称为"印象",而符号表征则被称为"观念"。

更具体地说,他实际上是把整个心智的信息加工过程看成是一个"从下而上"的进路:

第一,人类的感官接受物理刺激,产生感觉印象。它们不具有表征功能,其强度和活跃度与物理刺激自身的强度呈正比关系(不过休谟不想详细讨论这个过程,因为他觉得这更是一个生理学的题目,而不是他所关心的心理哲学的题目)。

第二,感觉印象的每一个个例(token)被一一输入心智机器,而心智机器的第一个核心机制也就随之开始运作了:这就是抽象和记忆。记忆使得印象的原始输入得以在心智机器的后续运作中被妥善保存,而要做到这一点,记忆机制就首先需要对印象的个例加以抽象,以减少系统的信息储存空间。这种抽象的产物乃是"感觉观念"。它们具有表征功能,其表征对象就是相应的印象个例。在这个抽象形式中,每一个原始个例的特征都被平均化了,而其原有的活跃程度则被削弱。每一个感觉观念本身则通过第二个心智核心机制——想象力——的作用,得到更深入的加工。想象力的基本操作是对感觉观念加以组合和分解(类似于霍布斯所说的"加减运算"),而这些组合或分解活动所遵循的基本规律则是统计学性质的:也就是说,观念 A 和观念 B(而不是 A 和 C)之所以更有机会被联想在一起,乃是因为根据系统所记录的统计数据,A 的示例和 B 的示例之间的联结实例,要多于 A 的示例和 C 的示例之间的联结实例。由此一来,一个观念表征的所谓"含义",在根底上就可被视为对原始输入的物理性质的一种统计学抽象,而观念表征之间的联系,则可被视为对输入之间实际联系的一种统计学抽象。

当然，休谟本人并没有使用笔者现在所用的这些术语，他只是提到，A和 B 的联结之所以被建立，乃是"习惯"使然——但这只是同一件事情的另一个说法。从技术角度看，一个模式之所以会成为习惯，就是因为该模式的个例在系统的操作历史中已经获得了足够的出现次数。

——但以上所说的这些，和 AI 又有何关系？

休谟并没有直接讨论 AI 系统的可能性，笔者甚至怀疑他从来都没有想过这个问题。不过，他对于人类心智模型的建构，却非常契合于后世 AI 界关于联结主义（神经元网络技术）进路的讨论。概而言之，联结主义的 AI 研究，并不关注在符号层面上对人类的信息处理过程进行逻辑重构，而是注重如何在亚符号的层面上，以数学方式模拟人类神经网络的运作方式，并通过对于此类神经元网络的"训练"，以使得其能够给出用户所期望的合格输出。由此看来，休谟哲学也好，联结主义也罢，二者都严厉拒绝了符号 AI 所秉承的"物理符号假设"所具有的一层重要内涵，此即：我们可以把智能系统的所有底层的机械操作都映射到一个统一的符号层面上，并赋予这个符号层面上的事物以一定的实在性。但在休谟看来，那些高高在上的符号（观念），只不过就是前符号的感觉材料（印象）在心理学规则（特别是联想机制）的作用下，所产生的心理输出物而已。换言之，智能系统本身的输入历史将决定性地影响其最后形成的符号体系的结构，而两个彼此不同的输入历史必然会导致两个不同的观念表征系统。这样一来，不同智能系统在不同环境中所执行的不同的底层运作，就很难被映射到一个统一的符号层面上，并由此使得符号层获得起码的自主性和实在性。无独有偶，在后世的联结主义模型建构者看来，人工神经元网络的拓扑学构架在很大程度上也是在前符号表征层面上运作的，而被输出表征的性质，则在根本上取决于整个网络"收敛"之前训练者所施加给它的原始输入的性质。换言之，两个识别任务相同但训练历史不同的人工神经元网络的输出结果，往往不会指向同一个语义对象。就像休谟眼中的"观念"一样，这些语义对象在整个人工神经元网络构架中处于边缘位置。另外,休谟关于观念之间联系产于"习惯"的观点,也部分地吻合于人工神经元网络进路对于人工神经元节点间的联系权重的赋值方式(因为两个节点之间的联系权重自然取决于节点之间的信息交流历史,就像两个观念表征之间的联结概率取决于它们的示例在历史上的联结次数一样)。由此看来,将休谟的心智理论视为联结主义的哲学先驱,多少还是有点根据的。但需要注意的是,休谟理论和今日所说的"联结主义"之间的差别依然是明显的:其一,休谟并没有在神经科学的层面上重新理解心智对于前符号信息的加工过程(他的工作属于"哲学心理学"性质,比神经科学的层面抽象得多);其二:他所描述的这个信息加工过程并没有使用定量的数学模型,而只是使用了模糊的哲学语言。不过,考虑到休谟时代的科学发展水平,他的这些局限也是可以理解的。

说完了历史,我们再来看看人工智能哲学的现状。

三 人工智能哲学的发展现状

前文已提到,"人工智能哲学"在西方往往被视为心灵哲学(philosophy of mind)的分支,尽管其和科学哲学也有交叉。至于西方学界之所以更习惯于将其归结到心灵哲学的名目下,则主要缘于如下两个原因:第一,既然 AI 研究的目标,乃是在计算机技术上的平台上模拟人类智能的种种行为,那么,作为对于 AI 的高阶反思,人工智能哲学也就不得不对"智能"的本性(乃至"心智"的本性)进行哲学探讨。很显然,这种探讨就会在相当程度上使得我们涉入心灵哲学的传统领地;第二,心灵哲学中的某些学术流派——如"机器状态功能主义"(machine-state-functionalism)——在表达上本来就借鉴了 AI 科学(或者广义上的计算机科学)的话语方式(按照此派的观点,人类的心智在实质上就可以被视为一台被恰当编程的万能图灵机,或是一系列机械功能的汇集)。从这个角度看,AI的思维方式甚至可以说是对心灵哲学构成了某种主动的“反哺”,而不仅仅是后者反思的客体。

但正所谓“成也萧何,败也萧何”。将人工智能哲学视为心灵哲学之子课题的做法,固然使得前者搭着“心灵哲学”这一显学的顺风车而得到了学界广泛的关注,但是,心灵哲学自身的问题框架和兴趣导向,也使得人工智能哲学所本该有的工程学面相被压抑,并使得其形而上学面相被片面凸显。以哲学家塞尔(John Searle)在其著名论文《心灵、大脑与程序》中所提出的“汉字屋思想实验”为例。①

塞尔先从术语厘定的角度区分了两个概念,第一是“强人工智能”(强 AI):这种观点认为,计算机不仅仅是人们用来研究心灵的一种工具,而且,被恰当编程的计算机本身就是一个心灵。第二则是“弱人工智能”(弱 AI),其想法是:计算机至多只能够成为人们研究心灵的一种工具,或是对心智活动的一种抽象模拟。在这两种立场之间,塞尔支持的是弱 AI,反对的是强 AI。具体而言,塞尔是通过一个诉诸常识的论证来反对强 AI 论题的:

> **大前提**:每一种真正的心灵/智能都必须有能力在符号与对象之间建立起一种语义关系;
>
> **小前提**:这种语义关系无法仅仅通过任何一台被恰当编程的计算机所获取;
>
> **结论**:计算机本身不可能具有真正的心灵,因此强 AI 无法实现。

需要注意的是,这个论证本身并不直接就是我们所要说的“汉字屋论证”,因为后者只是它的一个隶属论证,其辩护对象乃是“这种语

---

① John Searle, “Minds, Brains and Programs”, *Behavioral and Brain Sciences*, Vol. 3, No. 3, 1980, pp. 417-445.

义关系无法仅仅通过任何一台被恰当编程的计算机所获取”这个小前提(顺便说一句,塞尔认为此三段论的大前提的真是毫无争议的)。具体而言,“汉字屋论证”在实质上乃是这样一个“思想实验”:

假设一个说英语的被试被关在一个房间内,他与一个屋外的检测者通过彼此传递字条来交流。现在已知:

(1)字条本身仅仅只能够用汉语写成;

(2)被试不懂汉语;

(3)检测者懂汉语;

(4)检测者不知道被试是否懂汉语,因此他的任务便是通过与被试的交谈证实或证伪这一点;

(5)在屋中,被试无法获得汉英词典或英汉词典,他只能够得到:

(a)一个装满卡片的盒子——其中的每张卡片都写着一个汉字(卡片是如此之多,以至于没有遗漏任何一个已知的汉字);

(b)一本以英语为工作语言的规则书,以便告诉读者在面对由哪些汉字所构成的问题时,他应当如何从盒子中取出相应的汉字来构成合适的应答。这样的规则书是纯粹句法性质的,也就是说,不涉及汉语的语义。

在以上这五个条件被给定的情况下,再假设被试的确通过了“汉语语言测试”——测试者的确无法辨识被试的言语行为与一个真正懂汉语者的言语行为之间的差别——那么,被试是否就真的因此懂得了汉语呢?塞尔认为答案显然是否定的,因为被试在“汉字屋”中所做的,只是在根据规则书机械地搬运符号而已。他根本无法将任何一个汉语表达式独立翻译成英语。

那么,汉字屋论证与强 AI 之间关系是什么呢?前者怎么就能够为

"任何一台被恰当编程的计算机无法获得语义关系"这个命题提供辩护呢?

概言之,在塞尔看来,"汉字屋系统"(Chinese Room System)中的规则书就对应于计算机的程序,被试就对应于计算机中的中央微处理器(CPU),每一个被递送进来的问题就对应于计算机的"输入",每一个被递送出去的答案就对应于计算机的"输出"。在这样的情况下,就像一个能够恰当应答所有汉语问题的被试依然无法建立针对任何一个汉语表达式的语义关系一样,一台计算机即使能够恰当地应答出所有的用人类语言提出的问题,它也无法建立针对任何一个人类语言表达式的语义关系。其道理似乎也很简单:被试与 CPU 实际上只能做同一种性质的工作——根据纯粹句法性质的规则,机械地搬运符号。

不难看来,整个汉字屋论证可以被视为对于"图灵测试"(Turing 1950)所做的某种颠倒:在图灵看来,只要检测者无法在言语行为方面找出一台机器与一个人之间的差别,我们就能够将"智能"赋予机器;而在塞尔看来,即使我们没有找到这种差别,机器依然是无心的,因为它依然缺乏建立恰当语义关系的能力。从这个角度看,只要人工智能的专家们按照"程序设计"这种"图灵-冯·诺伊曼模式"模式来制造计算机,强 AI 就永远不会实现。

西方学界对于塞尔的这个论证的反驳,大致采用了两条思路。第一条思路是:汉字屋中的人只要能够通过"汉语测试",那么在屋外人眼中,他就算懂汉语了——换言之,他所具有的"我不懂汉语"这个主观直觉并非用以评判他是否懂汉语的标准(这就是对于汉字屋论证的"他心应答"。请参看前面提到的论文《心灵、大脑与程序》中的"答辩"部分);第二条思路是:纵然汉字屋中的人不懂汉语,但是如若我们再在这个被试之外增添一些要素,我们就能够由此整合出一个能理解汉语的"能动者"(agent)来。比如,包含被试在内的整个汉字屋系统就是懂汉语的(这就是对于汉字屋论证的"系统应答"。出处同上);或者,若为 CPU 配上感觉资料接收装置与行走装置,由此构成的机器人就能够建立起汉字符号与外部世界之间的语义关系,并由此学会汉语(这就是对于汉字屋论证的"机器人应答")。

但笔者认为,上述关于汉字屋思想实验的思辨实在是过于脱离目前 AI 发展的现实了,因为完全能够像人类那样灵活、精准地处理汉字信息的 AI 系统,目前远远没有被开发出来。换言之,现在的 AI 研究需要的来自哲学界的思想支援,乃是对于如下问题的指导:"如何造出能够灵活处理人类语言信息的机器";而非对于这一问题的讨论:"在这样的机器已经被造出来的前提下,它算不算是真正具有心灵。"换言之,在搁置前一个问题的前提下就去匆忙讨论后一个问题,其实是一种理智上的僭越,就好比说一个投资家在没有确定自己投资是否盈利的情况下,就急于讨论"巨额的财富是否是一种人生负担",乃是一种理智上的僭越一样。

当然,这也并不是说,西方学界在"人工智能哲学"名目下所进行的研究,都像塞尔的研究那样脱离 AI 研究的实际。实际上,丹尼特(Daniel Dennett)对于"框架问题"的讨论①、丘奇兰德(Paul Churchland)对基于神经模拟的认知模型的讨论②,福多(Jerry Fodor)与麦克劳林(Brian P. McLaughlin)等对联结主义的批评③,以及波洛克(John Pollack)联系认识论研究与人工智能逻辑的工作④,都要比塞尔的工作

① Daniel Dennett, 1987, "Cognitive Wheels: The Frame Problem of AI", in Zenon Pylyshyn (ed.), *The Robot's Dilemma: The Frame Problem in Artificial Intelligence*, New Jersey: Ablex Publishing Corporation, 1987, pp. 41-64.

② Paul Churchland, *A Neurocomputational Perspective: The Nature of Mind and the Structure of Science*, Cambridge, Mass: The MIT Press, 1989.

③ Jerry Fodor and Brian P. McLaughlin, "Connectionism and the Problem of Systematicity: Why Smolensky's Solution Doesn't Work", *Cognition*, Vol. 35, No. 2, 1990, pp. 183-204.

④ 波洛克的工作我们会在下一讲中详谈。

更多地涉及 AI 研究的技术细节。然而,以上这些研究的主体,都是在 20 世纪就都已经完成了。而就最近一段时间国际哲学界的发展状况而言,人工智能哲学已经不再是讨论的热点(关于人工智能的应用伦理学问题除外,不过此类讨论一向被视为衍生性的哲学问题)。与之相对照,最近一波世界性的人工智能浪潮,却是由 2015 年美国谷歌的下棋程序"Alpha Go"的卓越表现所带来的。换言之,就英语世界的情况而言,人工智能哲学最热络的时间(即 20 世纪最后二十年),其实是将人工智能在商业与媒体领域中的热度提前了约二十年。不过,这一点反过来也就导致了在"人工智能"成为社会热词的今天,英语哲学界对这一热点的知识供给反而略显不足。

那么,这一"供给不足"的问题之所以会出现,原因究竟是什么呢?笔者认为有三点。

第一,与公众的理解不同,实际上最近十年来 AI 的发展,主要是基于深度学习技术的进步的。而与在 20 世纪 80 年代就已经成熟的联结主义技术相比,深度学习技术只是在模型结构与所处理的数据量方面有了长足的进步,在基本的科学框架方面,其进步却相对有限(请参看本书第三讲对该问题的详细讲解)。但哲学家往往对科学与工程学领域内的范式革命更感兴趣,而不会对一种既有技术的迭代与拓展抱有太大兴趣。这种情况进一步拖慢了整个人工智能哲学界对于人工智能科学的理解框架的更新速率。

第二,像丹尼特、丘奇兰德、波洛克等能够对 AI 的技术细节问题发言的老一辈哲学学者,目前很多已经迈入晚年(个别已经过世),而在更年轻的学者中,此类跨学科人才供给亦相对不足。这也就造成了人工智能哲学事业的后继作者群在数量上的不足。

第三,由于匿名审稿制导致的“内卷化效应”①,最近几十年分析哲学的发展出现了过于学院化的倾向,这对具有跨学科色彩的人工智能哲学的发展是不利的。具体而言,目前在西方主要刊登人工智能哲学论文的旗舰杂志阵地乃是《心灵与机器》(*Minds and Machines*),但该杂志在西方的学术等级是比不上诸如《心灵》(*Mind*)、《努斯》(*Nous*)、《哲学与现象学研究》(*Philosophy and Phenomenological Research*)等主流的分析哲学刊物,而且为该杂志投稿的作者,也以对哲学感兴趣的人工智能专家居多,而非以对人工智能感兴趣的哲学家居多。这也就是说,人工智能哲学的发展,目前比较缺乏行业内部的相关评价标准的支撑。

有鉴于此,本书对于 AI 问题的讨论,将规避那种塞尔式的“空对空”讨论,而聚焦于对 AI 自身的技术前提的追问。具体而言,本书的讨论将分为两大部分。第一讲到第九讲为“上篇”,该部分将聚焦于对于主流 AI 技术的批判性讨论;而第十讲到第十五讲为“下篇”,该部分将为“我们将如何做出更好的 AI”这一问题提供建设性的倡议。与传统哲学所擅长的宏观讨论与传统工程学研究所擅长的微观讨论相比,本书的讨论风格毋宁说是“中观”的,也就是说,本书的讨论将在哲学的讨论中夹杂入不少认知科学、语言学与计算机科学史的内容,以此故意淡化先验的思辨与经验内容之间的界限。另一方面,本书的讨论依然将保持对于特别琐碎的技术细节的某种疏离感,以维持哲学研究的某些基本特色。

在下一讲中,我将接着本讲的话头,来深入讨论为何现代的主流哲学教育,甚至是貌似在精神上最接近于 AI 的英美分析哲学教育,已经跟不上 AI 发展的大形势了。我将聚焦于“现代逻辑”这一现代西方哲学教育的核心板块来展开讨论。

---

① “内卷化”是对“involution”的中译,其在人文社科领域内的使用肇始于格尔茨(Clifford Geertz),泛指对一种技术进行反复投入,导致创新不足。

第二讲

人工智能可不能太指望逻辑学

一　从一起空难说起

上一讲我们通过对西方哲学传统中的唯理派与经验派的复习,已经大致触及了当代 AI 研究中的两个路数:符号 AI 与联结主义。下面,我们将以更多的细节来呈现主流符号 AI 进路与主流联结主义进路中的哲学迷思。本讲将主要谈符号 AI,下一讲则会讨论联结主义及其直接的技术继承者:深度学习。

既然符号 AI 在历史渊源上与唯理派相关,此派哲学家又都认为逻辑与数学在知识构建中起了主导作用,很多人或许便会觉得符号 AI 研究的任务就是将数学与逻辑知识予以程序化,并让机器执行。然而,其实这话既对又不对。说它对,乃是因为任何工程学的研究都需要数学与逻辑的头脑。说它不对,乃是因为数学与逻辑在 AI 逻辑中扮演的是“器”的角色,而非“道”的角色。换言之,你得有好的 AI 构架,再去找合适的形式化工具去实现之,而不能被形式化工具所绑架,为了证明既有的形式化工具的普遍有效性,而反过来把 AI 视为其应用场景。否则,形式化工具的某些本质性缺陷就会在特定的应用产品中被放大,并在某些机缘不凑巧的情况下造成重大事故。譬如如下空难事故:

2019年3月10日,埃塞俄比亚航空ET302航班从亚的斯亚贝巴飞往内罗毕,起飞后6分钟飞机失踪,随后在亚的斯亚贝巴附近发现残骸,机上无人生还。那么,这起事故到底是怎么发生的呢?这就与出事飞机的机载AI系统有关。

出事飞机的机型乃是波音737MAX8,属于老旧的波音737型飞机的一款改装产品。该改型与原始版本的波音737之间的差别在于:本来波音737的机身俯仰姿态是由飞行员手动加以控制的,而这款新型号的机身俯仰姿态却是由机载AI系统来自动控制的,而且,一旦机载AI系统出现了故障,飞行员要对飞机进行人工干预,还非常不容易(具体而言,设计师将机器控制转化为人力控制的转换开关,安置到了仪表盘上一个非常不起眼的地方,飞行员在匆忙之间是很难找到它的)。而倒霉的是,那天ET302航班恰恰就遇到了机载AI系统的工作故障,于是飞机便开始莫名其妙向着地面俯冲,而飞行员手动调整飞机姿态又屡屡失败,由此造成惨祸。

那么,这起惨祸与我们这里所说的符号AI到底有什么关系呢?其联系就在于:波音737MAX8的机载AI姿态调整系统,就是按照符号AI的工作原理工作的。具体而言,其工作流程是这样的:

第一步:机载的攻角传感器(即机头处的一个用来探测机身俯仰姿态的小装置)向控制系统给出数据,而系统则根据此数据决定飞机飞行姿态是仰角过大还是过小,还是负值(顺便说一句,系统默认水平姿态为正常状态)。

第二步:若传感器给出的数据表明机头过于上扬,则系统自动将机头压低;反之则提高机头,直到传感器给出的数据表明飞机处在水平姿态为止。

这个程序看似简洁明了,却忽略了一个根本问题:如果攻角传感器本身坏了,因此给控制系统输入了错误的数据,系统又该怎么办呢?很不幸,这么一个简单的问题却被波音737MAX8给忽略了,而在出事的那天，恰恰是由于攻角传感器的故障，才导致系统得到的数据失真，最终酿成了悲剧。

这起事故带给我们的教训是什么呢？一句话，符号 AI 系统之所以会造成此类巨祸，乃是因为它只能根据一些给定的经验数据进行机械的逻辑推演，而不能灵活地根据环境中的变化去自行判断：到底哪些经验数据本身就是不可靠的，因此是不能作为推理的前提而被接受的呢？换言之，符号 AI 系统一般已经预设设计者预估到了外部环境中的一切参数变化，尽管设计师也是人，无法真正预估到所有可能的偶发状态。这也就是说，这样的系统无法在真实外部环境出现设计师所无法预料的变化时自行给出调整。

而在我看来，符号 AI 的这个错误，在相当程度上应当由近代唯理派哲学在当代的精神继承者——分析哲学——所承担。这主要是因为，符号 AI 的基本技术工具——现代数理逻辑——就是由分析哲学家在 20 世纪初予以锻造的（至于它被计算机工程师们所习得，乃是更晚时候发生的事情）；同时，对于形式逻辑的重要性的强调，又在分析哲学运动中扮演了不可忽略的角色。所以，对于 AI 中所运用的形式逻辑方法的批判，是很难与对于分析哲学所推崇的"哲学逻辑"的批判相分割的。且看下节对这一问题的详细分析。

二　形式逻辑的"五宗罪"

概而言之，英美分析哲学的主要学术训练方式，是建立在对肇始于弗雷格（Gottlob Frege, 1848—1925）的现代逻辑（一阶谓词逻辑与命题逻辑）的尊重之上的。因此，分析哲学所说的"分析"，大约就可以等于"运用现代逻辑的工具进行分析"。但这样的学术训练，显然是没有办法应对当前基于深度学习的人工智能发展现状的，因为深度学习技术本身是一种复杂的人工神经元网络技术，其所依赖的数学模型早就不是命题式的符号推演逻辑所能够涵盖的(这个问题下一讲还要详谈)。另外,即使对于基于符号表征与明述规则的符号AI而言,主流分析哲学的训练所能够提供的思想支持,也未必始终是积极的。毋宁说,基于现代逻辑的主流分析哲学的"理想化"讨论方式,往往会忽略智能系统的运作效率问题,而这一点又会倒逼着天然具有工程学面相的人工智能研究通过某些"特设化"(*ad hoc*)的修正来部分弥补相关的缺憾。然而,这种零敲碎打的修补方式显然是很难达到真正的普遍性的,遑论为具有多重用途的通用人工智能设备的设计铺展可行的路线图。

但麻烦的是,分析哲学的思维方式所蕴涵的风险,长久以来并没有被普遍地意识到。换言之,正因为分析哲学的研究方法是偏重逻辑分析的,而现代数理逻辑又恰恰构成了符号AI的基础,所以,在很多人看来,分析哲学的逻辑分析方法,本就能与AI构成某种应和关系。这二者之间的此类关系,也被逻辑学家托马森(Richmond Thomason)称为"哲学逻辑"(philosophical logic)与"人工智能中的逻辑"(Logic in AI)之间的关系。①所谓"人工智能中的逻辑",含义自然是指在人工智能建模中所运用的逻辑,而所谓"哲学逻辑",则是指在哲学研究中所运用的逻辑。托马森注意到,若以人工智能专家麦卡锡(John McCarthy)与海耶斯(Patrick Hayes)合写的、发表于1969年的经典论文《从人工智能的角度审视一些哲学问题》②为典型文本,该文58个文献引用中,有35个是关于哲学逻辑的研究文献,与计算机学科直接相关的只有

---

① Richmond Thomason, "Logic and Artificial Intelligence", *The Stanford Encyclopedia of Philosophy* (Winter 2018 Edition), Edward N. Zalta (ed.), URL = https://plato.stanford.edu/archives/win2018/entries/logic-ai/, 2018.

② John McCarthy and Patrick J. Hayes, "Some Philosophical Problems from the Standpoint of Artificial Intelligence", in *Machine Intelligence* 4, Bernard Meltzer and Donald Michie, eds., Edinburgh: Edinburgh University Press, 1969, pp. 463-502.

17 个。从这个角度看,至少就 20 世纪 60—70 年代的情况而言,哲学逻辑的确是人工智能逻辑的“秩序输出者”。

不过,也正如刚才我所指出的,哲学逻辑所扮演的这种“秩序输出者”的角色,可能反而恰恰将 AI 的发展引上了歧路。严格地说,目前在符号 AI 中所运用的哲学逻辑工具,均是弗雷格式的一阶谓词逻辑的变种。这种逻辑的缺陷有五个:其一是无法自我检查其所处理的经验性命题自身的真假,其二是真值与内涵的剥离,其三是“极化思维”,其四是反心理直觉,其五是不考虑信息的贮藏空间的局限问题。而这五个特点在原则上就使得此类哲学逻辑与“智能”一词在心理学语境中的本质规定性产生了难以调和的冲突。下面笔者就来详细解释这一判断。

关于这种逻辑的第一个缺陷,我们在前文讨论波音 737MAX8 的机载 AI 姿态调整系统时就已有所触及。从哲学角度看,这一缺陷其实已经牵涉到休谟所提到的两种知识的区分,即“观念的知识”与“事实的知识”之间的分别。具体而言,前者是指观念之间的纯粹的逻辑关系,譬如“如果攻角传感器输入的数据是 A 类型的话,那么飞机的姿态就应当被调整到 B 类型”。在此类知识中,我们并没有看到对于外部经验事实的描述,譬如关于目前飞机的飞行姿态的真实信息。毋宁说,“如果……那么……”这样的句型所表达的乃是对一条规则的陈述,而不是对规则所涉及的事实的呈报。因此,它甚至谈不上“真假”,因为对于规则的适当评价词乃是“合理”与“不合理”。与之对比,“这架波音 737MAX8 飞机的攻角传感器发生故障了”这句话则是所谓的“事实的知识”的示例,因为它的确对世界中发生的事态有所呈报,而且这样的呈报是谈得上“真假”的。不难想见,在真实的智能体的判断活动中,这两类知识都是需要起到作用的,而且这两类知识之间也很难彼此还原(因为从规则的“应然”中我们是推不出关于事实的“实然”的,反之亦然)。但很明显的是,形式逻辑研究乃是一种在规则层面上起效的规范设计活动,与事实无关。因此,基于逻辑思维的符号 AI 研究就会面临着“经验事实输入不足”的麻烦。而为了在AI设计中克服这个麻烦,唯一的亡羊补牢的办法,就是预先假定某些经验事实在推理系统中起到了几何学公理的作用,而推理系统也只能在预设这些公理为真的前提下进行运作。然而,被冒充为几何学公理的经验事实毕竟不是几何学公理——譬如,在欧氏几何系统中,设想“两点之间最短的为直线”为假乃是荒谬的,但就真实的航空器运作情况而言,设想攻角传感器给出的数据有问题,却一点也不荒谬。换言之,在经验事实的易变性、混杂性和逻辑王国的永恒性与条理性之间,我们分明看到了一条楚河汉界,而对于真实的智能体(也就是人类)来说,他们本是能熟稔地在这界限的两边进行有效的信息交换的。与之对比,基于逻辑的符号AI减少这条界限的宽度的方法却是掩耳盗铃的:此路数的研究者并不试图改造逻辑来使得其更具有流动性,却试图将经验世界人为地加以固化,以便削足适履地迎合自身高度僵化的逻辑的要求。而他们之所以这么做,乃是因为他们已经预先肯定了现代逻辑工具的不可置疑性。从某种意义上说,这种预设恰恰构成了符号AI的某种“原罪”,并使得余下的“四宗罪”也不得不从中被导出。

下面,我们就来解释现代逻辑的“第二宗罪”:真值与内涵的剥离。按照弗雷格的逻辑哲学思想,一个语言表达式均有“意义”(sense)与“指称”(reference)。[①] 所谓“意义”,乃是表达式的使用者使用表达式以便指涉相关对象的方式,其数学意义类似于函数结构;而所谓“指称”,就是指那被指涉到的对象,其数学意义类似于函数的应变元的值。举例来说,就“曹操”这样的名词表达式而言,“曹操”与“曹孟德”这两种意义,就分别构成了用来指涉那个相关历史人物的两种不同的

① Gottlob Frege, “On Concept and Object”, in *Translations from the Philosophical Writings of Gottlob Frege*. 3d ed. Edited by Peter Geach and Max Black. Oxford: Blackwell, 1980, pp. 42-44.

指涉方式,而那个叫"曹操"的人则构成了两种指涉方式所共同涉及的那个"对象",即"指称"。弗雷格进一步将他的这个分析模型运用于命题层面的语言表达式。比如,就"曹操是曹丕的父亲"这一命题而言,它的意义就是指这个命题所表达的意思,而其指称就是指其所承载的真值。需要注意的是,在典型的现代命题逻辑的操作方式之中,弗雷格与后弗雷格的主流逻辑学家是将注意力放到命题的"真值"而不是思想之上的,因为所谓"真值表"(truth-table)的运作,就是以原子命题的真值为输入,来计算复合命题的真值的。考虑到真值自身的贫乏性(即只有"真""假"两个选项)与命题的思想的丰富性之间的张力,上面这种基于真值的逻辑操作,就不得不使得相关命题的语义学与语用学背景被全面忽视。这种思维方式带给 AI 的种种麻烦,我们在后文中还将看到。

我们再来讨论一下形式逻辑的"第三宗罪":极化思维。"极化思维"是指:现代逻辑的语义刻画往往会着重于考虑那些"边界明晰"的极端情况,而不太会去考虑语义模糊的"灰色地带"——尽管日常生活的表述显然往往处在这些灰色地带。一个具体而微的例子,便是对于"张三有钱"这句的刻画。对于这句话的真值条件的现代逻辑表述是:

> 对于任何一个对象 x 而言,只要该对象属于"钱",且属于"张三",则"张三有钱"就是真的。

不难看出,按照这样的真值条件刻画,如果世界上有一分钱,且这钱是属于张三的,则"张三有钱"这话也就是真的了。但几乎所有的有日常语用直觉的人都能够看出,"张三有钱"的真正含义是"张三的财富超过了其所在社会的一般水平"。据此,倘若张三只有一分钱的话,他显然离这个标准还非常遥远。很明显,主流的哲学逻辑所提供的"非黑即白"的极化思维方式,是难以应对我们的这种常识的。

然后,我们再来看形式逻辑的“第四宗罪”:反心理直觉。很明显,在上面的案例中,我们已经看到现代哲学逻辑的极化思维在处理日常直觉之时的无力感。这种无力感可以在更多的案例中得到验证,比如所谓的“四卡问题”(或称之为“华生选择难题”)①——在这个问题中,我们清楚地发现,心理学被试并不是按照现代哲学逻辑所提到的“蕴涵关系”的形式要求来进行逻辑推理的。对于该案例的详细解释如下(下面将涉及一些心理学实验的细节,请读者耐心阅读):

实验者告诉被试,存在着这样一条心理学假设需要验证:“受迫害妄想症”患者在画人脸时,会把眼睛这部分画得比较大。现在被试者的任务便是从经验材料出发,证实或者证伪这条假设。不难想见,这样的经验材料应当具有这样的形式:它一方面得说明病患本身是不是受迫害妄想症患者,另一方面则又得说明他画出的人脸是不是具有一双超大的眼睛。为了简化现在的讨论,我们不妨再设想关于每个病人的档案都被做成了一张双面卡片:一面是对其所患精神疾病的文字诊断,一面则是其所画的人脸的图片。所有这些卡片都被堆放到桌面上——而且,只要被试者不翻动卡片,他当然是不可能知道卡片背面的信息的。现在假设在桌子上有四张卡片:

卡片一:文字说明朝上,上面写着:“本病患的确患有被迫害妄想症”。

卡片二:文字说明朝上,上面写着:“本病患没有患有被迫害妄想症”。

卡片三:图画朝上,其中的人脸上的眼睛大得夸张。

卡片四:图画朝上,其中的人脸上的眼睛尺寸正常。

现在被试者被交付了这样的任务:要求翻看这些卡片的另一面,以

① 请参看 Peter Cathcart Wason,“Reasoning about a Rule”, *Quarterly Journal of Experimental Psychology*, Vol. 20, No. 3, 1968, pp. 273-281。

便检测“受迫害妄想症患者在画人脸时,会把眼睛这部分画得比较大”这条假设的真伪。但是,被翻看的卡片的数量必须控制在最低限度,以免被试者翻开所有卡片的另一面(不难想见,若所有的卡片都被允许翻看的话,那么这项任务就会因为难度显得过低而失去意义)。那么,根据真实的实验结果,被试者一般会翻转哪些卡片呢?

相关的结果是:几乎所有的被试者都去翻看了第一张卡片。这有力地说明了几乎所有人都认为,知道“本病患的确患有被迫害妄想症”这张卡片背后的人脸是否有一双超大的眼睛,对于检测“受迫害妄想症患者在画人脸时,会把眼睛这部分画得比较大”这条假设的真伪来说,具有至关重要的意义。不过,除此之外,也有不少人翻看了第三张卡片,还有极少的人用到了第二张卡片。耐人寻味的是,几乎无人对第四张卡片感兴趣。

那么,从形式逻辑的角度看,对于这个问题的正确解答应当是什么呢?是“第一张和第四张都必须被翻看”。这也就是说,几乎没有人完全答对这道题。

那么,为何上述答案被认为是正解呢?简单的逻辑分析就能够告诉我们其中的缘由。不难发现,“受迫害妄想症患者在画人脸时,会把眼睛这部分画得比较大”这个假设在实质上具有“如果……那么……”的形式,而按照现代逻辑的看法,“如果……那么……”可以被简化为“实质蕴涵关系”。结合我们在这里所讨论的案例,对于该关系的“真值表”刻画如下:

表 2-1　对于“华生选择问题”的真值表刻画

某甲是受迫害妄想症患者	某甲画的人脸有大眼睛	**如果**某甲是受迫害妄想症患者,**那么**,他画的人脸就有大眼睛
真(卡片一)	真(卡片三)	真
真(卡片一)	假(卡片四)	假
假(卡片二)	真(卡片三)	真
假(卡片二)	假(卡片四)	真

仔细观察这个真值表,我们就不难发现,若被检测的假设是真的,那么卡片的分布情况就有三种情况:

(1)“卡片一”的背面是“卡片三”。这等价于:“卡片三”的背面是“卡片一”。

(2)“卡片二”的背面是“卡片三”。这等价于:“卡片三”的背面是“卡片二”。

(3)“卡片二”的背面是“卡片四”。这等价于:“卡片四”的背面是“卡片二”。

而若被检测的假设是假的,那么卡片的分布情况就只有一种:

(4)“卡片一”的背面是“卡片四”。这等价于:“卡片四”的背面是“卡片一”。

很显然,使得被检测假设成真的情况很丰富,而使得其成假的情况则相对简单。为了最大限度地缩减检验假设时付出的时间以及精力损耗,其实被试者更应当去检测上述第四种情况是否成立。如果成立,那么被检测的假设就肯定是假的;若不成立,则它就是真的(这一点又是由“排中律”保证的:若你发现一个假设非假,那么你就可以自动推出它是真的)。在这种情况下,被试者自然就只需要去翻看“卡片一”的背面是不是“卡片四”,以及“卡片四”的背面是不是“卡片一”了。

但有趣的是,只要“社会契约”的内容被注入了心理学检测的题目,那么,由此变得更关注自身在契约中的利益的被试,就会更加严格地按照现代哲学逻辑的要求,全面检查逻辑推理的有效性。譬如如下改写形式:①

假设你是一个阿尔卑斯登山俱乐部的成员,而你的任务是检测俱

① Gerd Gigerenzer, *Adaptive Thinking: Rationality in the Real World*, Oxford: Oxford University Press, 2000, pp. 217-218.

乐部的下述规矩是否已经得到了所有人的遵守:“如果任何一个俱乐部成员要在山上过夜的话,那么,他就得随身带上过夜的柴火(以防止后来的俱乐部成员无柴可用)。”按照华生的卡片测验的模式,实验者将“在山上过夜为真”写在卡片一上,将“在山上过夜为假”写在卡片二上,将“带柴火上山为真”写在卡片三上,并将“带柴火上山为假”写在卡片四上。这四张卡片之间的真值关系如下:

表2-2　对于“华生选择问题”的社会契约化改写及其真值表刻画

某甲要在山上过夜	某甲带上了柴火	**如果**某甲要在山上过夜,**那么**,他就会带上柴火
真(卡片一)	真(卡片三)	真
真(卡片一)	假(卡片四)	假
假(卡片二)	真(卡片三)	真
假(卡片二)	假(卡片四)	真

现在的任务是:如果要确定上述社会契约规则是否得到遵守,那么,你应当翻看哪些卡片呢(和华生的原始实验设计相应,在此,被翻动的卡片数依然需要被限制到最低限度)?

实验的结果是非常耐人寻味的。多达89%的被试者都试图翻看“卡片一”的背面是不是“卡片四”——也就是说,多达89%的被试者都很清楚,只要我们确定了“某甲上了山,却未带柴火”这种可能性发生了,那么被讨论的社会契约就没有被普遍地遵守。这就说明,在处理社会契约领域内的假设性命题内容时,人类的心智系统会特别敏感于契约被背叛的情形,而在处理与社会规范无关的纯粹描述性的命题内容时,人类的心智系统却不会以同样的敏感性来面对假设被证伪的情形。

现在的问题来了:为何在一个问题提出方式中,被试不那么尊重逻辑,而在另一个与之在逻辑上等价的问题提出方式之中,被试却变得尊重逻辑呢?很显然,对于这个问题,逻辑本身是无法提供解答的,因为我们说过了,这两个问题的提出方式,在逻辑形式上是彼此一致的,而仅仅在经验内容方面彼此不同。因此,合理的解释便是:在第二个案例中被试对于现代逻辑的尊重,并不是由逻辑形式本身所激发的,而是由逻辑形式所涉及的经验内容所激起的。这也就是说,命题内容与相关经济利益之间的关联所引发的心理联想,往往在人类主体判断推理有效性的思维过程中扮演了重要角色,而对此类角色的表征,却是现代哲学逻辑所难以胜任的。

现在我们再来剖析现代逻辑的“第五宗罪”:对于推理活动所面临的资源约束的忽略。在分析哲学的视野中,对于哲学逻辑所从事的推理的最重要的评价词乃是“有效性”(validity),而不是“经济性”(economy)或是“可行性”(feasibility)。也就是说,主流的分析哲学家往往不考虑完成一个论证所需要的推理步骤的数量问题,以及相关的心理学、生物学成本问题。但无论在认知科学还是在人工智能的研究之中,这种考量都占据了非常核心的地位,因为缺乏效率的认知机器,既很难被演化的自然进程所青睐,也难以被转换为具有工程学价值的产品。而这两种评价模式之间的矛盾,在所谓的“框架问题”里得到了最鲜明的体现。所谓“框架问题”,非常粗略地看,即指人工智能系统在确定一个前提性事件(如“桌球滚动”)之后,如何判定哪些事件(如“滚动的桌球碰触到了另外一个桌球”“房间的气温下降”等)是与之相关或不相关的。这显然要求相关系统对世界中各个事物之间的因果关系有一个预先的把握。从纯粹的哲学逻辑的角度看,这一要求本身并不构成一个非常大的麻烦,因为只要为这些因果关系进行编码的公理集足够大,一个利用该公理集进行推理的形式系统就能够从中调取相关的逻辑后承。但对于 AI 专家来说,庞大的公理集显然会带来巨大的编程成本问题,而且如何从该公理集中**及时**调取合适的子集以作为推理的起点,也会带来相关的工程学难题。[①]

上述这些问题最集中的体现,便是 AI 专家海耶斯所提出的"朴素物理学"(Naive physics)规划。[②] "朴素物理学"实际上就是亚里士多德式的基于直观的常识物理学原则在人工智能时代的复活。那么,为何海耶斯看重的是常识物理学,而不是伽利略以后形成的经典物理学,或者是现代量子物理学呢? 这是因为,从人工智能实践的立场上看,一台能够正确理解常识物理学的认知机器或许是"更有用"的。譬如,经典物理学认为,在真空中,重物与轻物在同一时间、同一高度下坠地面后,会同时坠地。但很明显的是,这种理想化的考察明显已经滤去了空气阻力的作用,而在日常生活中,空气阻力恰恰是无处不在的。在这种情况下,一台处在人类正常生活环境中的机器人,若按照经典物理学的要求去计算事物的运动状态(同时又试图使其计算结果符合日常直觉)的话,它就将不得不计算空气的浮力对于下坠事物的加速度的影响,而这样的复杂计算显然会降低其运作效率。与之相比较,一台仅仅根据"重物下坠快"这样的常识物理学原则去运作的认知机器,其给出符合常识的输出行为的速度显然也会更快。

但麻烦的是,由于受到弗雷格以降的哲学逻辑传统的束缚,海耶斯对于朴素物理学的整编,毕竟是依赖一阶谓词逻辑的技术手段的。这就导致了前面所说的"将经验事实固化为公理""真值—内涵分离""极

---

① Daniel Dennett, "Cognitive Wheels: The Frame Problem of AI", in Zenon Pylyshyn (ed.), *The Robot's Dilemma: The Frame Problem in Artificial Intelligence*, New Jersey: Ablex Publishing Corporation, 1987, pp. 41-64.

② Patrick J. Hayes, "Naive Physics I: Ontology for Liquids", in Jerry R. Hobbs and Robert C. Moore (ed.), *Formal Theories of the Commonsense World*. Ablex, New Jersey: Norwood, 1985, pp. 71-108. Patrick J. Hayes, "The Second Naive Physics Manifesto", in *Formal Theories of the Commonsense World*, pp. 1-36.

化思维”“反心理直觉”与“经济性不足”这五大问题,在海耶斯的方案中难以被真正避免。毋宁说,海耶斯用来克服第二、第三与第四个问题的技术方案,无非是将更多的常识纳入其逻辑整编范围,用以勉强压住弗雷格式逻辑所内在具有的这三个顽疾(因为常识本身就自带对于“真值—内涵分离”“极化思维”“反心理直觉”这三个特征的对冲机制)——但恰恰是这种做法,使得他根本就没有办法解决前面提到的第一个问题(将经验事实固化为公理)与第四个问题(经济性不足)。具体而言,正如另一位AI专家麦克德默特(Drew McDermott)所指出的,由于人类常识的驳杂性与开放性,海耶斯对于常识的整编方案的不断扩大,必然会带来“基本谓词膨胀”的问题,由此使得系统的运作变得更迟钝,而与此同时,系统对原有知识库进行修正的成本也会变得非常之高。①从这个角度看,由于其所依赖的哲学逻辑工具的拖累,海耶斯的工程学规划,从一开始就注定是走不远的。

当然,AI专家对基于弗雷格逻辑的经典哲学逻辑的缺陷,也并非没有意识。实际上,不少专家都给出了针对这些逻辑的“AI特供修订版”,如在“非单调推理”(nonmonotonic reasoning)这个名目下所给出的种种努力。这里所说的“非单调推理”,当然是针对“单调推理”(monotonic reasoning)而言的。“单调推理”的意思是:如果你已知一些前提是能够推出某个后果的,而且,如果你的前提部分的信息量增加,那么,那些本来会推出的结论照样还是会被推出。与之相对比,“非单调推理”的意思就是指:如果你已知一些前提是能够推出某个后果的,而且,如果你的前提部分的信息量增加了,那么,那些本来会推出的结论,现在其实未必会被重新推出。很显然,与“单调推理”相比,“非单调推理”更适合用以描述一个主体对于其信念系统进行修正的过程——换

① Drew McDermott,“A Critique of Pure Reason”, *Computational Intelligence* Vol. 3, 1987, pp. 151-160.

言之，既然信念的修正过程往往牵涉到利用新证据调整固有信念的真值的操作，那么，其特征就更符合"非单调推理"的特征。由于信念修正的过程本身乃是智能体的信息遴选过程中的关键一环，人工智能专家在"非单调推理"这一名目下所进行的研究，自然也能够更好地惠及对于人工智能的信念修正过程的刻画。

然而，在笔者看来，对于"非单调推理"的研究固然是对"单调性推理"研究的一个有益的修正，但只要这样的研究继续受到弗雷格式逻辑思维方式的束缚，其所获得的成果也将是有限的。下面，笔者将以波洛克对于"奥斯卡项目"的研究为例，来说明这一点。

三 为何波洛克的修正方案依然问题重重？

有读者可能会问，为何笔者要在此特别提到已故的美国学者波洛克(John Pollack, 1940—2009)的工作呢？这是因为，在笔者所知的范围内，波洛克是唯一一个既在专业的哲学领域(特别是知识论领域)有丰富建树，又能够在主流人工智能杂志上发表技术类论文的人工智能哲学专家。具体而言，他在人工智能领域内开发的"奥斯卡系统"(The OSCAR Project)，其实就是他自己在哲学逻辑层面上所发明的"集合否决因子"(collective defeat)推理式的工程学化后的产物。[①] 但在笔者看来，他的研究成果恰恰表明：一种过度看待哲学逻辑的重要性并漠视人类认知架构的"节俭性"本质的人工智能建模思路，即使走上了"非单调推理研究"的修正之路，也不能充分说明符合人类直观的推理结果到底是如何产生的。

波洛克的人工推理系统所试图解决的问题，乃是落实关于智能体

---

① John L. Pollock, *Cognitive Carpentry: A Manual for How to Build a Person*, Cambridge, Massachusetts: The MIT Press, 1995.

的理性(rationality)的最基本要求:如何避免同时相信命题P与其否命题“¬ P”。他的具体案例则是所谓的“彩票悖论”,其内容是:假设有一个彩票游戏,有一百万人参加,而赢家只有一个。因此,玩家能够成为赢家的概率是非常低的。假设每张彩票都被编号了,那么玩家相信其中任何一张被抽中的理由都会非常薄弱。因此,我们就得到了如下判断:

(1)并不存在着这么一张能够被抽中的彩票。

而这个判断,又是基于前行的一系列判断:

(1-1)1号彩票不会被抽中。

(1-2)2号彩票不会被抽中。

……

(1-n)n号彩票不会被抽中(n是一个小于等于一百万的大数)。

但我们同时又有这么一种直觉:总有人买彩票会赢的,否则,为何还有那么多人去买彩票呢?于是,我们就又得到了如下判断:

(2)在众多的彩票中,存在着至少一张能够被抽中的彩票。

很明显,从前提的集合{(1-1)、(1-2)……(1-n)}到结论(1)的推理是一个单调性推理,因为随着前提信息量的增加,作为结论的(1)的确定性也得到了增加,而不是被减弱。不过,(2)的出现却是一个“另类”,因为既然(1)与(2)是互相矛盾的,那么,(2)就无法得到来自{(1-1)、(1-2)……(1-n)}的前提信息的支持。这样,面对(2)与(1)或者{(1-1)、(1-2)……(1-n)}之间的不兼容,一个试图给出进一步推理结果的智能体,显然就面临着一项典型的“非单调推理”的任务。换言之,(2)的出现,恰恰使得原来的推理结果(1)很有可能被颠覆,而不是被保留。那么,一个需要维持自身信念系统之最大兼容性的智能体,又该按照怎样的推理模板来进行这种非单调推理呢?波洛克的解决方案是推出一个叫“集合否决性”的推理程式。这个推理程式的意思是,假设我们有很好的理由去认为 r 是真的(如承认存在着至少一张能够被抽中的彩票),而且又有貌似不错的理由(*prima facie* reason)去认为信念集合$\{p_1, p_2, \cdots\cdots, p_n\}$中的任何一个单独看都是真的(比如相信一百万张彩票中的任何一张都不会被抽中),而且,如果上述信念集合与理由 r 产生了矛盾,那么,我们就很难真的相信信念集合$\{p_1, p_2, \cdots\cdots, p_n\}$中的任何一个信念单独看都是真的了。用形式化语言来表述,即:

$$\{r \land p_1 \land \cdots\cdots p_{i-1} \land p_{i+1} \land \cdots\cdots p_n\} \vdash \neg\ p_i$$

从表面上看,波洛克的上述诊断貌似是符合直觉的,因为很多人似乎都愿意接受这样一种说法:判断命题(1)为真乃是一种不甚精确的说法,而更精确的说法应当是:一百万张彩票中的任何一张都有非常低的获奖概率,只是在日常生活中我们往往会忽略这么低的概率。因此,说其中的任何一张都不能赢,严格而言是错的。但这里的问题是:上面的推理模式只有在预设了(2)是真的情况下,才是有用武之地的。但对于一个需要在缺乏人工干预的情况下独立运作的人工智能体来说,它又是如何知道(2)是真的呢?

很显然,在这个关键问题上,波洛克的模型不能提供任何有力的解释,因为它只能简单地重复说:如果每张彩票都不中的话,那么谁还会去买彩票呢?这不就意味着有人中了彩票了吗?然而,这个论证似乎已经预设了系统要么能够从外部环境(或内部记忆库)中获取“有人中了彩票”这一知识进行反向推理,要么就预设了系统的设计者已经将“有人中了彩票”这一知识作为先验知识纳入了系统的公理集。但实现这两种可能性都会带来进一步的问题。具体而言,若要实现第一种可能性,波洛克就得设计一个子系统,以便从外部自主获取证言或从内部调取记忆,而这样的设计显然会带来相关的心理建模任务。很明显,基于哲学逻辑思维的“奥斯卡”系统并不具备强大的心理建模力。而若要实现第二种可能性，则会逼迫建模者本人费心挑选哪些知识是不可动摇的“基本信念”，并将其输入系统。不过，这样的工作不但烦琐，而且，由于此类真理的“特设性”（*ad hocness*），某种特定的确定“基本信念”的方法在某类语境中的有效性，恐怕也是很难被推广到别的语境中的。譬如，下面的“猴子案例”虽然与前面提到的“博彩悖论”在逻辑结构上类似，但其中所涉及的命题（2*）却并没有像（2）否决（1）那样，构成对于（1*）的否决：

猴子案例：假设有一只猴子，在打字机上随便打字一百万次，那么它有没有可能在这一百万次打字中，随机打出一部《李尔王》呢？①

从直观上看，我们不难得到如下判断：

> （1*）不存在着一次具体的猴子打字的活动，能够随机产生一部《李尔王》的文稿。

而这个判断，又是基于前行的一系列判断：

> （1* -1）猴子的第一次打字不会打出《李尔王》。
>
> （1* -2）猴子的第二次打字不会打出《李尔王》。
>
> ……
>
> （1* -n）猴子的第 n 次打字不会打出《李尔王》（n 是一个小于等于一百万的大数）。

同时，我们还有直觉，去支持下面判断的真：

> （2*）在一百万次猴子打字的活动中，没有任何一次能够随机产生一部《李尔王》的文稿。

---

① 该案例来自 John Greco, “Worries about Prichard's Safety”, *Synthese* Vol. 158, No. 3, 2007, pp. 299-302。

很显然，猴子案例涉及的命题（2*）与彩票悖论涉及的命题（2）所预报的方向是彼此相反的：（2*）是否定性陈述，而（2）则是肯定性陈述。而在波洛克理论的框架中，二者之间的这种区别，似乎只能通过神秘的“直觉”来解释，而无法通过对于故事结构的逻辑线索来解释。

但一种更加严肃地对待心理建模而不是拘泥于哲学逻辑的解题思路，却能够轻松地告诉我们：为何彼此呈报方向相反的（2*）与（2）都是真的。这一解题思路的心理学关键词乃是“易取性捷思法”（availability heuristics）[①]，其核心含义是：认知主体在其长期记忆地址中调取相关信息时，会根据“提问的信息容易激发怎样的记忆表征”这一标准来为相关判断寻找证据。如果的确有相关的正面证据通过这样的激发过程而被主体较为轻易地获取，相关判断就会被认为是真的，否则就是假的。套用到“彩票悖论”上，由这一心理学规律所衍生出的解释方案就是：有彩民购买彩票并获奖的信息，非常容易通过媒体的宣扬而被人广为所知，所以，当我们的认知系统需要判断“在众多的彩票中，存在着至少一张能够被抽中的彩票”这一命题的真假时，这样的信息就非常容易被记忆系统所调取，并成为证明该命题为真的证据。而与之相对比，在猴子案例中，面对“在一百万次猴子打字的活动中，没有任何一次能够随机产生一部《李尔王》的文稿”这个命题时，我们的心智系统之所以能够判断它是真的，乃是因为它的否命题——“在一百万次猴子打字的活动中，至少有一次能够随机产生一部《李尔王》的文稿”——是假的，而它之所以是假的，是因为它没有办法帮助认知主体们唤起任何一个关于猴子打出文学巨著的心理记忆。总而言之，在判断哪些命题是“确实正确”而不仅仅是“看上去正确”这个问题上，起作用的那些关键因素只能通过心理学来解释，而不能通过逻辑推演来解释。

---

① Amos Tversky & Daniel Kahneman, “Availability: A Heuristic for Judging Frequency and Probability”, *Cognitive Psychology*, Vol. 5, No. 2, 1973, pp. 207-232.

有人会问:我们干脆就把心理学的因素介入传统的基于哲学逻辑的 AI 系统好了,而这种介入,难道不会使由此形成的 AI 系统更具可运作性吗?

但事情可能没有这么简单。笔者下面就来论证,以“易取性捷思法”为代表的心理学原则,至少在三个方面是与弗雷格以来的哲学逻辑的运思方式有着内在冲突的:

第一,此类心理学法则的领域指向性,与弗雷格式逻辑的“真值—内涵”分离原则是有冲突的。我们在刚才的分析中已经看到,虽然“彩票悖论”与“猴子案例”的初始故事结构是比较类似的,对于二者的结论的直觉却是彼此不同的,而这种不同显然不能通过对于故事结构的追溯而得到解释,而只能通过对于“赢了彩票的彩民”与“打出《李尔王》的猴子”所各自勾连的记忆之间的不同来解释。这一差异显然不是形式的或先验的,而是质料的或者说是经验的。很显然,基于弗雷格式逻辑的现代哲学逻辑,由于过于看重命题的外延(真值)而非其内涵,其实是很难消化心理学家对于词项内容的经验意蕴的重视的。

第二,“易取性捷思法”的运作,往往是反逻辑的。譬如,站在严格的逻辑立场上看,如果你要证明猴子一百万次随机打字都不会打出《李尔王》,那么你就得至少检查一百万次的相关案例,以证明猴子的确从来都没有打出《李尔王》。但几乎没有人会有这样的时间与心理资源去做这样的内省或调查。毋宁说,大多数心理被试只是会翻检自己记忆库中的几个案例。当他们发现找不到“猴子打出文学名著”的具体例证,他们就会立即匆匆做出“猴子打字一百万次也打不出《李尔王》”的结论。很明显,这种对于逻辑要求的公然违背,显然已经使得任何一个基于逻辑的形式系统,面临着被“新来的鲶鱼”(心理学要素)全面颠覆的危险。

第三,以“易取性捷思法”为代表的心理学原则在运作细节与运作结果方面的模糊性,也与弗雷格式逻辑的“极化思维”产生了明显的冲突。再以“彩票案例”为例。假设一个心理学被试从来没有见过彩票,但是好在他见过抽签,并见过在抽签中有人抽了好签(因此,相关信息对于他来说就是“易取的”),而且通过教育,他也知道买彩票无非就是一种更复杂的抽签。在这种情况下,通过在“有人抽中签”与“有人买彩票会赢”之间建立起类比关系,他也能判断出命题(2)的真。但很明显的是,这样基于类比的思维方式,由于类比关系自身的强弱度的不确定性,必然会带来某种模棱两可性,而这一点恐怕是很难被“边界分明”的弗雷格式极化思维方式所吸纳的。

从本小节的讨论来看,“非单调推理”本身所依赖的心理学因素是如此之丰富,以至于一种仅仅满足于对此类推理的表面结构进行描述的形式化处理方案(如波洛克的“集合否决性”程式)最多只能抓住相关推理的最肤浅的层面,而无法触及“冰山的水下部分”。而如果我们要对“冰山的水下部分”进行全面追索的话,相关的认知建模活动所需要的技术资源,可能又是弗雷格式的哲学逻辑所无法取代的。分析哲学与人工智能的结合,显然还需要新的技术通道。

四　回到词项逻辑去

在某些情况下,所谓新的技术道路,或许就是某种传统技术道路在新历史背景下的复活。而笔者所认可的传统技术道路,恰恰是早就被很多现代逻辑学家所放弃的亚里士多德式的词项逻辑路径。概而言之,亚氏词项逻辑与现代命题逻辑之间的根本差异,就是前者的考量是以词项为核心的,而不是以命题为核心的。这就使得传统逻辑学家非常容易以词项为基点解释三段论的构成,并以此为基点解释为何某些心理推理路径能够迅速成型。以三段论诸有效式中最著名的“芭芭拉式”(Barbara)为例。该式的形式构成是:

大前提:所有的 M 是 P(如:所有的人都是哺乳动物)。

小前提:所有的 S 是 M(如:所有的男人都是人)。

结论:所以,所有的 S 是 P(如:所有的男人都是哺乳动物)。

很明显,在这样的推理过程中,本来在“大前提”中并不相关的小项(S)与大项(P),通过中项(M)的中介作用,而在“结论”中彼此联系了。换言之,通过词项之间的中介联系,我们将非常容易解释,小项(S)与大项(P)之间的联系究竟是如何“从无到有”地发生的。由于这样的推理思路并不特别诉诸每个判断自身的真值(外延)而是诉诸作为判断之构成要素的词项之间的关系,因此,在这样的推理思路中,前文所提到的“框架问题”便可以得到一种相对容易的解决方案,此即:一个语句与另外一个语句被认为是相关的,当且仅当这两个语句的构成词项通过某个或某些三段论推理的中项而发生了联系(在此,我们允许诸中项通过嵌套三段论的方式而构成复杂的“中项接龙”,而完成其联结任务)。由于通过中项而发生的这种联系并非是普遍存在的,一个诉诸这种思维方式的智能体,将能够在解决框架问题时大大节约自身的认知资源与处理时间。举个例子来说,若没有“人”作为中介出现,一个正常的推理者是不会无缘无故地将“男人”与“哺乳动物”联系在一起。

面对笔者的这一结论,很多现代逻辑的拥戴者或许会问:为何我们不能在弗雷格逻辑的基础上重构三段论推理,并由此以一种不牺牲现代逻辑的科学严密性的方式来吸收亚里士多德逻辑的好处呢?对此,笔者的回应是:并没有这种“兼得鱼与熊掌”的好事。具体而言,虽然像卢卡西维茨(Jan Lukasiewicz)这样的现代逻辑学家,早就尝试在现代逻辑的框架中重构亚氏三段论①,但这种重构却不能复演亚氏词项逻

① Jan Lukasiewicz, *Aristotle's Syllogistic from the Standpoint of Modern Formal Logic*, Oxford: Taylor & Francis, 1987.

辑的一个基本特征：这样的逻辑能够以类似的逻辑形式来表征“曹操是人”与“人是哺乳动物”这两个命题。或说得更技术化一点，尽管在亚里士多德看来，“曹操是人”与“人是哺乳动物”都是全称肯定判断，但从现代逻辑的角度看，情况却并非如此。“人是哺乳动物”是全称肯定判断固然不假，但在该语句中，“人”与“哺乳动物”都是作为未被满足的命题函项出现的。因此，对于这个语句的现代逻辑改写方案就是：

(1 改)对于任何一个对象 x 来说，若它能够满足“x 是人”这个函项，那么它就能满足“x 是哺乳动物”这个函项。

而对于语句“曹操是人”的现代逻辑改写则要简洁得多，此即：

(2 改)“曹操”这个专名能够满足“x 是人”这个函项。

(2 改)之所以会显得比(1 改)简单，乃是因为：从现代逻辑的立场上看，(2 改)中的“曹操”是专名，而专名又被认为是通过与其指称的直接关联而获得意义的，因此，我们就不必在专名前面添加量词来将其函项化。而在(1 改)中，“人”与“哺乳动物”都是作为通名而出现的，因此，在其之前就必须加上普遍量词(即“对于任何一个对象 x 来说”)来将二者函项化。

以上给出的改写意见，当然是以现代逻辑为出发点的。那么，为何亚里士多德主义者不会赞同上述意见，并认为“曹操是人”与“人是哺乳动物”的逻辑形式彼此相似呢？道理也很简单。亚氏词项逻辑所谈的“词项”是兼指专名与通名的，因此，在此理路中，对于二者的分别处理乃是不必要的。关于这种“专、通混合”的亚里士多德式做法的合理性，存在着一个形而上学辩护与一个集合论辩护。相关的形而上学辩护是：在亚里士多德看来，在与专名对应的个别事物和与通名对应的共相之间，是没有清楚的本体论界限的，换言之，共相既然是蕴于个别事物之中的,我们就完全可以用类似的句法手段来表征二者。而对于这个做法的集合论辩护则是:我们完全可以将诸如“曹操”这样的专名视为一个只有一个下属成员的集合,并将“人”这样的通名视为一个具有巨量下属成员的集合。由于集合各自的成员的多少并不直接影响其在推理结构中的逻辑性质(因为对一个从属于集合 B 的集合 A 而言,它并不会因为其下属的成员的多寡而影响其对于 B 的隶属关系),故而,我们就完全可以用类似的句法手段来表征专名与通名。

那么,站在人工智能研究的角度上看,在亚氏词项逻辑与现代逻辑之间,究竟何者堪当“通用人工智能系统之底层逻辑”之大任呢?在回答这个问题之前,我们不妨先来简评一下二者的短长。就现代逻辑而言,其优点固然是不容忽视的:经过数理化的改造之后,现代逻辑与现代计算机的平台基础的衔接度是比较高的,而且基于现代逻辑的一些人工智能产品也至少取得了部分的成功。但正如前文所指出的,若以具有独立推理能力的智能体设计为标杆,基于现代逻辑的人工智能产品的最大问题,就是缺乏与复杂心理建模的对接窗口,因此我们就很难在这种逻辑的基础上从事对于诸种人类的心理学算法的计算化模拟,以便由此提高整个系统运作的经济性与灵活性。至于亚里士多德式的词项逻辑,其优缺点则与现代逻辑正好构成了互补。就其优点而言,亚氏词项逻辑对于词项的基础地位的偏重,显然能够以一种更为顺畅的方式,来对接心理学家对于词项表征在心理表征之中所起到的基础作用的研究成果(表 2-3)。这也就是说,一种以亚氏词项逻辑为基础的人工智能编程语言,其实更有希望将心理学家的相关洞见加以吸收。但公允而言,词项逻辑并非没有缺点。站在现代计算科学的角度看,亚里士多德的词项逻辑依然是古朴与粗糙的,它只有经过符合现代计算机科学要求的改造(但并非是基于那种卢卡西维茨式的重构),才能被人工智能的研究所吸收,并在此基础上再反过来去吸收现代心理学的研究成果。

表 2-3 重要心理学理论与词项逻辑之间关联简表

编号	心理学理论名称	代表学者	思想要点	与词项表征之间的关系
1	语义网理论	奎琏(M. Ross Quillian)①	人类的知识的基本存储形式,乃是以各个概念为网络节点的网状结构	网络结构中的概念与词项直接对接
2	概念原型理论	罗什(Eleanor Rosch)②	一个概念自身的结构是有层级的,一些概念的下属单位比别的单位更具对于概念而言的"代表性"	概念内部的层级关系,可以被顺畅地转换为词项与其下属词项之间的层次关系
3	短时记忆容量理论	米勒(Gorge Miller)③	一般人的短时记忆所能够记得的事项一般是在7项左右,甚至更少	被记忆的事项的表征往往是词项,不是命题
4	酶性计算模型	巴瑞特(H. Clark Barrett)④	一个认知模块,可以与一个酶催化机制构成类比。譬如,关于狮子的知觉形象会成为"狮子识别机制"的一个"底物",而一个叫"狮子"的标签(tag)则成为该机制的另外一个"底物"。在该机制的"催化作用下",标签和知觉表征被处理为某种"化合物",以供后续心智运作之用	在该模型运作过程中,标签本身是以词项形式出现的

① M. Ross Quillian, "Word Concepts: A Theory and Simulation of Some Basic Capacities", *Behavioral Science*, Vol. 12, No. 5, 1967, pp. 410-430.

② Eleanor Rosch, "Cognitive Representations of Semantic Categories", *Journal of Experimental Psychology: General*, Vol. 104, No. 3, 1975, pp. 192-233.

③ Gorge Miller, "The Magical Number Seven, Plus or Minus Two: Some Limits on Our Capacity for Processing Information", *The Psychological Review*, 1956, Vol. 63, No. 2, pp. 81-97. Lloyd R. Peterson & Margaret J. Peterson, "Short-Term Retention of Individual Verbal Items", *Journal of Experimental Psychology*, Vol. 58, No. 3, 1959, pp. 193-198.

④ H. Clark Barrett, "Enzymatic Computation and Cognitive Modularity", *Mind and Language*, Vol. 20, No. 3, 2005, pp. 259-287.

然而,若让两种逻辑互较短长,亚氏词项逻辑还是棋高一着,因为亚氏逻辑的缺点(即难以与现代计算机计算平台对接)要比现代逻辑的缺点(即难以与现代心理学研究对接)更容易被克服。具体而言,在笔者所知的范围内,目前在人工智能学界,最接近面向计算机时代需求的词项逻辑改造成果,乃是华裔科学家王培发明的"非公理推理系统"(Non-axiomatic Reasoning System)。该系统由"运作逻辑"与"控制模块"两个部分所构成。就该系统所依赖的逻辑工具而言,这是一种叫"非公理化逻辑"(Non-axiomatic Logic)的词项逻辑。[1]该逻辑与亚里士多德逻辑一样,能够以词项为基点进行推理表征,并能够胜任亚氏逻辑所不能胜任的溯因推理、类比推理、复合词项表征等表征与推理任务。同时,由于该逻辑完成了以现代集合论为基础的对于古典词项逻辑重构任务,所以,相关的成果也可以在现代计算机的平台上被复演。而就该系统所依赖的控制模块而言,该模块的设计大量吸纳了"工作记忆""意图表征""心理时间表征"等心理学要素,并特别强调在有限资源下系统运作的"节俭性"。[2] 因此,该系统也为在计算机平台上复演现代心理学的研究成果,提供了一个良好的平台。不过,限于篇幅,笔者在此对于"非公理推理系统"的介绍只能是极为简要的,目的也仅仅是向读者提示对亚氏逻辑进行计算化改

---

① Pei Wang, "From Inheritance Relation to Non-axiomatic Logic", *International Journal of Approximate Reasoning*, Vol. 11, No. 4, 1994, pp. 281-319.

② Pei Wang, "Heuristics and Normative Models", *International Journal of Approximate Reasoning*, Vol. 14, No. 4, 1996, pp. 221-235; Pei Wang, "Confidence as Higher-order Uncertainty", in Gert De Cooman (ed.), *The Second International Symposium on Imprecise Probabilities and Their Applications*, Ithaca: New York, 2001, pp. 352-361.

造的技术可行性。试图了解该推理系统初步技术细节的读者，可以关注本书第十一讲。①

① 对于该系统的更全面介绍，请参看 Pei Wang, *Rigid Flexibility: The Logic of Intelligence*, Dordrecht: Springer, 2006。汉语世界对于该系统的最全面介绍，请参看拙著《心智、语言和机器——维特根斯坦哲学和人工智能科学的对话》，人民出版社，2013 年。

第三讲

人工智能可不能太指望深度学习

一　深度学习与人类智慧之比较

在上一讲中，我们主要考察的，乃是符号 AI 的理论基础——形式逻辑——以及其在分析哲学中的根苗，并对现代形式逻辑对于 AI 研究的指导价值做出了一种悲观的评估。而在本讲中，我们将考察 AI 研究中的另一大流派：联结主义，及其直接的技术后承者：深度学习（顺便说一句，当前在一些文献中，已有将“联结主义”与“深度学习”这两个名目交换使用的倾向）。但与当前社会各界的对于深度学习技术的高度期待不同，我认为深度学习并非 AI 研究的真正康庄大道。而这一判断又是基于如下观察的：深度学习机制的根底，乃是对于人类专家某方面的数据归类能力的肤浅模仿——此类机制正是在这种模仿的基础上，才能在某类输入信息与某类目标信息之间建立起特定种类的映射关系。而之所以说此类技术对于人类能力的模仿是“肤浅”的，又恰恰是因为深度学习机制的运作完全是以大量人类专家提供大量优质的样板数据为逻辑前提的；与此同时，这种模仿却又不以深入理解人脑对于信息的内部加工过程为自身的理论前提，故天生就带有“知其然而不知其所以然”之弊。如此一来，在人类专家无法提供大量样板数据的地方,深度学习机制自然很难有用武之地——而“智能”之为“智能”的标志之一却恰恰在于:配称“智能”者,能够在前人没有全面涉足的领域,做出创造性的贡献。

由此出发,我们甚至可以从深度学习机制的本质特征出发,归结出其大规模运用对于人类文明所可能造成的潜在威胁:

第一,刚才已提到,深度学习对于大量数据信息的处理过程,在原则上就是在某些输入信息与某些目标信息之间建立起特定种类的映射关系的过程。在这种情况下,某些掌握数据调配权限的人类训练员完全可以通过对于训练目标的人为调控,来控制系统的数据归类方向,由此固化人类自己的某些偏见(比如在人脸识别系统中对于具有某种面部特征的人群的“犯罪倾向”的归类),最终造成负面的伦理后果,威胁到人类文明的多样性。这个问题也被称为“算法偏见问题”。

第二,与基于规则的人工智能不同,基于数据采集的深度学习系统本身的运作是很难通过线性的公式推导过程而在人类语言的层面上被解释的,其结果更像是某种神秘的“黑箱”运作后的输出结果。在这种情况下,即使是系统的设计者,有时候也说不清楚为何系统会在某些运行条件下给出这样的运算结果。由于这种非透明性,此类人工智能系统若被纳入以“说理”为基本交流方式的人类公共生活之中,自然就会导致与人类既有社会习俗与法律系统的大量碰撞。这个问题也被称为“算法透明性问题”。

第三,深度学习系统的大量运用会在短期内对特定领域内的人类工作岗位构成威胁,由此也会对人类专家的稳定培养机制构成威胁,并使得深度学习未来的智慧汲取对象变得枯竭。由此,滥用深度学习技术的人类社会,在吃光该技术所能带来的短期红利之后,可能最终会走向文明的衰落(这一威胁,将在本讲第二节中得到全面的展示)。

而为了佐证如上的判断,在本节中,我就将通过深度学习机制与人类智慧的比较,来看看究竟在哪些地方前者是比不上后者的。

从技术史的角度看,深度学习技术的前身,其实就是在20世纪80年代就已经热闹过的"人工神经元网络"技术(也叫"联结主义"技术)。该技术的实质,便是用数学建模的办法建造出一个简易的人工神经元网络结构,而一个典型的此类结构一般包括三层:输入单元层、中间单元层与输出单元层(如图3-1所示)。输入单元层从外界获得信息之后,根据每个单元内置的汇聚算法与激发函数,"决定"是否要向中间单元层发送进一步的数据信息,其过程正如人类神经元在接收别的神经元送来的电脉冲之后,能根据自身细胞核内电势位的变化来"决定"是否要向另外的神经元递送电脉冲。需要注意的是,无论整个系统所执行的整体任务是关于图像识别还是自然语言处理的,仅仅从

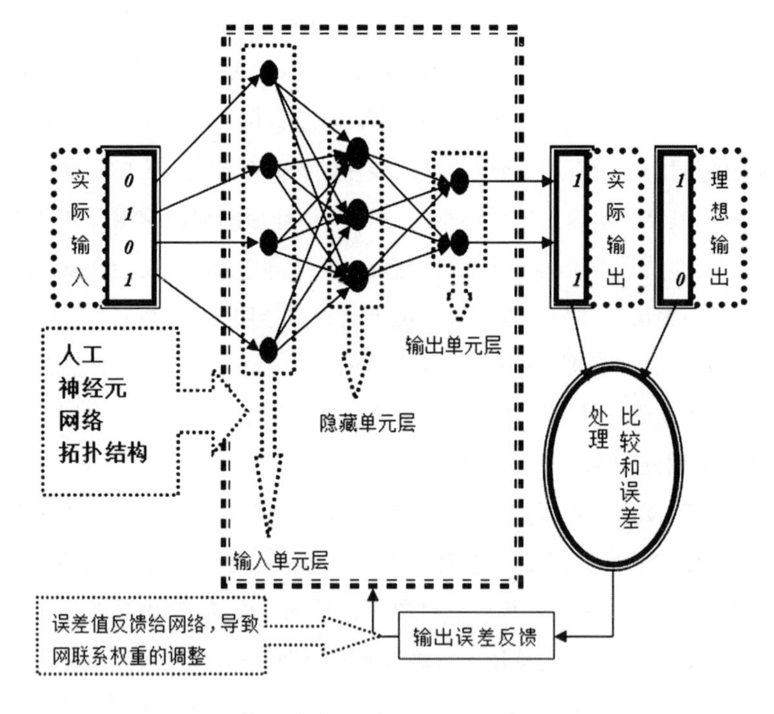

图3-1 一个高度简化的人工神经元网络结构模型[①]

① 资料来源:笔者自制。

系统中的单个计算单元自身的运作状态出发,观察者是无从知道相关整体任务的性质的。毋宁说,整个系统其实是以“化整为零”的方式,将宏观层面上的识别任务分解为系统组成构件之间的微观信息传递活动,并通过这些微观信息传递活动所体现出来的大趋势,来模拟人类心智在符号层面上所进行的信息处理进程。工程师调整系统的微观信息传递活动之趋势的基本方法如下:先是让系统对输入信息进行随机处理,然后将处理结果与理想处理结果进行比对,若二者彼此的吻合度不佳,则系统触发自带的“反向传播算法”来调整系统内各个计算单元之间的联系权重,使得系统给出的输出能够与前一次输出不同。两个单元之间的联系权重越大,二者之间就越可能发生“共激发”现象,反之亦然。然后,系统再次比对实际输出与理想输出,如果二者吻合度依然不佳,则系统再次启动反向传播算法,直至实际输出与理想输出彼此吻合为止。而完成此番训练过程的系统,一般也能够在对训练样本进行准确的语义归类之外,对那些与训练样本比较接近的输入信息进行相对准确的语义归类。譬如,如果一个系统已被训练得能够识别既有相片库里的哪些相片是张三的脸话,那么,即使是一张从未进入相片库的新的张三照片,也能够被系统迅速识别为张三的脸。

如果读者对于上述的技术描述还有点似懂非懂的话,不妨通过下面这个比方来进一步理解人工神经元网络技术的运作机理。假设有一个外国人跑到少林寺学武术,那么,师生之间的教学活动到底该如何开展呢?这就有两种情况。第一种情况是:二者之间能够进行语言交流(譬如,少林寺的师父懂外语),这样一来,师父就能够直接通过“给出规则”的方式教授他的外国徒弟。这种教育方法,或可勉强类比于符号 AI 的路数。第二种情况则是:师父与徒弟之间语言完全不通,在这种情况下,学生又该如何学武呢?唯有靠这个办法:徒弟先观察师父的动作,然后跟着学,师父则通过简单的肢体交流来告诉徒弟,这个动作学得对不对(譬如,如果对,师父就微笑;如果不对,师父则对徒弟棒喝)。进而言之,如果师父肯定了徒弟的某个动作,徒弟就会记住这个动作,继续往下学;如果不对,徒弟就只好去猜测自己哪里错了(注意:因为师徒之间语言不通,徒弟是不能通过询问而从师父口中知道自己哪里错了),并根据这种猜测给出一个新动作,并继续等待师父的反馈,直到师父最终满意为止。很显然,这样的武术学习效率是非常低的,因为徒弟在胡猜自己的动作哪里出错时会浪费大量的时间。但这“胡猜”二字却恰恰切中了人工神经元网络运作的实质。概而言之,这样的 AI 系统其实并不知道自己得到的输入信息到底意味着什么——换言之,此系统的设计者并不能与系统进行符号层面上的交流,正如在前面的例子中师父无法与徒弟进行言语交流一样。毋宁说,系统所做的事情,就是在各种可能的输入与输出之间的映射关系中随便选一种进行“胡猜”,然后将结果抛给人类预先给定的“理想解”,看看自己瞎蒙的答案是不是恰好蒙中了。如果真蒙中了,系统则会通过保存诸神经元之间传播路径权重的方式“记住”这蒙中的结果,并在此基础上继续“学习”。而这种低效学习的“低效性”之所以在计算机那里能够得到容忍,则是缘于计算机相比于自然人而言的一个巨大优势:计算机可以在很短的物理时间内进行海量次数的“胡猜”,并由此遴选出一个比较正确的解,而人类在相同时间能够完成的猜测的数量则会是非常有限的。但一旦看清楚了里面的机理,我们就不难发现:人工神经元网络的工作原理其实是非常笨拙的。

读到这里,有的读者或许会问:为何现在“人工神经元网络”或者“联结主义”被称为“深度学习”呢?“深度”这个定语又是什么意思呢?

不得不承认,“深度学习”是一个非常容易误导人的名目,因为它会诱使很多外行认为眼下的 AI 系统已经可以像人类那样“深度地”理解自己的学习内容了。我个人比较赞成将“深度学习”称为“深层学习”,因为后者也可以完美对应该词的英文原文“deep learning”(顺便说一句,日本计算机学界就是用“深層学習”这个汉字表达式来对应“deep learning”的。甚至也有一些日语文献不将该英文词汇汉字化,而是直接将其音译为片假名表达式“ディープラーニング”)。那么,为何“深层学习”这个表达在学理上更准确呢？因为“deep learning”技术的真正含义,就是以如下方式将传统的人工神经元网络进行技术升级:即大大增加其隐藏单元层的数量(比如,从图3-1中所呈现的一到两层,暴增到上百层。不过,若将标准放宽,四层以上的中间层也可以算作是“深层”了)。这样做的好处,便是能够大大增加整个系统的信息处理机制的细腻度,使得更多的对象特征能够在更多的中间层中得到安顿。比如,在人脸识别的深度学习系统中,更多的中间层次能够更为细腻地处理初级像素、色块边缘、线条组合、五官轮廓等处在不同抽象层面上的特征。这样的细腻化处理方式当然能够大大提高整个系统的识别能力。但需要看到的是,由此类“深度”化要求所带来的整个系统的数学复杂性与数据的多样性,自然会对支撑其运作的计算机硬件以及训练用的数据量提出很高的要求。这也就解释了为何深度学习技术本身是在21世纪后才逐渐流行起来的——因为正是最近十几年以来计算机领域内突飞猛进的硬件发展,以及互联网的普及所带来的巨大数据量,才为深度学习技术的落地开花提供了基本的保障。

不过,尽管深度学习技术已经在很多应用领域获得了很大成功,但是很难说相关产品的行为表现已经达到——甚至接近达到——人类智能的水平。深度学习技术与人类自然智慧之间的差距体现在如下两个方面:

第一,深度学习系统的设计虽然在原理上参照了人类神经元网络的结构,但略去了大量的生物学细节,而且在复杂程度上与真正的人脑也不可同日而语。需要注意的是,一些深度学习的倡导者主张人类某些神经元的微观结构实际所采用的信息处理程序非常类似于深度学习的算法。但即使这一发现是有意义的,也恰恰说明人类大脑的实际复杂程度远远超过了现有的深度学习系统(理由是:若你发现你的模拟对象的一个微观部分的复杂程度与你的模拟系统自身大致相当的话,那么按照“整体大于部分”的原理,你就应当推理出:你的模拟对象的整体复杂度远远超过了你所设计的模拟系统)。而我们由此不难立即推出:既然现有的深度学习系统在复杂程度上远远不如人脑,那么,我们也就不能期望这样的系统能够完全地具备人类的智慧。①

第二,深度学习技术不仅目前不是通用智能系统(即能够在用户干预最少化的情况下完成各种任务的智能系统),而且在原则上也无法成为通用智能系统。与之相较,人类的心智系统肯定是通用智能系统(也就是说,一个智力正常的自然人通常能够在外部干预相对稀少的情况下,自主完成从一项任务到另一项任务的切换)。对于这一点,可能有些读者会产生疑虑,因为深度学习的算法基础并不是针对一个特定的问题领域的,而是能够在原则上适用于各种应用场景的(如自动言语识别、图像识别、金融诈骗检测等等),因此,上文对于深度学习技术的这一批评,似乎不太公平。但需要注意的是,“能够在原则上运用于各种应用场景”的算法,并不一定就是符合通用人工智能要求的算法。至于深度学习技术之所以无法满足该要求,则进一步因为:虽然该技术本身具有普遍的适用性,但是已经运用了深度学习技术的特定产品却肯定是专用的——譬如,以图像识别为主要任务的深度学习系统,其在神经元网络构架与反向传播算法的设计的细节方面,肯定与以自然语言处理为主要任务的深度学习系统非常不同。换言之,一旦一个深度学习系统已经完成了以特定任务为指向的训练,它就不能同时胜任另外一个领域的工作了(这就好比说,一套被拼装为埃菲尔铁塔的模型的乐高玩具,是很难再被拆碎后重新拼装为山海关的模型

① Jordan Guergiuev et al. ,“Towards Deep Learning with Segregated Dendrites”,*eLife*, No. 6,2016,https://elifesciences. org/articles/22901.

了)。而与之相比照,一个人类的医学专家所具有的自然通用智能,却使得他在医学领域之外,能照样擅长做家务、下棋、开汽车、打篮球等彼此差异很大的任务。

有的读者或许还会说,虽然大量特定领域内的深度系统只能执行特定的任务,但是,对于此类模块的大量集成却可以在未来的某个时间点促成通用人工智能系统的构成。那么,我们该怎么回应这种意见呢?在笔者看来,尽管从非常抽象的角度看,这个可能性的确不能被排除,但是基于如下考量,这种可能性依然是不太可能在单纯的深度学习路径中实现的。原因如下:对于复杂系统的集成显然是需要某种"顶层设计"的,而当前受到特定应用场景激发的不同深度学习项目则是各自为政,彼此缺乏协调的。而反过来说,如果深度学习的研究者需要从事这种顶层设计的话,他们就不得不面对笔者后面将提到的"如何实现中立于特定经验的一般推理"这个问题,而该问题本身则非常可能迫使研究者脱离深度学习的既有技术路线。对此,本书下一讲在正面讨论"通用人工智能"时还会详谈。

还有的读者或许会指出:在"迁移学习"的名目下,不少研究者已经在探索如何将已经适应某种特定任务的深度学习系统的学习经验,"迁移"到另一个问题领域中去。因此,现在就断言深度学习系统无法成为通用智能系统,似乎还尚显仓促。但是,基于如下理由,我还是认为"迁移学习"的发展潜力是有限的:

(1)目前最常用的迁移学习方法,是先识别出源领域与目标领域中共有的特征表示,然后再利用这些特征进行知识迁移。但是,实施这一做法的前提条件是:源领域与目标领域各自的特征在微观层次上必须足够彼此类似,而这一点在原则上就使得迁移学习的适用范围受到了很大的限制。而与之相比较,人类的类比思维能力却可以支持人类在微观层次特征相距遥远的两个领域内进行知识迁移——比如将讨论军事斗争的《孙子兵法》中的某些原则沿用到商战领域内去。

(2)上文提到的人类的类比思维能力本身其实是一种推理能力,其基本推理模式如图3-2所示。

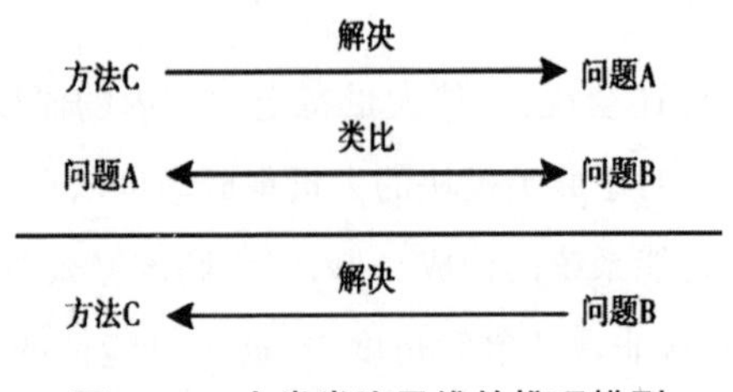

图3-2　人类类比思维的推理模型

然而,任何一种基于深度学习机制的AI系统却不可能是任何一种推理系统,因为任何一个推理系统都应当能够体现出对于被推理内容的起码的中立性与抽象性(在某些理想情况下,比如在三段论推理的"芭芭拉式"中,推论的有效性,完全是与推理所牵涉的小项、中项与大项的经验语义无关的,而只与这些要素在大前提、小前提与结论中的排列位置有关。请参看上一讲的讨论)。但不幸的是,任何能够投入运用的深度学习系统,一旦经过特定领域内样本的训练,就会成为相关领域(或与之底层特征足够近似的领域)内的奴隶,而无法成为某种中立于各个特殊领域的一般推理机制。这一点之所以会成为深度学习的"宿命"(而不是某种通过特定的工程学技巧可以被克服的暂时性困难),则又是缘于深度学习的本质:它们能够做的,只不过是在经过特定的训练过程之后,将具有特定特征的输入归类为人类语义网中的一些既定标签,而不能在符号层面上直接表征人类的各种逻辑或概率推理规律。

从本节的讨论来看,现有的深度学习机制与人类的自然智慧之间的确存在着巨大的差距。用隐喻化的语言来说,这种AI系统的工作原理虽然貌似模仿了人脑的神经元网络,但它既缺乏人类心智系统的高阶构建(譬如对于大尺度神经回路与不同脑区之间协同关系的构建),也缺乏对于神经元运作的一些更微观细节的模拟。这就好比是一个粗心的观察家对于一个陌生国度的法制状况的描述:这种描述既在宏观层面上抓不住被观察国的宪政精神,又在微观层面上抓不住基层执法活动的细节,而只能抓住"有多大比例的犯罪嫌疑人被指控后的确得到定罪"这样肤浅的中层信息。通过这样的片面信息,一个观察家是很难在另外一个国度中复制被观察国的法制体系的。

但有的读者或许还会发问:仅仅从这样一个结论出发,我们又如何能够得出"深度学习机制会对人类的文明构成长远威胁"这一推论呢?一种明显不如人类智慧的机器的出现,难道不是至多只能成为人类智力的补充吗?而如果我们硬要说"作为人类智慧之补充的深度学习机制是人类文明的威胁"的话,那么,按照同样的逻辑,我们不是也有理由说"便携式计算器也是人类文明的威胁"吗?笔者将在下节中回答这一问题。

二 深度学习机制对于人类既有人文资源的"剥削"

诚然,从表面上看,对任何具有很强的专业性与运作效率,却依然需要人类加以操控的机器而言,其在社会中的大规模运用,一般只会大量解放人类的劳力,增加人类自由创造的时间,并使得人类文明更加繁荣,而不会使其衰弱。据此理路,如果深度学习机制在本质上与这样一种机器相似的话,那么其出现似乎也应当成为人类文明的福音,而不会成为人类文明的远忧。但不巧的是,深度学习机制恰恰在下述方面与前述机器是不同的:一般意义上机器的运作所消耗的主要是自然资源(如煤炭、石油、天然气)而已,而深度学习机制的运作所消耗的资源,除了自然资源之外,还包括人文资源。由于人文资源本身的再生是以大量的人类劳动力的存在为前提的,所以,深度学习机制对于人类劳动力的大量取代,将从根本上对人类社会人文资源的可持续发展构成威胁。

为了将上面这层道理说透,笔者还需要回答两个问题:

首先,什么是人文资源?为何人文资源的基本构成要素一定是自然人,而不能是机器?

其次,为何说深度学习机制对于人类劳动力的取代会消耗人文资源,而传统的机器(如纺纱机、汽车、高铁等)则不会?

先来看第一个问题。笔者所说的"人文资源"是一个相对宽泛的概念,它包括一个经济体内部的社会成员既定的价值观体系、通常具有的文化知识、一般智力水平等等。它与一般所说的"劳动力"这个概念相比,还包括了使得合格劳动力得以产生的培训机制与隐性文化-意识形态背景。具有正面价值的人文资源将具有如下特征:它具备一个稳固的却并不僵化的知识培养体系,能够稳定地培养出具有相应劳动素质的劳动力——这里所说的"劳动素质"除了专业技能之外,还包括劳动者的上进心与诚实、守信等基本品德。其中的高级劳动力还必须进一步具备挑战权威、勇于创新等高级素质。这里需要注意的是,从"量"的角度看,就目前的技术发展水平而言,人文资源的保持与发展是依赖于一定数量的人类劳动者的存在的;而从"质"的角度看,劳动个体之间存在的差异性所造成的市场竞争,又为既有人文资源的日益丰富提供了契机。换言之,具有特定生物学基础,作为人类历史产物并具有一定数量的人类个体,才是上面所说的隐性文化-意识形态的实践者、特定职业培训机构的运作者,以及此类机构的培养对象。

与之相比较,目前的人工智能产品却不能成为人文价值的真实承载者,并由此成为人文资源的有机组成部分。其相关论证如下:

第一步:任何真实的人类人文价值的承载者都需要"理解"相关的价值规范。这里需要注意的是,"理解"不仅仅是指在字面上能够背诵相关的规范内容,还指理解者应当知道如何在各种难以预期的变化语境中以灵活的方式执行规范的内容。比如,一个合格的人类司机应当知道在紧急避险的情况下,要如何适当放宽对于特定交通规范的执行标准，以免造成更大的灾难。而这种理解一般将包括如下内容：(1)规则制定者的制定目的是什么；(2)自己执行这样的规则的目的是什么；(3)规则得以实施的一般条件是什么；(4)为何眼前遇到的紧急避险情形构成了对于上述“一般条件”的反例；(5)在眼前的紧急避险状况中，自己暂且违背交通规则中相关条例的恰当理由是什么——或说得更具体一点，为何说违背条例(却能够救险)所带来的好处能够抵消遵守条例(却无法救险)所带来的坏处。由此看来，完整地“理解”一条价值规范，是需要牵涉到理解者非常复杂的心智活动的。

第二步：目前的深度学习系统只能满足对于特定输入的简单归类活动，而远远没有达到可以模拟上述复杂心智活动的地步(这一点笔者在前文中已反复说明)。

第三步：所以，现有的深度学习产品不能成为人文价值的真实承载者。

对于上述论证的第一步，有的读者或许会有疑问：既然人类行为主体对于同一价值规则的理解方式存在着那么多环节，这就会为不同的行为主体对于同样的价值规则产生不同的理解制造大量的契机。在这样的情况下，我们怎么可能保证在人类社会中，价值体系本身能够得到忠实的传承呢？

这里需要注意的是，适当的修正与变化，不仅是对于人类价值体系自身的“理解”环节所提出的逻辑要求，甚至也正是使得人类人文资源得以保存的内在要求。之所以这么说，本身又是缘于下述这个新的三步论证：

第一步：在质的规定性方面，测算人类文化资源的丰富性的尺度与测算自然资源的丰富性的尺度有着很大的差异。前者与种类的丰富性更相关，后者则往往与数量的丰富性更相关。譬如，如果我们说一个文化共同体内的影视产业所依赖的人文资源丰富的话，我们一般指的是该共同体内能够产生的可供改编的剧本种类的丰富度，可供挑选的演员类型的丰富度,以及消费市场对于多样性文艺作品的接受能力,等等。在这里,并没有统一的标准告诉我们哪些人文资源的品类就一定比另一些品类来得好(举例来说,在一位优秀的喜剧演员与一位优秀的悲剧演员之间再进行比较,往往是非常困难的,甚至是没有意义的。俗语所说的"文无第一、武无第二",也就是这个意思)。甚至就对于单纯的劳动力资源的测算而言,只要该社会的工业与服务业的复杂性达到了一定的程度,抛开对于劳动力的类型与分层结构的考察而单纯地考察劳动力的数量,也是没有多大意义的(因为一支内部成员具有彼此相似机能的劳动大军,是无法满足一个具有高度多样性的工业-服务业体系的运作要求的)。与之相比较,在我们讨论石油资源或电力资源的质量时,我们往往使用的就是相对统一的衡量标准,并在该标准下更多地将注意力投注到相关资源的量上。当然,在纯粹的自然科学考察中,也有个别学科门类对于自然资源丰富性的度量方式有点类似于对于人文资源的度量方式,如生态学的考察方式(因为生态资源的丰富度的确与生物种类的丰富度更相关,而不是与某特定物种的数量更相关)——不过,由于生态学的学术语境并不包含明显的价值性评判要素,故而,我们是无从仅仅凭借"热带雨林的生态丰富性高于温带阔叶林"这一点就认定温带阔叶林在价值上"劣于"热带雨林的。与之相比较,我们却完全可以判断说,一个能够生产更为丰富种类的文艺作品的文化共同体,在价值上要优于一个文艺作品种类单一的文化共同体。

第二步:很显然,一个文化共同体内不同成员对于同一价值的不同理解方式,是能够促发相关主体行为上的多样性的。而这种多样性彼此竞争,又能促使全社会对于价值规范的集体理解发生迁移或者分化,由此造成文化产品与工业产品的多样化(如果将工业产品也视为某些文化观念的固态化形式的话)。相反,单一的价值把握方式所产生的单一的价值取向与行为模式,一般就会削弱文化共同体的产出物的种类丰富性,甚至造成所谓"文化荒漠"。

第三步：所以，一个文化共同体内不同成员对于同一价值的不同理解方式，对于维护人类价值体系的“有机性存在”——区别于纯粹的石油资源或天然气资源的“无机性存在”——具有重大意义。

从上述结论中我们不难推出，除非现有的人工智能系统能够像人类个体那样对同一价值内容产生多样性的、并带有自身个性色彩的认识，否则，它们对维护人类价值体系的有机性存在并不能产生积极意义。但正如笔者所提到的，目前主流的深度学习机制是无法满足这一要求的，因为深度学习机制无法复刻人类进行价值判断时所经历的那些复杂的心智活动。

那么，为何我们不能满足于深度学习机制在主动维护人类价值体系方面的这种“无能性”，就像我们同样可以容忍汽车、飞机等机械在同样维度上的“无能性”呢？这就牵涉到了笔者对于前述第二个问题的回答——该问题是：为何深度学习机制的广泛应用不仅无法积极地补充人类的既有人文资源，还会消耗之，而传统的机械未必有此负面效力？

为了具体说明深度学习机制与传统机器的不同，我们不妨就将该机制与现代化的交通工具——汽车、飞机等——进行比较。举例来说，尽管汽车的发明的确取代了马车，但是很初步的反思就会让我们发现：这种转变并没有消灭人类劳动力，而是增加了对于人类劳动力的需求——譬如，传统的马车车夫的工作只是被汽车司机的工作所取代了，而且，由于汽车生产流程的复杂性远远超过马车，汽车的生产与销售本身也带来了大量新的劳动岗位。更有甚者，私人汽车的普及其实是大大增加了人类个体的活动能力，并顺带增加了不同个体根据自身对世界的理解与认知来改造世界的能力，或者说，增加了不同的人类个体或人类集团在人类历史中的博弈能力。这样的变化无疑是增加了人类文明的丰富度，并由此为人类的人文资源的发展做出了正面贡献。无独有偶，在“人工智能”概念之外一般计算机技术的发展，也是起到了与

“汽车普及”类似的功效。譬如,大量文档处理软件的出现,的确是大大减轻了办公室公文的处理强度,而这一点实际上就等于为其他更需要智力投入的劳动形式的展开留出了大量的时间,并使得更多人能够有更多的闲暇进行文化内容的生产,最终增加了人类文明的丰富度。

然而,深度学习技术的运用则与上述技术有着重要的不同。从表面上看来,深度学习所涉及的运用范围非常广,从“自动言语识别”“图像处理”“艺术修图”“药品发现与毒理学研究”到“金融欺诈检测”,几乎涉及人类生产活动的方方面面,这种“普适性”也就给不少人造成了这样一种假象:既然人类的更广范围内的机械化劳动都可以被人工智能技术所取代,那么,人类也就会有更多的闲暇从事自由的劳动,由此丰富人类的人文积累。但这个粗糙的推论是错误的,因为它本身是立基在一个错误的预设之上的:说某项技术已经涉及了领域A,就等于说该技术已经能基本胜任领域A的主要任务。或说得更具体点,也恰恰是因为深度学习技术在原则上其实是不能真正满足“自动言语识别”“图像处理”“艺术修图”“药品发现与毒理学研究”到“金融欺诈检测”等工作领域对于人类劳动的需求的,因此,过高估计相关技术在这些领域内的运用潜能,就会在根本上威胁到人类劳动者的培养机制的稳定运行,由此威胁到人类文明自身的稳定发展。

对于上述结论感到不服气的读者或许会再问这样两个问题:第一,为何深度学习技术不可能真正取代相关领域内的人类专家?第二,就算深度学习技术与传统技术一样,无法全面取代相关领域内的专家,那么,为何传统技术对于人类特定工作领域的入侵不会威胁人类劳动者的培养机制,而深度学习技术却偏偏会?

在这两个问题中,比较容易回答的是第一个问题,因为我在前文已经指出,任何一个领域内的人类劳动都包含着对于相关规范原则的“理解”,而“理解”所需要的复杂心智活动是深度学习技术在原则上就无法模拟的。现在我们就以“自动言语识别”为切入点,再为此论点提供另外一个案例。“自动言语识别”指的是这样一项技术:使用计算机的手段,将机器所获取的人类发言的语音信息,自动转化为文本信息,由此大大简化人类速记员的工作负担。而这项工作的难度就在于:不同人的发音带有不同的个人色彩,因此,在对这些发音人的信息进行转录的时候,就会产生相当的差错率。而且,同音词现象的存在,也为系统的准确语义归类制造了大量困难。而深度学习技术解决此类问题的典型方式可谓“简单粗暴”:即以大量已标注的人类语音数据与语义符号之间的配对关系为素材,进行海量训练,由此使得系统能够模拟人类在特定语音与特定语义之间的配对活动。譬如,由深度学习技术支持的一个早期的自动语言识别项目——TIMIT——的做法,就从美国寻找到了来自八个美语方言区的630个发音人,让每个人各自说十句话作为素材,以此训练机器进行语音识别,并由此获得了一定的工程学成功。①

但麻烦的是,这样的统计学操作却很难覆盖人类理解者的如下智力加工活动:根据对于发言人背景知识的预测,来推测某个发音代表哪个语义。譬如,如果你(作为一个具有充足人类智能的人类语言理解者)能够从某个人前面的发言中听出他的文化水准只有小学水平,你就不会期望他接下来的发言里会使用某些非常“高大上”的词汇;因此,当你貌似听他说到某个“高大上”的词汇的时候,你就会作出猜测:这其实是与之音韵相近的某个另外的词汇。同样的道理,在处理涉及隐喻的词汇表达的时候,由于本体与喻体之间存在着巨大的领域差别(比如将中国历史上的某个典故比附到当代商战的领域中去),理解者本身所储存的语义网范围也就应当能够具有对于这些复杂事项的表征

① 相关资源在互联网上有公开网址。参看 John S. Garofolo et al.,“TIMIT Acoustic-Phonetic Continuous Speech Corpus LDC93S1”,*Linguistic Data Consortium*, https://catalog.ldc.upenn.edu/LDC93S1。

能力,甚至其心智还应当具备在短时间内在不同领域的不同知识点之间搭建临时语义桥梁的能力——否则,相关的语音转化的工作也非常可能会“丢靶”。然而,目前的基于深度学习的自动言语识别系统,至多只能满足对于特定言谈领域的语义建模,而并不具备跨领域的语义类比能力。甚至从原则上看,即使在遥远的未来,在深度学习的技术路径中满足这些要求也是不可能的,其根据则在于如下三段论推理:

大前提:任何在两个领域之间建立类比联系的临时性修辞活动,都会具有鲜明的个性色彩;

小前提:深度学习机制只能对大多数人在大多数情况下所作出的言语行为进行“平均化”,并因此无法把捉任何作为“统计学异常数”出现的个性因素;

结论:深度学习机制无法把握任何在两个领域之间建立类比联系的临时性修辞活动。

再来回答前述第二个问题:为何传统技术对于人类特定工作领域的入侵不会威胁人类劳动者的培养机制,而深度学习技术却偏偏会?在笔者看来,与汽车以及尚未研发成功的通用人工智能技术相比,深度学习技术处在一个很暧昧的位置:一方面,它的确比单纯的机械更多地涉及对于人类智慧的模拟;但另一方面,与真正的通用人工智能相比,它对于人类智慧的模拟却是粗暴与肤浅的。这种暧昧性显然是传统的自动化设备所不具备的,因此,就对于传统设备的使用而言,一般的使用者也能够清楚地厘定“机器”与“人”之间的界限,由此使得人类自主能动性不至于因为机器的介入而受到明显损害——相反,某些更新的人类技能(如汽车驾驶的技能)却反而会由此得到培养。但深度学习却与之不同:该技术是以某种与人脑实际工作方式不同的方式,貌似完成了人脑所完成的某些认知任务,这就会使得人类对这些机器产生更强的依赖,并使得人自身相关认知技能的锻炼机会大为缩减。

从哲学角度看，深度学习机制其实就是海德格尔所说的“常人”（德语“Das man”）的机械化表达：它浓缩了一个领域内的人类智慧的平均意见，并以大量个体化的人类常识判断的存在为其自身存在的逻辑前提。如果我们将这些进行判断的人类个体以及其所依赖的人文背景都视为广义的“人文资源”的一部分（顺便说一句，在前面所提到的 TIMIT 案例中，这些人文资源指的就是掌握大量美语方言的美国人的存在），那么，深度学习技术就可以被视为寄生在人文资源上的“技术寄生虫”——它会慢慢挥霍人文资源的红利，而本身却不产生新的历史发展可能性。

说得更具体一点，这种“只取不补”的挥霍性主要体现在如下四个方面：

其一，以“平均值”的名义消灭偶然性。前文已经指出，人类人文资源的丰富化，是以大量个体对于价值内容的不同理解方式的彼此竞争为前提的。不难想见，这些不同理解方式的产生显然会卷入大量具有偶然性的因素，而这些因素的彼此纠葛又以复杂的方式推进了整个社会价值体系的演变。相关的具体过程其实是在一个更高的层面——如“弥母学”[1]的层面——上复演了演化论的进程：(1)个别的社会价值理解者产生了对于传统规范的明显偏离于平均值的新理解方案（类似于基因变异）；(2)新理解方案在不同意见的交换中得到了传播学优势，并由此渐渐成为新的社会共识；(3)新共识又在传播中得到新的变异形式，由此重复前面的过程。很明显，个体理解方案的变异化能否在这个循环往复的过程中得到维护与壮大，是使得人类人文资源能否被不断丰富化的关键。但正如我们已经看到的，在深度学习机制之中，被机械系统加以“记忆”的仅仅是人类相关领域内行为的一般倾向，而被

---

① 英文“Memetics”，这是一种建立在演化论思维基础上的讨论文化单位传播机制的学说。

过滤掉的,却恰恰就是有别于平均值的种种异常数。譬如,美国某县的语言发音如果与全美其他地方差异过大,就会被深度学习的言语识别系统所忽略。不难想见,这种对于“异常数”的删除机制将从长远上造成人类文化市场的可交易内容的减少,并最终削弱人类人文资源的丰富性。

有的读者或许会辩驳说:如果说作为统计学思想之机械化的深度学习有问题的话,那么,这是不是也意味着统计学本身有问题呢?但我们都知道,统计学研究是一门具有严肃科学性的学问,因此,深度学习机制本身也应当没有问题。所以,笔者对深度学习的批评,有“打击面过大”之嫌。

但这种反驳意见依然是错误的,因为该意见忽略了一个关键的语义学问题:我们平时所说的“统计学”有两重含义:广义上的“统计学”泛指一切与数据的采集、搜集、分析与解释相关的数学研究;而狭义上的“统计学”则要在此之外,额外地承担这样的任务:确定合适的样本覆盖范围与其他相关参数,以便为特定科学门类内的实验研究提供数据支持。在“作为统计学思想之机械化的深度学习”一语中,“统计学”指的乃前述广义解释,而在非深度学习的语境中讨论“统计学”,则一般是指前述狭义解释。换言之,深度学习所执行的统计学算法,乃是一种在更专业的统计学人士看来并不那么严密的算法。因此,一些在人力操控下进行的统计学活动所能够避免的技术错误,或许就很难在深度学习中得以避免。

有的读者或许会继续反问说:即使是更专业的统计学研究,在原则上也必须排除“异常数”并追求平均值,并由此起到消灭偶然性的效果。在这个问题上,深度学习又能比更为狭义的统计学研究糟糕到哪里去呢?

而在笔者看来,专业的统计学研究未必会对偶然性因素的存在构成那么明显的威胁。其理由是:更专业的统计学研究是为科学哲学中所说的“假设验证”服务的,因此,一般的统计学研究都会规定特定的样本空间,对所谓的“正假设”与“零假设”分别进行验证,以此尽量保证结论的可靠性。不难想见,“正假设”与“零假设”的语义规定也好,相关证据与这些假设的相关性也罢,甚至样本空间自身的大小,都需要人类统计学家结合具体的经验知识加以确定,而无法交付机器给予某种统一的、机械化的规定。甚至证据的采集本身,也需要在人为可控的实验环境中进行,以免不相干因素去干扰假设验证。很明显,不同的科学家或科学共同体在采用统计学方法进行研究时,由于各种偶然因素的影响,会很自然地产生对于假设内容或样本空间等要素的不同理解方式,由此给出不同的统计策略,使得科学王国本身成了这些策略彼此竞争的思想市场。或说得更抽象一点,专业意义上的统计学研究对于“异常数”的排除,**恰恰是在肯定人类统计学家的主观能动性的前提下进行的**。此外,亦恰恰是这种主观性,才使得在一种统计学策略中所体现出的“异常”,能够在另一种统计学策略中被视为“正常”。与之相较,深度学习机制却在如下意义上与专业统计学不同:(1)深度学习机制本身并不支持一种复杂的溯因推理或假设验证,而只是种种复杂性程度不同的模式识别机制或归类机制而已。因此,深度学习系统无法自主规定出假设的语义内容,并理解与之对应的零假设的语义,遑论理解相关假设与相关证据之间的语义关联;(2)深度学习机制往往不设定样本空间的大小,并由此放弃了在规定样本大小的前提下才能够进行的对于样本的精细化处理。更有甚者,此类机制往往在未设置过滤、分层机制的情况下,直接将海量的数据本身用作训练素材(比如“谷歌翻译”所采用的“端对端的机器翻译机制”,就直接将互联网上的海量翻译数据用作训练样本,却不对其进行筛选),并因此成了大数据所体现出的一般趋势的被动的承接者。在这种情况下,在上述这种一般趋势中被排除掉的异常数,就很难通过重新调整假设内容与样本空间尺寸的办法,而在另一种表征方式中幸存。

其二,深度学习技术的大规模运用,具有固化技术分工的功效。我们知道,在人类进入工业化时代以来,细密的分工机制就将不同人的教育流程与工作样态固定到一个个相对确定的网格之中,并由此在相当程度上造成了青年马克思所批评的“异化”现象。但需要注意的是,由于如下种种因素,即使是这种“异化”的工业分工现实,也没有在根本上使得此类技术分工体制成为完全僵化的体制:(1)人类自己的大脑是通用智能系统,这就在原则上使得适应了一种工作的劳动者也可以被重新培训为另一工种的工人;(2)大量的人类的工作本身就需要通用智力,如教师、急诊科医生、侦探等等;(3)人类的职业分工体系本身也会变化,甚至会在某些条件下迅速变化;(4)更重要的是,就各国通行的基础教育的教育内容而言,一般也会注重对于学生各种智力机能的均衡培养,以便为未来可能出现的职业变化做好准备。

与之相比较,一个被深度学习技术高度渗透的社会,却会出现如下的特征:这样的社会,必须大量依赖自身只不过就是专用人工智能系统的深度学习机制来应对这样或那样的问题,而这种依赖性将大大压制人类劳动者的主观能动性;然而,诸如教师、急诊科医生、家政服务员之类的人类工作却依然是需要通用智能的。由此就造成了技术运用与客观需求之间的巨大落差。而在深度学习的技术路径之内,用以弥补这一落差的“亡羊补牢”之法,估计只能具有如下形式了:在一个特定行业中规定出一个抽象的工作流程 P,以便让从业者知道:在条件 A 发生的时候,得去调用深度学习机制 A;否则就去检查条件 B 是否满足,若满足,则去调用深度学习机制 B;等等。但这个做法马上就会导致下面这个问题:由于深度学习系统本身的研发与训练需要大量的人力与财力投入,上述的流程 P 本身一旦被确定,就会因为底层模块的僵死性而丧失弹性,并变得难以调整——而这种僵死性又将使得人类的特定分工体系在面对外部变化时的反应速度受到很大影响。

其三,深度学习机制对于人类分工机制的僵化作用,也会削弱人类在为新动议进行辩护时的规范性力量。这里的"规范性力量"具体指的是：当某人为某些动议寻找根据时，所能够依赖的某些具有不可辩驳性的基本原则。而在人类智力主导的辩护活动中，这些基本原则无非就是基本的逻辑法则、统计学法则，已经被接受的科学知识、生活常识，已经被普遍接受的法律与伦理规范，等等。很显然，由于不同的个体对这些原则的理解与运用方式存在着微妙的差异，这就会催生不同的动议内容，由此又导致人类不同个体或者团体不同的行动方向，并最终促成人文资源的丰富化。但在深度学习机制大量渗入人类社会的前提下，这些机制的信息加工方式很容易成为新的规范性力量，并使得人类为新动议进行辩护的空间被迅速削减。譬如，当一个缺乏足够数据支持的新动议Q被提出的时候，依赖于深度学习所提供的信息处理方式的人类评议者就会以"缺乏数据支持"为由反对动议Q，而无论Q本身的学理价值如何（需要注意的是，由于深度学习所依赖的训练数据本来就是面向过去，而不是面向未来的，所以任何新动议的提出，在原则上都会面对上述反对意见）。在这种情况下，胸外科专家将永远无法获得足够的医学规范支持来展开新的手术治疗方案，而喜欢创新的电影制作者也将永远无法得到资本界的支持来从事新方向上的文艺创作。从长远来看，这将使得人类的技术与文明发展走向停滞。

其四，深度学习技术的广泛使用将在根底上消灭产生自己的土壤，最终使得该技术本身在未来某个时刻成为屠龙之术。我们不妨以特斯拉工厂生产电动机车的机器人为例来说明这一点。根据媒体的报道，目前特斯拉的工厂的汽车装配工作已经基本实现了机器人化，由此节省了大量劳力。[①]但是需要注意的是，这些工业机器人只能机械模拟人

① Fred Lambert, "Tesla Gigafactory: A Look at the Robots and 'Machine Building the Machine' at the Battery Factory", *Electreck*, Jul. 31st 2016 1:30, https://electrek.co/2016/07/31/tesla-gigafactory-robots-machines-battery-factory/.

类装配汽车的动作。其具体做法是让人类技工对样车进行装配,相关动作细节输入电脑,而机器人的机械臂再模拟之。换言之,机器人其实并不理解人类技工为何要这样装配——它们只是“依样画瓢”而已。而一旦汽车的车型与结构发生明显的变化,这些机器人就需要重新进行编程以适应新的装配工作——与之相比较,熟练的人类技工却只要看看图纸与实车,一般就能够立即着手装备与焊接工作。因此,这里所说的工业机器人,只是人类技工的身体机能的“剥削者”与复制者罢了。他们并不真的具备这些技能。

那么,为何这种剥削会造成深度学习技术对于自身土壤的否定呢?道理其实很简单:正因为作为人类技能复制者的机器人能够在一定的工作领域内体现出比人类更高的工作效率,这就会让劳动生产的组织者大量解聘人类技工,使得他们失去进行技术锻炼的机会。长此以往,这就难免导致机器运作用以模仿的人类技工的样本走向枯竭,最终使得整套机制走向停摆。

有的读者或许会问:为何我们不能仅仅解雇那些不优秀的技工,而保留那些优秀的技工,并始终让他们保持很高的技术水准?在这样的情况下,难道我们不能兼具“节省人力”与“保留人类样本”之利吗?

答案是否定的。人类技工的能力会随着技工的生物学死亡而消失,而当劳动组织方开始着手培养下一代技工的时候,组织方自身是无从知晓其中谁会成长为优秀技工的。同时,人类自主劳动的大规模退场,也会使得滋养技工文化的社会环境消失,最终导致很少人愿意去充当那些很可能会被辞退的“模范人类技工”的“备胎”。

同样的逻辑也适用于对典型的深度学习技术的社会后效的分析。以对于医学诊断图片中的肿瘤征兆的自动化甄别技术为例:由于医学领域的敏感性与专业性,在设计此类的深度学习构架时,数据的标注工作将不得不交给专业的医学专家来进行,就像斯特拉工厂里的装配机器人的运作不得不去模拟优秀人类技工的动作一样。但此类医学专家自身的读图能力却不是通过深度学习来获得的,而是在长时间的医疗实践中积累的。换言之,一旦自动甄别肿瘤的技术得到推广,医学院的学生很可能将没有精神动力从事耗时漫长的对于人力识别肿瘤机能的学习。而从长远看,未来能够从事数据标注的潜在人力资源也会由此得到削弱。更麻烦的是,罕见病例所呈现出来的肿瘤样态往往会落在大数据的标注范围之外,而在这种情况下,能够伸以援手的只有人类专家了,而不是深度学习技术。不难想见,既然人类诊断罕见病例的能力本身是建立在查看大量病理图片的基础之上的,深度学习对于人类医生读图基本功锻炼机会的压缩,也会在长远削弱人类医生诊断罕见病的能力,由此造成人类医学科技的停滞。

本讲的结论无疑是令人沮丧的。依据本讲所提出的意见,深度学习虽然会在短期内造成人类劳动力表面上的解放,却会在长远钝化使得人类的智力发展得以充分化的社会机制,由此对人类文明的持续发展构成长远威胁。对此,我们是否有一些对冲机制,能够将人类从这种严重局面中纾解出来呢?答案就是发展"通用人工智能"。这也正是下一讲所要涉及的话题。

第四讲

通用人工智能:依然在远方

一　主流人工智能并不真正"通用"

在前一讲中,我已经对以深度学习技术为代表的主流人工智能技术自身的局限性进行了阐述。在前文的阐述中,我还提到过"专用人工智能""通用人工智能"等概念。在本讲中,我们将对这些概念的真正含义进行更为系统的反思,以便彻底揭露包含在对于这些概念的错误运用之中的种种迷思。

顾名思义,"专用人工智能"就是指专司某一特定领域工作的人工智能系统,而所谓的"通用人工智能"(Artificial General Intelligence, 简称 AGI),就是能够像人类那样胜任各种任务的人工智能系统。富有讽刺意味的是,符合大众对于 AI 之未来期待的虽然是 AGI,而且西方第一代人工智能研究者——如明斯基(Marvin Minsky)、纽厄尔(Allen Newell)、司马贺(Herbert Simon),还有麦卡锡(John McCarthy)等——所试图实现的机器智能,多少也是具有 AGI 意蕴的[①],但是目前主流的

---

① 譬如,"通用问题求解器"(General Problem Solver,简称 GPS)的研究,就具有 AGI 研究先驱的意味。请参看 G. Ernst & A. Newell, *GPS: A Case Study in Generality and Problem Solving*, New York: Academic Press, 1969.

AI 研究所提供的产品都不属于“AGI”的范畴。譬如,曾经因为打败李世石与柯洁而名震天下的谷歌公司的 Alpha Go,其实就是一个专用的人工智能系统——除了用来下围棋之外,它甚至不能用来下中国象棋或者是日本将棋,遑论进行医疗诊断,或是为家政机器人提供软件支持。虽然驱动 Alpha Go 工作的“深度学习”技术本身,也可以在进行某些变通之后被沿用到其他人工智能的工作领域中去,但进行这种技术变通的毕竟是人类程序员,而不是程序本身。换言之,在概念上就不可能存在能够自动切换工作领域的深度学习系统。由于一切真正的 AGI 系统都应当具备在无监督条件下自行根据任务与环境的变化切换工作知识域的能力,所以笔者上述判断本身就意味着:深度学习系统无论如何发展,都不可能演变为 AGI 系统。

尽管上面这个结论在上一讲中已经被反复重申,但考虑到当前同情深度学习的势力实在过于强大,以至于笔者在此忍不住想换一个角度对该结论进行论证。该论证将以美国哲学家福多(Jerry Fodor)对于联结主义(即深度学习的前身)的哲学批判①为母型,因此,在学术的正规性上要超过上一讲所呈现的论证。该论证可以呈现为下述三段论:

大前提:任何一个 AGI 系统都需要能够处理那种“全局性质”(global properties),比如在不同的理论体系之间进行抉择的能力(其根据则或许是“其中哪个理论更简洁”,或是“哪个理论对既有知识体系的扰动更小”,等等)。

小前提:深度学习系统所依赖的人工神经元网络,在原则上就无法处理“全局性质”。

结论:深度学习机制自身就无法被“AGI 化”。

① J. Fodor, *The Mind Doesn't Work That Way: The Scope and Limits of Computational Psychology*, Cambridge, MA: The MIT Press, 2000, p. 5.

很显然,该论证的结论的可接受性,主要取决于大前提与小前提是否都是真的。笔者现在将马上说明:二者都是真的。

此论证的大前提之所以是真的,乃是因为任何的 AGI 系统都必须具有人类水准的常识推理能力,而常识推理的一个基本特征,就是推理过程会涉及的领域乃是事先无法确定的。譬如,人类投资家对于金融业务的谈论就很难规避对于国际政治军事形势的讨论(因为金融市场往往对国际军事形势的变化有非常敏感的表现),因此,我们就很难在讨论金融问题的时候预先规定"哪些领域一定不会被关涉到"。这一点甚至在做家务之类看似琐碎的日常劳作中,也会得到体现——譬如,对于居室环境的整理在很大程度上并不仅仅关涉到对于"整洁"这一要求,而且还要兼顾"方便用户"这一要求,而该要求本身又指向了保洁员对于所有家庭成员的生活习惯的额外知识。换言之,跨领域的思维能力是即使连做家务这样简单的日常活动都需要具备的。这也就是说,在涉及多样性的问题领域时,行为主体就必须具备对于来自不同领域的要求进行全局权衡能力,而这就是福多所说的处理"全局性质"的那种能力。不难想见的是,上述要求不仅是施加给人类的,而且也是施加给一个理想的 AGI 系统的——如果我们希望 AGI 具有人类水准上的通用问题求解能力的话。具体而言,家政机器人、聊天机器人与军用机器人所面临的环境的开放性与复杂性,都要求支持这些机器人运作的人工智能系统具有类似于人类的处理"全局性质"的能力。

上述三段论的小前提也是真的,即深度学习机制在原则上就难以处理这种具有领域开放性的全局性问题。在上一讲中我们已经了解了联结主义-深度学习机制的一般工作原理及其局限,因此,笔者不想再在本讲中重复这些原理性阐述。作为补充,在此笔者只想通过一个案例,回答对于上一讲相关讨论的两项质疑(该质疑是我在平时授课时由学生提出的)。

第一项质疑的内容是:为何我们不能建造一个超级的深度学习系统,让它能够处理不同的任务呢?说得具体一点,既然一个用来辨别物体颜色的深度学习系统能够对颜色的不同面相——亮度、色饱和度、透明度,等等——进行有效的信息处理,那么,为何一个超级的下棋系统就不能够对不同种类的下棋游戏进行统一的有效信息处理呢?

但不幸的是,这种超级深度学习系统其实是无法被研制出来的。相关理由如下:

第一,机器人的视觉传感器所把捉到的一个蓝色花瓶的某种特定的蓝色色调,固然是具有亮度、色饱和度与透明度等不同维度的,但这些维度都自然地依附在同样一个外部对象之上——因此,一个机器视觉系统不需要思考它自己究竟应当如何将不同的颜色属性捆绑在某个特定对象之上。与之相比较,任何一盘具体的围棋对弈与任何一盘具体的中国象棋对弈,各自对应的都是不同的外部物理事件(因为两类棋盘的基本物理特征不同)——除非有某种系统内部的"精神力量"将它们归为同样的范畴。或用哲学的行话来说,我们人类对于棋类的分类显然已经自觉地运用了某种抽象的分类概念,而深度学习运作的第一步所蕴涵的视角却只能是面向"个例"(token)而非"类型"(type)的。退一步说,即使我们姑且承认深度学习系统是具备某种概念抽象形式的,我们也必须立即补充说:在深度学习那里,那种随时可以成为人类的反思对象的概念分级系统,只能以一种前反思的形式,僵化地存在于计算单元的网状组织结构之中,而因此缺乏任何灵活性。

第二,即使前面提到的这个麻烦不存在,我们也要意识到:任何一个既有深度学习的运作,一般都会牵涉到大量的训练样本,并消耗大量的计算资源。[①]由此,一个能够跨越更多工作领域的深度学习系统,将会在相当程度上涉及"训练样本从何处来"以及"计算资源从何处来"这两个棘手的问题——而与之相比较,人类自身却往往可以在训练样本稀缺的情况下,通过触类旁通而学会新领域内的新技能。

面对上面的批评,目前深度学习技术的支持者或许还会有如下回应意见(也就是刚才我提到的两项质疑中的第二项):我们可以从认知科学家卡鲁瑟斯(Peter Carruthers)的"大规模模块理论"[②]受到启发,建造出一个具有很多模块的超级认知架构——其中每个认知模块用一种深度学习机制来实现,但对于它们的联合调用却使用某种传统的符号AI技术。这样一来,"专"与"通"的问题就可以得到某种一揽子的解决了。

但笔者认为,上述回应意见依然有两个麻烦:第一个麻烦上一讲已经提及,第二个麻烦则是本讲所给出的补充。第一个麻烦是:上述回应预设了某种比深度学习更高级的"调用系统"的存在——换言之,深度学习解决不了的处理"全局性质"的难题,可以通过该调用系统来解决。但问题是:我们从哪里找到具有这种神奇功能的高级调用系统呢?上面的论证已经说明了:这样的调用系统不可能是某种更为高级的深度学习系统。那么,我们就只能期望这种调用系统乃是某种符号AI系统(因为只有符号AI系统才在某种意义上逼近人类大脑的中央语义

---

① 美国的生物统计学家里克(Jeff Leek)最近撰文指出,除非你具有海量的训练用数据,否则深度学习技术就会成为"屠龙之术"(Jeff Leek, " Don't Use Deep Learning, Your Data isn't That Big", https://simplystatistics.org/2017/05/31/deeplearning-vs-leekasso/)。虽然深度学习专家比恩(Andrew L. Beam)亦指出,对于模型的精心训练可能使得深度学习机制能够适应小数据环境(Andrew L. Beam, "You Can Use Deep Learning Even If Your Data isn't That Big", http://beamandrew.github.io/deeplearning/2017/06/04/deep_learning_works.html),但是比恩所给出的这些特设性技巧是否具有推广意义,则令人怀疑。

② Peter Carruthers, *The Architecture of Mind*, Oxford: Oxford University Press, 2006.

调配系统)。但既有的公理化进路的符号 AI 系统在对各个模块进行指挥与资源调配时,却只能将系统所可能遭遇到的所有问题语境予以预先规定,而这种预先规定显然会使系统在遭遇程序员并未设想到的问题求解语境时陷入手足无措的窘境。①

另一个麻烦则是:即使上述这个困难可以得到某种意义上的克服,我们也无法保证对于现有深度学习模块的累积可以达到 AGI 的水平。这是因为:人类既有的大脑皮层分工是为了满足在采集-狩猎时代的生存需要而被缓慢演化出来的,而现有的人工智能研究内部的工程学分工方案,则主要是为了满足人类当下的商业与社会需求而被人为地制定出来的。举个例子来说,在围棋发明之前就已经出现的人类大脑架构,必定是没有一个专门用于下围棋的模块的——因此,在 AI 领域内对于诸如“围棋”模块的累积,显然无法帮助我们把握 AGI 所应当具有的认知架构的本质。或用带有中国哲学色彩的话来说,对于智能活动的“末”“流”与“用”的渐进式模拟,是无法帮助我们认识到智能活动的“本”“源”与“体”的。此外,从 AGI 的角度看,在 AI 界既有的“人为的分工方案”(图 4-1)中,还存在着大量的逻辑上的分类混乱之处(比如,“常识推理能力”与“知识表征”“非确定性环境下的推理”等领域,彼此之间其实是犬牙交错、界限不清的),而这种混乱显然会使对于这些研究分支的整合变得更为困难重重。

---

① 譬如,在古哈(Ramanathan V. Guha)与麦卡锡(John McCarthy)的语境刻画工作中,研究者必须对整个系统所可能预先碰到的各种语境进行某种“未雨绸缪”式的刻画,并一一给出各个语境中的特定推理规则,以及语境之间的信息交换规则。这显然是一种非常缺乏灵活性的笨拙做法。请参看 R. Guha & J. McCarthy,“Varities of Contexts”, in *Modeling and Using Contexts* (edited by Patrick Blackburn et al, Springer-Verlage, Berlin, 2003), pp. 164-177。

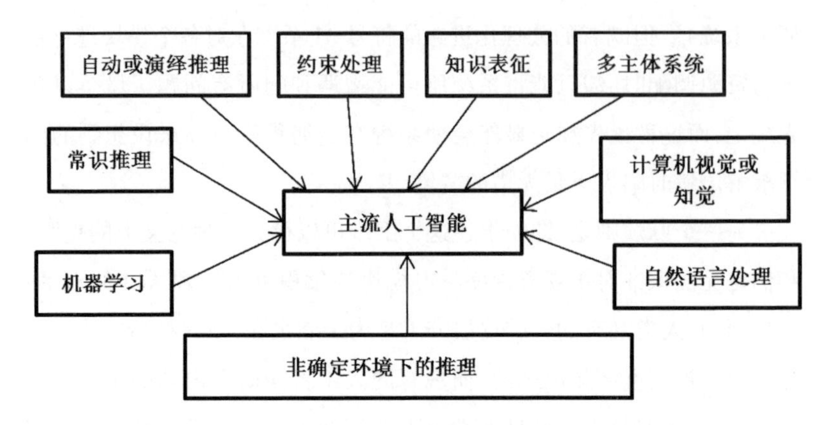

图4－1　目前主流AI学科内部的学术分工略图①

综上所述,当前主流AI技术的进展,并不能帮助我们真正制造出具有AGI基本特点的智能机器。那么,出路又在何方呢?一个很容易想到的方案是:机器智能的研究者必须得向业已存在的自然智能——人类智能与动物智能——学习,由此寻找突破的灵感。

二　如何向自然智能学习?

在通俗网络媒体中我们常常听到这样的评论:某某公司宣扬他们研制的人工智能系统已经达到了四岁或五岁儿童的智商水准。使得这种说法具有意义的前提显然是:存在着某种横跨机器与人类智力的通用的"智商"概念——因此,心理测量学对于人类智商的测算方式,也可以被运用到测量机器智商之上。

虽然笔者对用现成的人类智商标准衡量人工智能产品的水准的

① 该表的制定根据,乃是主流人工智能杂志《人工智能杂志》(*The AI Journal*)所给出的行业内部分类方案。转引自J. Hernández-Orallo, *The Measure of All Minds: Evaluating Natural and Artificial Intelligence*, Cambridge: Cambridge University Press, 2017, p. 148。

做法持强烈的保留态度，却对某种更抽象意义上的横跨机器与人类的“智商”概念保持开放态度。笔者认为，尽管针对人类的智商测量方式具有针对人类而言的物种特异性，但只要我们小心甄别其中的内容，我们依然可以从中寻找到某种能够沿用到AGI研究之上的一般性因素。

那么，心理测量学研究中的哪些因素是“特异于物种”的，而哪些因素又是具有普遍意义的呢？按照笔者的浅见，心理测量学的典型手段——如“问卷调查”——显然是带有明显的物种特异性的，因为该方法显然只适用于作为“语言动物”的成年人类，而不能适用于不会说人话的动物，甚至是尚且不会说人话的婴幼儿时期的人类。由此看来，在自然语言处理技术还没有完全成熟的今天，通过问卷调查来对机器智能进行测量，也是没有意义的。但我们同样需要看到的是：心理测量学通过此类手段所要把捉的心智能力要素，却很可能是具有横跨自然心智与机器心智的普遍意义的。举例来说，心理测量学的鼻祖高尔顿（Francis Galton）就认为知觉的速度与智能的程度有着正相关关系①——而从计算机科学的角度看，如果“知觉速度”是与传感器与相关支持软件的运作效率相关的话，那么，此类效率的提高当然就意味着系统智力的提高（当然是在其他条件保持不变的情况下）。而在笔者看来，上述从人类智能到机器智能的推理，也是适用于心理学界对于各种“基本心理能力”的划分方案（见表4－1）。

① 转引自 J. Hernández-Orallo, *The Measure of All Minds: Evaluating Natural and Artificial Intelligence*, Cambridge: Cambridge University Press, 2017, p. 64。

表4-1 人类基本心智能力及其检测方法对于AI的推广意义①

能力名称	对于人类的检测方法	对于机器而言的推广意义
词汇能力	词汇填空测试(多选题)	对自然语言处理研究有意义
空间辨向能力	对于空间关系的辨别测验	对机器人的"具身化"研究有意义
归纳推理能力	残缺的单词序列接续测验	对一般的机器推理研究有意义
流畅使用词汇的能力	根据词汇规则回忆词汇的测验	对自然语言处理研究有意义
数字能力	加法测验	这是一般计算机最擅长的工作
联想能力	对于配对对象中未被明示的另一项的回忆测验	对一般的机器推理研究有意义
快速知觉能力	字母消除或是刺激比对测验	对自然语言处理研究有意义

如果说表4-1因为过多地对应机器的"自然语言处理能力"而依然缺乏足够的普遍性的话,那么,一种更抽象的人类智力分类方案——譬如卡特尔-霍恩-卡罗尔三层智力模型(Cattell-Horn-Carroll three-stratum model)——则将覆盖更为宽泛的机器智能的能力范围(参考图4-2与表4-1)。

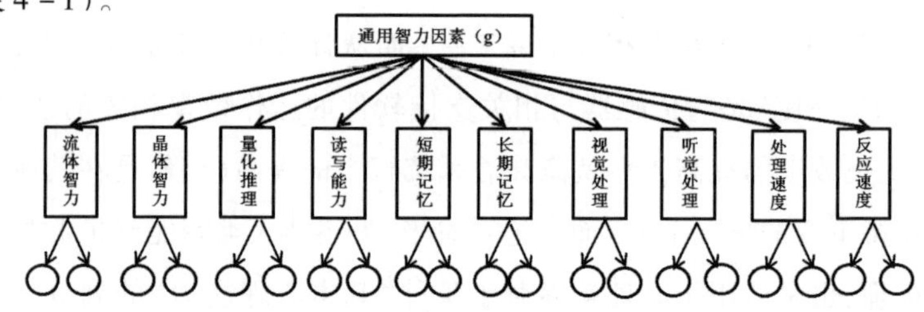

图4-2 卡特尔-霍恩-卡罗尔三层智力模型(图中省略了底层智力项的内容)②

① 该表的理论依据是瑟斯顿(Louis Leon Thurstone)的"基本心智能力理论",转引自J. Hernández-Orallo, *The Measure of All Minds: Evaluating Natural and Artificial Intelligence*, Cambridge: Cambridge University Press, 2017, p.67。笔者根据自己的理解,对原有的表格内容进行了增补(主要是添加了原表里没有的第三列内容)。

② 该图译自J. Hernández-Orallo, *The Measure of All Minds: Evaluating Natural and Artificial Intelligence*, Cambridge: Cambridge University Press, 2017, p.68。

表 4－2　卡特尔-霍恩-卡罗尔三层智力模型中的第二层与通用人工智能之间的关系

图 4－2 中第二层能力名称	与主流人工智能的关系	与通用人工智能的关系
流体智力（在缺乏前提知识的情况下创造新知识的智能）	无法再现	研究重点
晶体智力（在新语境中恰当提取并运用旧知识的能力）	无法再现（牵涉到全局性质的处理能力）	研究重点
量化推理	在确定问题领域内可以精确再现	非研究重点
读写能力	在“自然语言处理”领域内可被部分再现	研究重点
短期记忆	部分实现	结合“流体/晶体智力”来研究
长期记忆	部分实现	结合“流体/晶体智力”来研究
视觉处理	在“人工视觉”领域内部分实现	结合“流体/晶体智力”来研究
听觉处理	在“人工听觉”领域内部分实现	结合“流体/晶体智力”来研究
处理速度	在确定问题领域内已被实现	非研究重点，主要与硬件配置相关
反应速度	在确定问题领域内已被实现	结合“流体/晶体智力”来研究

但需要注意的是，即使我们能够依据表 4－2，在人类的智力能力分类与机器的智力能力分类之间找到一种对应关系，这也并不意味着我们能够立即根据这个对应表造出具备 AGI 特征的机器。其道理也不难想见：人类的智能是客观存在的，而心理测量学家只是试图对已经存在的事物的特性加以测量罢了。而到目前为止，AGI 仅仅是一个宏大的工作目标而已——因此，AGI 专家不可能在造出 AGI 之前就去奢谈如何测量 AGI 的程度。或说得更哲学化一点，关于人类智能构成的

研究,仅仅为尚未完成的 AGI 研究提供了相应的“范导性原则”而已(国际 AGI 学界对于这些“范导性原则”的脉络勾勒,参见图 4-3)——但这些范导性原则本身并不意味着切实可行的工作路线图,正如一个建筑的招标书本身并不包含着建筑本身的施工图纸一样。

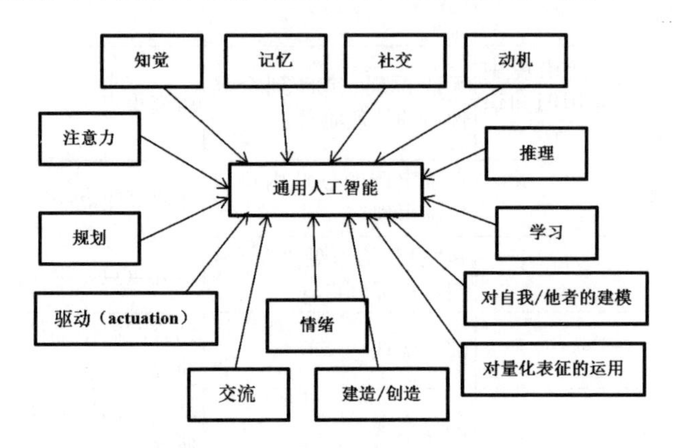

图 4-3 通用人工智能研究的子课题分布情况①

那么,我们又当如何从自然智能那里找到关于建造 AGI 机制的“施工图纸”,而不仅仅是像图 4-3 这样的“招标书”呢?

一个很容易想到的策略便是:心理学家所刻画的种种人类智力的分类形式,归根结底乃是由人类的神经系统所执行的。因此,只要我们对人类大脑的神经运作细节进行精确的描述,就可以从中抽象出一张精确的 AGI 工作图纸来。而时下方兴未艾的“类脑人工智能”(brain-inspired AI)研究路数,便是该思路的体现。②

① 参看 S. Adams et al,“Mapping the Landscape of Human-level Artificial General Intelligence”, *AI Magazine*, 33(1): 25-42。

② 该研究规划的代表项目是由瑞士牵头的“蓝脑计划”(Blue Brain Project),其目的是将人类整个大脑的神经联结信息用一个完整的数据模型予以记录。请参看本书第七讲的详细介绍。

不得不承认,与前面提到的深度学习的进路相比,类脑人工智能的研究思路的确更可取一些。虽然从字面上看,深度学习的前身——人工神经元网络——也是基于对于人类大脑的仿生学模拟,但是在专业的神经科学家看来,传统的神经元网络也好,结构更为复杂的深度学习机制也罢,其对于人脑的模拟都是非常低级与局域的。与之相比,类脑人工智能的野心则要大得多:它们要对人脑的整体运行机制作出某种切实的研究,并将其转化为数学形式,使得计算机也能够按照“人脑蓝图”来运作。考虑到人类大脑的整体运作——而不是局域神经网的某种低端运作——能够以“神经回路”的方式向我们提示出更多的关于人类智力整体运作的信息,比起主流的深度学习,类脑人工智能的研究显然能够减少犯下“盲人摸象”错误的概率。

不过,基于如下理由,笔者认为类脑人工智能研究还是隐藏了不少的风险的。

理由之一:人脑的运作机制非常复杂,譬如,关于人类大脑的海马区是如何处理记忆信息的,现在的神经科学家也无法打包票说我们目前得到的认识是基本准确的。换言之,脑科学研究投入大,研究前景不确定。在这种情况下,如果我们将 AI 研究的“鸡蛋”全部放在脑科学研究的“篮子”里,那么,AI 研究自身的发展节奏也就将完全“受制于人”,而无法有效地分摊研究风险。

理由之二:目前对于神经回路的研究,占据了类脑人工智能研究者的主要注意力,因为对于神经回路的模拟似乎是相对容易着手的。但是我们很难保证某些神经细胞内部的活动对智能的产生不具有关键性作用。而这一点也就使得类脑人工智能研究陷入了两难:如果不涉及这些亚神经细胞活动的话,那么人工智能研究或许会错过某些关键性的大脑运作信息;但如果这些活动也都成为模拟对象的话,那么由此带来的计算建模成本将会变得完成不可接受(因为单个神经细胞内部的生化活动所对应的数学复杂性,堪比整个大脑的神经网络所对应的数学复杂性[①])。

理由之三:我们尚且不清楚"意识"(consciousness)的存在是不是智能活动得以展开的一个必要条件。但假设其存在的确构成这样的一个必要条件,那么由此引发的问题便是:我们依然缺乏一个关于"意识如何产生"的成熟的脑科学理论,因此,我们无法预报何时我们能够从关于人脑的意识学说中得到关于"机器意识"的建模思路。更麻烦的是,如果彭罗斯的"量子大脑假设"[②]是对的,那么我们就必须从量子层面上重新思考意识的本质。对于类脑人工智能研究来说,这一方面会使得研究者去放弃建立在经典物理学构架上的传统图灵机计算模型,另一方面又会逼迫他们去思考"如何在与传统计算机不同的量子计算机的基础上构建认知模型"这一艰难的话题。[③] 这无疑会使类脑人工智能的工作进度表越拉越长。

理由之四:即使人类目前已经掌握了大脑运作的基本概况,我们也无法保证由此得到的一张大脑运作蓝图可以被机器所实现。其背后的道理是:使得神经活动得以可能的底层生物化学活动具有一种与电脑

---

① 玛格丽特·博登:《人工智能的本质与未来》,孙诗惠译,中国人民大学出版社,2017年,第106—107页。

② Roger Penrose, *Shadows of the Mind: A Search for the Missing Science of Consciousness*, New York: Oxford University Press, 1994.

③ 笔者曾在2017年6月于美国加州圣迭戈召开的世界意识科学大会上与彭罗斯爵士本人交谈,向其讨教"量子计算机是否能够实现量子意识"这一问题。他本人则对这一问题给出了否定的回答,因为他认为量子计算机的运作依然需要经典计算机的运作提供某种基础。虽然笔者不敢肯定他的这个回答一定是正确的(因为据笔者所知,像"D-WAVE"这样的"退火量子计算机"在硬件构成上就与传统计算机非常不同),但笔者至少可以肯定的是:即使关于大脑的量子意识理论是对的,也并不是任何意义上的量子物理学现象都可以引发意识(否则"意识"就该是无处不在的)。因此,在量子计算机研究与对于量子意识的机器实现之间,应当还是存在着大量需要填补的理论空白。

运作所依赖的底层物理活动非常不同的物理学特征,而正是基于这种不同,科学界才将前者称为“湿件”(wetware),以便与后者所对应的“硬件”(hardware)相互区别。但麻烦也出在这里:我们都知道,高性能航空发动机的运作蓝图,一般都需要非常特殊的航空材料来加以“落实”,因为这些蓝图本身已经在某种意义上透露了相关运作材料的性质的信息。相比之下,我们又怎么能够期望关于大脑的运作蓝图,可以不包含对于特定生化信息的指涉,而被完全运用到硅基器材之上呢?

分析到这一步,读者可能会问:既然简单地模拟我们的人脑并不是“向自然智能学习”的方便法门,那我们还有别的出路吗?

该问题的答案便是:我们必须学习胡塞尔的“想象力自由变更”的办法,对“智能”的本质进行直观。套用到本书的语境中,该办法的具体操作步骤便是:对各种可能的智能类型进行展列,并以此为出发点对各种可能的智能形式进行想象,最终剔除关于智能的偶然性成分,找到智能的本质性要素。

提到“人类之外的自然智能”,很多人或许会马上联想到灵长类动物的智能。但考虑到人类与其他灵长类动物之间的类似性,出于“剔除人类智能实现方式中的偶然性因素”这一目的,我们最好还是在非灵长类动物中寻找智能活动的标记。譬如,我们在章鱼那里找到了复杂的行为模式,尽管作为软体动物的章鱼具有与灵长类不同的神经系统(这种另类的神经系统使得章鱼可以在大脑与吸盘处分置记忆系统)①;甚而言之,有些专家还认为植物也具有“短期记忆”与“长期记

---

① 对于章鱼的行为与心智的研究,眼下已经成为西方学界的一个新热点。请参看 Peter Godfrey-Smith, *Other Minds: The Octopus and the Evolution of Intelligent Life*, London: William Collins, 2017。

忆”等心智功能,尽管植物是没有严格意义上的神经系统的①;甚而言之,有人认为细菌也可以体现出某种“群体智能”——譬如,通过信号传导蛋白质(而不是神经组织)的帮助,大量聚集的细菌可以解决一些复杂的计算机程序才能够解决的优化问题。②

从上面列举的这些例子中,我们不难发现使得智能活动得以存在的偶然因素与本质性因素。神经系统的存在,恐怕就是可以被“化约”掉的偶然性因素,因为植物与细菌的智能都不依赖于它而存在。特定智能行为对于遗传代码的依赖性,看来也必须被“化约”掉,因为对于章鱼的研究表明,章鱼大量复杂的捕猎与逃逸行为都是后天习得的(换言之,遗传基因只能为章鱼获得复杂行为的潜力进行编码,而不能对具体的行为本身进行编码)。与之相比较,不能被“化约”掉的本质性因素则包括:(1)如何面临环境的挑战并给出应战的模式;(2)如何在给出这种应战的同时最有效、经济地利用智能体所具有的资源。这也就是说,尽管自然智能的具体表现形式非常丰富,但是其所具有的一般功能结构却是相对一致的。

不过,即使是这样的相对简单的对于“智能”的功能性界定,也足以对眼下主流的 AI 研究构成某种严峻的批评:

批评之一:自然智能虽然是面对环境的挑战应运而生的,但对于这些环境挑战的种类与范围,则往往没有非常清楚的界定。举例来说,乌鸦肯定是在人类建立起城市的环境之前就已经演化出了自己的神经系统,因此,其所面临的原始环境肯定是不包含城市的——但这并不妨碍日本东京的乌鸦成了一种高度适应城市环境的生物,并因此成为困扰

① 对于植物的“心智”的研究,请参看 Daniel Chamovitz, *What a Plant Knows: A Field Guide to the Sense*, Farra, Straus and Giroux, 2013。

② E. Ben-Jacob (2009), “Learning from Bacteria about Natural Information Processing”, *Annals of the New York Academy of Sciences*, 1178(1): 78-90.

东京市民的一项公害。这也就是说，即使是鸟类的自然智能，可能也都具有福多所说的那种处理“全局性”性质的能力，尽管我们尚且不知道它们是如何获得这种能力的。与之相比较，传统的 AI 系统(无论是传统符号 AI 还是深度学习，还是所谓的“遗传算法”①)却需要对系统所面对的环境或者是其所要处理的任务类型给出非常清楚的界定，因此是不具备那种针对开放式环境的适应性的。

批评之二：自然智能往往采用相对经济的方式来对环境作出回应——譬如，我们很难设想一只猴子为了辨认出它的母亲，需要像基于深度学习的人脸识别系统那样先经受海量的“猴脸”信息的轰炸，就像我们很难设想柯洁在获得能与“Alpha Go”一决高下的能力之前，需要像“Alpha Go”那样自我对弈几百万棋局一样。需要注意的是，尽管德国心理学家吉仁泽(Gerd Gigerenzer)曾在“节俭性理性”的名目下系统地研究过自然智能思维的这种经济性②，但至少可以肯定的是，“节俭性”并不是当前主流人工智能所具有的特性。相反，对于信息的过分榨取，已经使得当下的人工智能陷入了所谓的“探索-榨取两难”(The exploration-exploitation dilemma)：倘若不去海量地剥削人类既有的知识，机器便无法表现出哪怕出于特定领域内的智能；然而一旦机器剥削既有人类知识“上了瘾”，机器就无法在任何一个领域内进行新的探索。③ 与之相比较，相对高级的自然智能却都具备在不过分剥削既有

---

① G. Gigerenzer and P. Todd, and the ABC Research Group, *Simple Heuristics that Make Us Smart*, Oxford: Oxford University Press, 1999.

② 在所谓的“遗传算法”中，程序员必须对程序所面对的问题求解环境预先进行刻画，并确定程序的所有“基因型”与“表现型”。这种做法依然是比较僵化的，无法满足 AGI 的要求。关于“遗传算法”的详细评论，请参看拙著《心智、语言和机器——维特根斯坦哲学与人工智能科学的对话》§ 1.3。

③ J. Hernández-Orallo, *The Measure of All Minds: Evaluating Natural and Artificial Intelligence*, Cambridge: Cambridge University Press, 2017, p. 145.

知识的前提下进行创新的能力(比如少年司马光在“司马光砸缸”这一案例中所体现出的创新能力)。

综合本节的讨论来看,向自然智能借脑固然是未来 AGI 发展的必经之路,但如何确定我们所需要模拟的自然智能的“知识层次”,则是在相关研究展开前率先要被回答的问题。与类脑人工智能研究者对于大脑具体神经细节的聚焦不同,笔者主张通过“想象力自由变更”的办法,对智能活动的本质——有机体对于开放式环境的节俭式应答——进行抽象,由此获得对于 AGI 的一些更富操作性的指导意见。至于如何将这些意见落实到具体的 AGI 研究工作之中,笔者曾在别处给出了更富有技术细节的介绍,此处不再赘述。①

三　再谈“强人工智能”与“超级人工智能”

本书既有的讨论,其实已经足以澄清这样一个论点:既有的专用人工智能之路,并不能真正通向 AGI,因为后者对于智能活动本质的涉及,并不是前者的题中应有之义。而对于有些读者来说,这样的澄清似乎还漏掉了当前媒体广泛炒作的两个概念:一个是“强人工智能”(Strong AI),一个是“超级人工智能”(Artificial Superintelligence)。那么,AGI 与它们之间是什么关系呢?

首先可以肯定的是,强 AI 既不是 AGI 的对立面,也不是其同义词。与强 AI 对应的概念乃是“弱 AI”(Weak AI),而弱 AI 也既非专用 AI 的对立面,亦非其同义词(尽管二者外延上高度重合,详后)。说得更清楚一点,弱 AI 指的是计算机对于自然智能的模拟,而强 AI 指的是计算机在上述模拟的基础上对于真实心智的获得,二者之间的区分,牵涉到

① 请参看拙著《心智、语言和机器——维特根斯坦哲学与人工智能科学的对话》,人民出版社,2013 年。

的是“虚拟心灵”与“真实心灵”之间的区别。[①] 与之相比较，专用 AI 与 AGI 之间的区分则是 AI 系统自身运用范围宽窄之间的区别。因此，从概念的外延角度上看，一个 AGI 系统或许可能是弱 AI，也可以是强 AI（因为一个达到 AGI 标准的系统是否能够配得“真实心灵”，依然是一个有争议的心灵哲学话题）——而专用 AI 系统则只可能是弱 AI（因为真实的心灵肯定是具有跨领域的问题处理能力的）。这几个概念的关系，可以通过图 4－4 来概括。

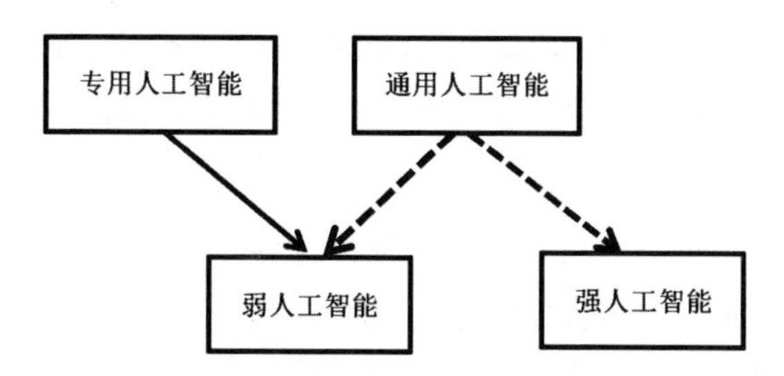

图 4－4　关于专用人工智能、通用人工智能、弱人工智能与强人工智能四者关系的概括（图中实线表示“从属关系”，虚线表示“可能的从属关系”）

再来看“超级 AI”这个概念。笔者认为这是一个非常含糊的字眼，因为“超级”本身的含义就非常含糊。如果是指 AI 系统在单项能力上对于人类的超越的话，那么现在的“Alpha Go”就已经是这样的超级 AI 了；但如果“超级 AI”指的是某种能够比人类更为灵活地统调各种能力与知识领域的 AI 系统的话，很显然这样的系统还没有出现。但即使存在着这样的系统，如何界定“超级”二字的真正含义，依然会成为一个值得商榷的问题。正如前面我已经指出的，任何智能体在不尽量节俭地使用资源的前提下，都无法对开放环境中存在的挑战进行“无所顾忌”的回应，因此，即使是所谓的“超级 AI”，也不可能在其运作中无限

① 强、弱 AI 区分的根据乃在于下述文献：John Searle (1980), “Minds, Brains, and Programs”, *Behavioral and Brain Sciences* 3, pp. 417-424。

地挥霍其运算资源,并要求无限的前设知识作为其推理前提。换言之,这样的系统依然是与我们人类一样的“有限的存在者”,并与我们人类一样面临着某种终极的脆弱性。

不过,如果我们将“超级”的门槛降低,并在“比人类稍微更灵活、更具创造性一点”这一意义上使用“超级 AI”这个字眼的话,那么,制造出这样的系统,并非在概念上是不可能的。说得更具体一点,我们当然可以由此设想:某种 AGI 系统能够以一种比人类更具效率的方式进行联想与类比,找到问题的求解方略,而这种系统所接驳的某些外围设备的强大物理功能,显然也能够使得整个人造系统获得比人类整体更强大的决策与行动能力。

那么,这样的一种超级 AGI 系统,是否会对人类的文明构成威胁呢?对于该问题,笔者暂且保持开放的态度。不过,正如本讲所反复说明的,即使有一天这样的 AGI 系统问世了,其技术路径也会与主流的人工智能技术非常不同——因此,那种凭借主流人工智能技术的进展就大喊“奇点时刻即将到来”[①]的论调,依然是站不住脚的。换言之,虽然“AI 威胁论”并非永远会显得不合时宜,至少就眼下的情况而言,高唱此论调,的确显得有些杞人忧天。

到本讲为止,我们已经对 AI 的一些基本知识(特别是符号 AI 与深度学习技术各自的技术局限)做了简要的介绍。很显然,目前被社会各界所热炒的 AI 概念,是需要一番冷静的“祛魅”操作的——这种“祛魅”既需要一定的科学知识做支撑,也需要一定的哲学剖析能力(特别是概念辨析能力)做辅助。而一旦缺乏具备此类概念辨析能力的谋士的提醒,对 AI 技术有兴趣的投资家与政府决策者就很可能会被一些肆

---

① “奇点”在库兹威尔(Ray Kurzweil)这样的未来学家那里,特指人工智能技术能够颠覆性改变整个人类文明的那个历史时刻点。但就笔者所知,在国际主流的科学哲学界与心灵哲学界,很少有人认真看待这种“奇点理论”。

意炒作起来的概念所误导,由此做出错误的投资决策。在下面两讲中,我们将从苏联、日本与欧盟的计算机或 AI 发展历程中的一些失败案例出发,进一步剖析这种概念辨析能力的重要性。由此,读者也可透过科技史的经验,再次领会传统 AI 技术的局限之所在。

第五讲

苏联人工智能发展历程中的哲学迷思

一　苏联计算机发展政策及其主要问题

众所周知,现代理论计算机科学之父乃是英国学者图灵,实体意义上的现代计算机之父是美籍匈牙利人约翰·冯·诺依曼(John von Neumann,1903—1957),AI 学科诞生的标志性事件则是 1956 年于美国召开的达特茅斯会议。此后,计算机与人工智能业界与学界最重要的进步,基本都发生在英语世界,特别是在美国。美国的苹果、谷歌、IBM、微软等技术巨头在相关领域内的领先地位,也是世界公认的。不过,也恰恰是因为 AI 研究在美国的相对成功,国内学界往往过分看重人工智能研究中的"美国经验",而忽略了同一研究领域内的他国经验教训。应当看到,AI 也好,广义的计算机技术也罢,其发展对任何一国综合国力的提高都有举足轻重的意义,这一点亦为美国之外的各国技术与政经精英所知晓。因此,试图以"大国争雄"为目的,与美国一比高下的国家或国家联盟,显然都不可能放弃对于相关技术领域的投入。而在我国之外,历史上各强国(或国家联盟)在计算机或人工智能领域试图冲击美国的霸主地位(或至少接近其霸主地位)的典型案例,至少有以下三个:第一是苏联几十年间对于美国计算机技术的跟踪与所谓的“控制论”研究;第二是日本的“第五代计算机计划”;第三是欧盟的“蓝脑计划”。有意思的是,虽然这三次努力的发起国各自的政、经背景彼此不同,但这三次努力都有明显的共性:第一,这些努力都不算成功;第二,这些努力均在一定程度上留下了政府干预的明显痕迹;第三,指导这些努力的决策方式都是奠基在此种或彼种错误的哲学预设之上的。而本讲与下一讲的任务,便是以回顾苏、日、欧三方的计算机/人工智能发展策略的技术史为入手点,揭露错误的哲学预设是如何进入各国的科学发展决策的,从反面佐证健全的哲学思辨对于正确的科技决策所起到的不可或缺的作用。

本讲将主要聚焦于对苏联的相关科技政策的检讨。

众所周知,在“冷战”期间,苏联长期以来是美国在科技领域的主要竞争对手,但奇怪的是,其在 AI 领域,乃至整个计算机科学领域,研究成绩都明显落后于美国。实际上,苏联倘若真想大力发展 AI,既不缺人才(苏联有非常深厚的数学研究底蕴),也不缺资金(社会主义体制完全能支撑得起相关的科研消耗),更不缺应用领域(AI 在军事方面的价值是很明显的。譬如,1943 年斯大林远赴德黑兰开会的飞机航线,就是苏联专家通过美国 IBM 公司提供的计算设备加以制定的①)。那么,苏联的计算机/AI 产业,为何一直留给世人“落后”的印象呢?对

---

① 严格地说,这是一台穿孔分析机(Punch Card Analytical Machines,英文简称 PCAMs),实质上是一块纸板,在预先知道的位置利用打洞与不打洞来表示数码信息。从今天的眼光看,这早就是过时的装备了。在苏德战争爆发之前的 1940 年,美国 IBM 公司以租借的方式提供了这样一套设备给苏联以供科普展览之用。但残酷的苏德战争爆发后,此设备因为在国防上的价值而被苏联政府征用,并的确为伟大卫国战争的胜利做出了贡献(请参看 Boris N. Malinovsky, *Pioneers of Soviet Computing*, Edited by Anne Fitzpatrick. Translated by Emmanuel Aronie, published electronically, 2010. http://www.sigcis.org/files/sigcismc2010_001.pdf., pp. 139-140)。

于该问题的讨论,我们不妨从苏联计算机发展的亲历者鲍里斯·马林诺夫斯基(Boris Nikolaevich Malinovsky,1921—2019)在《苏联计算机技术先驱》一书中的评论为入手点。具体而言,马林诺夫斯基将苏联计算机工业落后于美国的缘由归结为四点:

第一,“冷战”开始后,苏联政府拒绝了某些西欧公司与苏联合作开发新一代计算机的计划,导致研究上的故步自封。

第二,由于在战时使用 IBM 设备带来的“甜头”,苏联官方片面强调逆向工程学仿造西方器械的重要性,不顾科学家的反对,上马了对于 IBM-360 计算机的仿造工作。此项计划占据的资源过多,使得苏联本土的计算机发展计划被严重耽搁。

第三,20 世纪 70 年代,苏联政府将全国的计算机研究力量分解为三个互不统属的部分,彼此信息不流通,导致大量的项目重复与资金浪费。

第四,苏联政府对科学研究与计算机技术之间的内在关联理解不够,使得计算机技术的发展规划很难被摆放在国家战略的层面上来加以重视。①

不过,由于马林诺夫斯基本人是苏联时代计算机产业的亲历者,其判断多少受到其特定行业利益的影响,因此,评判结论未必完全客观。其实,他提出的四点指责,除了第三条多少切中了问题的要害,另外三条都是值得商榷的。

先说第四条。在这个问题上马林诺夫斯基至多只说对了一半。更准确的说法是:苏联政府认识到计算机重要性的时间虽然比较晚,但很

---

① Boris N. Malinovsky, *Pioneers of Soviet Computing*, Edited by Anne Fitzpatrick. Translated by Emmanuel Aronie, published electronically, 2010. http://www.sigcis.org/files/sigcismc2010_001.pdf., p. viii.

难说重视不够。根据许万增的概括,[1] 60 年代中期之后,苏联党和国家领导人在历届党代会上都开始强调发展计算机的重要性。如勃列日涅夫在 1966 年苏共二十三大、柯西金在 1971 年苏共二十四大上,都强调了发展计算机产业的重要性,而在后一个会议上,苏共甚至还在国策层面上批准了"OGAS"信息网络计划的一个缩减化版本(详后)。从 1966 年开始的苏联第八个五年计划中,计算机已成为国家重点扶持项目,得到相当的资金扶持。苏联教育当局亦从 1985 年 9 月开始,在全国中学普及计算机教育。从这个意义上说,至少在苏联中后期,苏联领导层对于计算机的重视程度还是颇为可观的。

至于马林诺夫斯基指责苏联当局的第一条理由,更是有所夸大。实际上,在所谓"输出管制统筹委员会"(Coordinating Committee for Multilateral Export Controls,简称为"巴统",因总部在巴黎而得名)的控制下,美国自身的企业也好,所有美国的盟友国的企业也罢,其向社会主义阵营成员出口高科技设备的商业行为,都会受到严重的政治限制,敏感的计算机设备更是如此。在这些管制的基础上,美国还在 1974 年出台了《国家安全决定备忘录 247 号文件》,规定了对社会主义国家出口的计算机设备的技术上限。这当然首先是针对苏联的。甚至在 1979 年美国放松对同为社会主义国家的中国的计算机产品出口限制之后,对苏联的出口限制依然没有放松,以作为对苏联入侵阿富汗的政治惩罚。实际上,对于这种严峻的国际技术封锁的环境,苏联方面并不是懵懂无知的,也采取了一定的反制措施。譬如,即使在"巴统"的制约下,苏联也利用部分美国盟友的"逐利"心态,以及"巴统"的"行政例外程序"所提供的漏洞,努力获取西方先进计算机技术。具体而言,苏联在 1967 年通过其盟国捷克斯洛伐克,获取了一批先进的计算机技术

① 许万增:《苏联计算机发展战略》,《国际技术经济研究学报》1990 年第 3 期。

(CPU与磁带处理器),1969年以其盟国波兰为管道从法国进口计算机,1971年直接从英国进口计算机,并由此引发了美国在“巴统”内部与其盟国的纷争。① 从这个角度看,历史的真相与其说是像马林诺夫斯基所描述的那样,“苏联拒绝了与西方合作研制计算机的机会”,还不如说是“苏联欲求此类机会而不得”。

再来看马林诺夫斯基说的第二条批评。苏联当局决定仿制IBM-360是不是一个策略性失误呢?要回答这个问题,我们首先要看看在此之前苏联的国产计算机与IBM-360计算机的性能水平之间的距离。在战后,苏联本国研制的主要计算机有:(1)MESM计算机,设计者是列别杰夫(Sergey Alexeyevich Lebedev, 1902—1974),1948—1951年研制。这可是一台用了6000个真空管,需要10米长的空间摆放的大家伙。(2)BESM计算机,实为MESM的后继者,共发展了四代,其中第一代与第二代使用真空管,第三代开始换用晶体管。此计算机曾用于防空导弹的信息控制。(3)M-220,主设计师安东诺夫(Veniamin Stepanovich Antonov,1925—2004),大约在1968年完成研制,其技术前身是M-20。(4)MINSK系列计算机,从1959年一直研制到了1975年,技术力量基于白俄罗斯加盟共和国(因此也在白俄罗斯独立后被称为该国第一代国产计算机),其中最先进的型号是MINSK-32。

结合具体历史背景来看,很难说这些计算机性能不好——其中的MESM与BESM的性能,也曾在欧洲称霸一时,而BESM则稳定服役了二十年,可谓非常“皮实”。但这些机器都有一个共性,即它们要么是基于真空管的第一代计算机,要么是基于电子管的第二代计算机,而都不是基于小规模集成电路的第三代计算机,遑论基于大规模集成电路

① 更多的相关历史细节,请参看吴敏《计算机与冷战——美国对苏联和中国限制出口计算机政策》,东北师范大学硕士学位论文,2011年5月,知网下载地址:https://kns.cnki.net/。

的第四代计算机。但IBM-360恰恰是一台划时代的产品。作为第三代计算机的代表产品,对于它的研制曾迫使IBM消耗50亿美金进行商业豪赌。除了使用了当时非常先进的集成电路作为更为便宜、轻便与稳定的硬件基础之外,IBM公司还在IBM-360之上使用了“微指令”(microcode)技术,让机器指令与相关的电路实现分离,最终使得机器指令可以进行更为自由的设计与修改,而不用考虑实际的电路架构。这些“黑科技”使得IBM-360的性能大幅度提升,远远超越了苏联的既有计算机。面对如此可怕的技术差距,对仿制美国技术产品颇有心理依赖的苏联当局,自然会联想起当年图波列夫设计局仿制美国B-29轰炸机、研制出图-4的成功经验(后者在西方有“B-29斯基”之昵称),转而去研究IBM-360的“苏联化”问题。若抛开版权这一微妙的法律问题不谈,苏联当局的这一决策从功利角度看是有一定合理性的,毕竟沿着别人的脚印前进,试错成本要远远小于自己开创新路。譬如,作为苏联时代唯一在市面上贩售的个人电脑,在1984年投入使用的BK-0010电脑价格最终被压缩到600卢布之内(1984年的1卢布大约相当于同时期的1.26美元),其性能也算是可接受的,其出现亦大大便利了全苏联展开的对于青少年的计算机教学工作。但这种产品恰恰是在苏联对“苹果II”电脑进行不成功的仿制之后才逐步成功的(相关仿制成果乃是价格比BK-0010昂贵10倍左右的“Agat”计算机)。如果当初苏联当局不作出仿造IBM-360的决策,最后恐怕连BK-0010这个级别的产品也不会有。

从上面的分析看,苏联计算机产业不够发达的根本原因,并不在于马林诺夫斯基所说的以上三条,而在于内生于苏联政治结构与工业体系的一些固有问题。

第一,苏联缺乏足够强大与广泛的中层政治精英,以支持计算机技术运用。由于苏联是典型的计划经济体制,而社会的经济生活又被各级经济管制官员所控制,所以,这些中层干部对于计算机技术的态度,对计算机技术在苏联的命运有着决定性的影响。但由于计算机技术具有提高信息处理效率的天然属性,对于它的使用必然会威胁到经济干部编制的规模,因此,其在苏联国情下的命运,也就完全不难被预测到了。在这方面最典型的案例,就是苏联版的“互联网计划”的夭折。这就是所谓的“OGAS”系统(即“全国自动系统”,英文“All-State Automated System”)的研制计划。该计划最早的提倡者乃是基托夫(Anatoly Ivanovich Kitov, 1920—2005)。他受到“控制论”(cybernetics)思想的影响(对于控制论的介绍详后),提出要在全国范围内建立计算机网络信息处理系统,以提高苏式计划经济体系的运作效率,减少人为浪费。但因为这样的计划需要建立一个横跨军、民的跨行业信息整合平台,对军方特权利益有所触动,所以计划没有实施。在1971年,计算机专家格卢什科夫(Victor Mikhailovich Glushkov, 1923—1982)则沿着基托夫的足迹,正式提出了OGAS计划。按其规划,该网络一旦建成,莫斯科的经济主管部门将通过处于首都的网络中心,实时了解全国约200个城市网络节点与约2万个经济运作终端传输来的经济信息,而且各个节点之间也能进行信息传输。思想超前的格卢什科夫甚至设想利用此系统进行电子货币支付。然而,虽然苏共“二十四大”只批准了对于一个局域版本的OGAS计划的投资,但当时的苏联财政部部长加尔布佐夫(Vasily Fyodorovich Garbuzov, 1911—1985)则出于部门利益的原因,一直对该计划的实施进行行政阻挠。由此,苏联错过了抢在美国之前建立一个互联网系统的唯一机会。①

第二,苏联缺乏与计算机工业配套的先进电子工业。根据塞利格

① 甚至这样的“互联网”也不是我们现在所使用的互联网,因为苏式的互联网具有明显的纵向信息控制特征,体现了明显的计划性,而现有的互联网主要是建立在相对平等的信息节点之间的横向关系之上的,体现了明显的非计划性。但本书不是专门讨论互联网的,所以,对于这个问题笔者不想深究。

曼(Daniel Seligman)对于戈尔巴乔夫时代的苏联计算机工业的评估,当时苏联的计算机实质上乃是对于6—10 年前美国 IBM 计算机的仿制品,而且在这些产品中,没有一款质量比得上其盟友民主德国生产的 ES-1055计算机(大约就是美国的 IBM-370 的民主德国仿造品),并且即使就计算机设备的产量而言,苏联方面的数据也不太乐观。截至 1984 年,苏联全国 4.4 万家工业生产单位中,装备有大型计算机主机的单位才占 7.5%。[①] 而苏联计算机产品在质与量这两方面的劣势,显然又是与基础硬件的生产能力落后密切关联的。以与现代计算机密切相关的集成电路工业为例:根据已经解密的美国中央情报局文件《苏联在集成电路生产方面的进展》(1974 年撰写、1999 年解密[②])的披露,截止报告撰写时间为止,苏联的集成电路工业的产量竟然不到美国的 4%,而且整个苏联相关工业部门都受到生产工艺落后、管理水平落后等问题的严重困扰。

第三,苏联缺乏与计算机硬件工业配套的计算机软件研究。按照美国著名智库"哈德逊研究所"(Hudson Institute)所提供的报告《苏联在 1980 年代的计算机软件及其运用》[③]的意见,苏联工业界提供的计算机软件有五大特点:(1)大量复制西方计算机软件,缺乏原创性;(2)一些计算机软件在西方技术内核的基础上具备了俄文界面,仅仅实现了最低限度上的本土化;(3)苏联软件与西方同类产品的平均技术差距是

---

① Daniel Seligman, "The Great Soviet Computer Screw-Up", *Fortune Magazine*, July 8, 1985.

② Central Intelligence Agency, "Soviet Progress in the Production of Integrated Circuits", ER RP 74-17, September 1974, https://www.cia.gov/library/readingroom/docs/DOC_0000484024.pdf.

③ Richard W. Judy and Robert W. Clough, "Soviet Computer Software and Applications in the 1980s", HI-4090-P, January 9, 1989, https://www.ucis.pitt.edu/nceeer/1989-801-5-2-Judy.pdf., pp. 25-26.

10年左右;(4)苏联软件的发展,亦受制于机器的内存与电话网络线传输力方面的限制;(5)苏联软件的界面不太友好,没有编程训练的新用户很难上手。总之,与西方同类产业相比,苏联在计算机软件方面的落后程度,与其在计算机硬件方面的落后程度,是相辅相成的。

二 对于苏联人工智能规划之失误的哲学检讨

以上给出的这三点分析,虽然貌似都比较"务实",但从比较"务虚"的哲学角度看,它们又都有一定的共性。这就是:苏联当局虽然从"大国争霸"的角度对计算机工业的发展给予了一定的重视,却没有在哲学层面上理解计算机工具的实质。概而言之,任何计算机工具的终极目的都是为了提高人类进行信息处理的效率,以便进一步解放人类的生产力,增加劳动者的闲暇时间,以实现马克思所说的"人的充分发展"。这就需要计算机工业与一个更为广泛的"人类用户导向"的文化相互匹配。然而,苏联的经济政策长期压制市场经济的发展,也没有像我国这样创造性地发明出"社会主义市场经济"这种新的经济运作理念,这就在根本上使得普通人民群众真实的市场需求没有办法得到体现,更无法以此为契机促进面向民用的计算机产品的开发。而仿造美国民用产品的策略,虽然靠"搭技术顺风车"解决了一部分问题,却也使得俄罗斯民族本身的文化特色无法浸润到相关的仿制产品之中。此外,苏联以国防为导向的工业布局,致使以"粗笨"为特点的重工业得到了片面发展,而挤压了以"精巧"为特点的新兴电子工业的发展空间,这一点既直接拖累了民用计算机的发展,又反过来导致苏式武器的电子系统(如战斗机、舰船的雷达导航与火控系统)无法从民用计算机的进步中得到"反哺",反而造成了苏联军事装备战斗性能的落后。这种情况,迫使苏军一直试图以更大的装备编制来应对北约的质量优势,而由此占据的人力资源与经济资源,又进一步挤压了苏联的民用工业资源，最终造成了其经济-技术生态的恶性循环。

苏联在哲学层面上对于计算机工业与其宏观经济体系之间的关系的误解，同样也以另外一种形式，体现于其对于 AI 的布局与谋划之中。或说得更清楚一点，因为 AI 的“面向用户”特征要比广义的计算机工业来得更为明显，苏联时代的 AI 研究，实际上要比其对于一般计算机平台的研究还要落后。

有意思的是，甚至“AI”这个词本身，在苏联时代都不是一个“合法”的技术名词。苏联专家要讨论 AI 研究，就必须借用另外一个名词，即前面所提到过的“控制论”。所谓“控制论”，就是对于一切可能的机器与生物有机体内部的信息控制方式与交流方式的研究。由于该研究天然具有某种横跨人类智能与机器智能的两栖性，因此，将其当作对于 AI 的某种替代性称呼，多少也是有点道理的。但为何苏联专家要舍近求远，用“控制论”取代“AI”呢？这就牵涉到一个在特定政治背景下对于特定技术名词的“正名”问题。简言之，在当时的环境下，讨论“控制论”要比讨论“AI”更显得具有“政治正确性”，因为“AI”纯然是美国式的概念，而“控制论”则否。

从表面上看，这一判断貌似有点奇怪，因为控制论的建立者并非俄国人，恰恰就是美国人维纳(Norbert Wiener, 1894—1964)，只是他在血统上来自欧洲罢了(其父乃是从波兰移民来的犹太人)。其实，由于维纳的国籍问题，苏联当局本来对维纳的理论并不友好。在 20 世纪 50 年代，苏联官方曾组织力量集中批判维纳的学术观点，甚至给其戴上“资产阶级的反动伪科学”的意识形态帽子。但后来情况慢慢发生了变化。根据本杰明 · 彼得斯(Benjamin Peters)的历史考证[①]，在 1952 年，苏联的控制论研究领军人物之一基多夫(也就是前文提到的那位

① Benjamin Peters (2008), “Betrothal and Betrayal: The Soviet Translation of Norbert Wiener's Early Cybernetics”, *International Journal of Communication*, 2: 66-80.

苏式互联网的先驱者之一)于苏联的一家涉密图书馆第一次读到了维纳的重要著作《控制论》①,并深为其观点所折服(当时此书在苏联境内尚是禁书)。此后基多夫就以"何为控制论"为题,在苏联内部的多次学术会议上做报告,成了俄语世界中维纳理论的头号宣传员。非常具有戏剧性的是,当时一位掌握了不少行政资源的苏联哲学家兼数学家考尔曼(Arnošt Yaromirovich Kolman,1892—1979)也注意到了维纳的理论。他认为马克思、恩格斯利用统计学方法预测资本主义社会运动规律的方法论,在维纳的控制论那里得到了一种新的体现,并以此为理由主张推广控制论的思想。虽然从学术角度看,考尔曼这一断言的文本根据或许是值得商榷的,但在当时的历史背景下,他的这个政治诊断,依然为苏联学术界大张旗鼓地引入美国人维纳的思想提供了强有力的行政保护。同时,赫鲁晓夫时代相对宽松的政治环境也为苏联专家大胆引用美国科学家的观点提供了可能性。后来,甚至重磅级别的人物也开始为控制论摇旗呐喊了。此即最终获得苏联国防部副部长高位,并被授予海军上将军衔(工程类)的博格(Aksel Ivanovich Berg, 1938—1979)。博格最终成了"全苏联控制论研究理事会"的理事长,而该理事会的活动也使得"控制论"在苏联从被批判的对象,一跃成为挂在贩夫走卒嘴上的学术时髦词汇。至此,在完成了从 1954 年到 1961 年的"为政治合法性而斗争"的阶段后,从 20 世纪 60 年代到 80 年代,控制论最终成了苏联境内的"显学"。其显赫程度,下面的证据足资说明。同样是根据彼得斯的考证②,在 1962 年夏于苏联境内举办的一次主题为"控制论中的哲学问题"的会议上,组委会收到的论文竟有 1000 篇,

---

① 维纳:《控制论,或关于在动物和机器中控制和通信的科学》,郝季仁译,北京大学出版社,2007 年。

② Benjamin Peters (2012), "Normalizing Soviet Cybernetics", *Information & Culture*, 47 (2): 145-175.

提交论文者来自哲学、数学、语言学、生物学、物理学等不同领域,可见会议声势之壮。

但值得玩味的是,“控制论”的研究虽然在苏联貌似繁荣,但苏联实质上的AI研究水平却依然远远落后于美国。这又是为何呢?

在笔者看来,其根本原因乃是苏联学者们完全搞错了哲学与工程学的结合方式。马克思、恩格斯无疑都是伟大的哲学家,但是这并不意味着哲学研究的关键性工作,就是在对象文本与马、恩经典原著之间建立起语义联系,以便为对象文本的合法性提供辩护(这种研究方法,可以简称为“贴标签”)。真正的科学技术哲学研究,无疑要对相关技术路径的哲学前提予以系统的发掘,并在一个较高的层面上对相关前提的后果进行提前预报,而这除了要求学者对相关科学技术的内容有所了解之外,还需要学者熟悉哲学研究的一般论证与写作技巧。但从总体上来说,苏联哲学界对于基于论证的哲学文本构造方法是陌生的,对与AI相关的英美哲学分支——AI哲学、心灵哲学、逻辑哲学——的内容也是陌生的。换言之,苏联时代虽然吃“哲学饭”的学者人数不少,但具备与西方哲学家进行对话资质的“高手”却非常稀少。

另外,正如前文所述,维纳的思想进入苏联具有很大的偶然性,而一旦他的思想得到了“传播许可证”,反而使得AI发展中的其他思想路数——比如在英美更为正统的纽厄尔、司马贺等人所代表的符号AI路线①——没有机会为苏联科学界所重视。换言之,苏联科学界对于西方学术情报的获取是有严重的“偏食症”的,严重缺乏格局感。

此外,为苏联专家所看重的“控制论”思想本身还带有很大的拼凑性的。其核心部分——对于控制系统所处理的信息量的统计学处理、预测与滤波理论、计算系统的记忆装置设计等——要么理论抽象性太

① Allen Newell, Herbert Simon (1976), “Computer Science as Empirical Inquiry: Symbols and Search”, *Communications of the ACM*, 19(3): 113-126.

强,要么只在防空、火控系统等特殊用途的装置里得到了验证,要么在理论上的猜测之处还比较多,而这些理论之间的联系也不是那么清楚。而控制论的核心哲学理念——系统的稳定性取决于其对于正反馈信息与负反馈信息的平衡处理能力——则因为可以套用的领域太多,其与AI的核心话题(知识表征、模式识别、自然语言处理等)之间的关系反而显得比较疏远,实际上并不能帮助苏联制作出特别有用的AI设备。

最后需要指出的是,"控制论"可能与苏联现实结合的唯一一个应用点,便是通过OGAS系统来给全国的计划经济体系进行数码化升级。但因为中层政治精英的不配合态度,这一应用并未得到实现。而从哲学角度看,即使苏联侥幸抓住了这样一个机会,这样的信息管制系统依然与通常意义上的AI无甚关联,因为严格意义上的互联网只是AI运作的某种外部数码环境,而不是AI本身。严格意义上的AI,就其物理实现方式,依然脱离不了基于微型计算机的本地化信息处理方式;而就其虚拟表现形式而言,则依然无法脱离特定的、可与计算机的硬件基础相互匹配的软件构架。而正如前文所指出的,无论在微型计算机的设计与制造方面,还是在计算机软件的自主研发方面,苏联都乏善可陈。

有的读者或许会问:既然苏联的AI发展计划的失败,乃是因为其向美国的计算机产业的学习基本停留在"器"的层面,而非"道"的层面——那么,这是不是意味着若能从"道"的层面全面学习美国的AI技术,就能够帮助一个国家在相关领域内全面赶超美国呢?

答案是否定的。应当看到,尽管美国在AI领域具有相对于他国的领先地位,但是就"AGI"这个最终的大目标而言,所有的国家——包括美国——都离比赛的终点线非常遥远。因此,在逻辑上我们不能排除这种可能性:美国的暂时优势也未必意味着他们在AGI的研究方面押对了宝,而仅仅意味他们的研究在专用AI领域内的确是有比较突出的成绩的。而在前几讲的讨论中,我也反复说明了:专用AI领域内的研究成绩的叠加,未必就意味着AGI的成功,因为后者所需要的研究路线图是完全不同的。若前几讲的这一结论没错的话,那么我们迅速就能给出这样一个推论:如果有一个国家仅仅在专用 AI 领域紧跟美国的发展,却又在哲学层面没有意识到他们研究的是专用 AI 而非 AGI,那么,相关的科研决策者就会头脑发昏,做出"我们能够立即赶超美国,研究出 AGI 产品"之类的错误战略判断。这种错误的战略判断固然要比苏联的相关科技决策的失误要来得"高级"一点(因为至少基于相关判断的研究能够在专用 AI 领域留下一些有用的成果),但毕竟还是错误的判断。我们将在下一讲对于日本的"第五代计算机计划"的分析中,展示此类错误判断提供科技政策的实例。

第六讲

日本“第五代计算机”失败背后的哲学教训

一　日本通产省的雄图大志

除苏联以外,试图以国家力量与美国的计算机产业一比高下的另外一波努力,则来自具有美国盟友身份的日本。与苏联相比,日本的计算机产业既有明显的不同,也有某些类似之处。其不同之处在于:

(1)由于战后的日本属于美国在亚洲的重要盟友,不受“巴统”技术禁运的影响,因此可以与美国进行比较充分的技术交流,充分吸纳美国的最新技术成就。以比较敏感的集成电路产业为例:在 1969 年,日本日立公司便与美国罗克韦尔公司合作,建设大规模集成电路生产厂,而没有受到来自美方的任何政策阻挠。甚至在 80 年代中期美日开始贸易摩擦之后,美国也主要是通过扶持中国台湾与韩国的半导体产业来间接制衡日本,而没有对日本施加直接的技术出口限制。得益于此,日本战后的半导体工业亦长期是英语世界之外的龙头老大(譬如,1975 年日本半导体产业的产值达 12.8 亿美元,占全球的 21%,成为全球第二大半导体生产国;截至 1990 年,日本半导体企业在全球前 10 名中占据了6席,在前20名中占据了12席。)[1]这就为日本的计算机产业发展奠定了比较坚实的硬件基础。

(2)与曾经连阅读在美国公开出版《控制论》也要小心谨慎的苏联专家相比,日本的计算机专家不但可以自由阅读各种西方前沿学术资料,而且也得到了赴美进行学术交流的宝贵机会。譬如,"第五代计算机"计划的领军专家渕一博(Kazuhiro Fuchi,1936—2006)及其得力干将元冈达(Moto-oka Tohru,1929—1985)都有在美国伊利诺伊大学的学习背景,而该团队的另外一员大将古川康一(Koichi Furukara, 1942—2017)则在美国加州的斯坦福研究所做过调研。美国的计算机领军人物、1994年图灵奖获得者爱德华·阿尔伯特·费根鲍姆(Edward Albert Feigenbaum)亦与该团队成员有着密切的学术联系。这种国际化的人才队伍是同时期的苏联所难以企及的,这就为日本的AI研究提供了强大的人力资源支撑。

但日本的计算机产业政策跟苏联也有一些类似之处:

(1)战后日本虽然在政治体制上采取三权分立的西式制度,但经济产业政策依然带有明显的计划经济色彩,并因此有一种"准苏式特征"。1949年,日本政府成立了一个叫"通商产业省"的政府部门(简称"通产省",2001后改名为"经济产业省";日本的"省"相当于我国的"部"),对经济与产业制定高层次的监管政策,督导大企业的投资方向。譬如,为了赶超美国的先进技术,推动日本半导体技术的发展,通产省便把六家半导体计算机公司组成了三个配对组(富士通与日立一组、日本电气与东芝一组、三菱电机与冲电气一组),从1972年至1976年进行大量财政补贴,并在1976年结合全国相关优质企业成立了巨型

① 更多相关历史细节,请参看冯昭奎:《日本半导体产业发展与日美半导体贸易摩擦》,《日本研究》2018年第3期,第26页。

卡特尔组织，专攻集成电路的生产①，由此大大促进了相关产业的发展。尝到甜头的通产省自然也在第五代计算机计划的规划与立项中，继续发挥这种"政府主导"的作用。需要注意的是，渕一博所在的科研单位——电子技术综合研究所（在英文文献中常被简称为"ICOT"）——就是从属于通产省的，这与美国以私有企业与私立大学作为信息技术原发点的做法构成了鲜明的反差。不过，应当看到的是，虽然政府主导的产业技术政策在有美国成熟研究成果的技术领域的确能够迅速见效，但此种行政化导向会压制具有创新性的技术思路的形成，并导致行业发展的后劲不足。这一点在"第五代计算机"计划的最终失败中得到了充分的体现。

（2）虽然日本是美国重要的军事盟友，但是在经济领域它曾有向美国的领导地位进行"逆袭"的雄心，这一点又类似于苏联在军事领域向美国"叫板"的行为。譬如，20 世纪 80 年代以后，日本在钢铁、汽车制造、电视机制造与半导体生产等诸领域全面打开了美国市场，赚取了大量贸易顺差。第五代计算机计划的实施，也部分地受到了这种"经济民族主义"的鼓励。

（3）与苏联专家在硬件层面上仿造美国 IBM-360 计算机的思路相似，日本的计算机专家，在软件编程思路上亦受到"美国老师"的影响（只是受惠于相对宽松的国际微环境，其追赶美国的脚步要比苏联同行们紧得多）。从某种意义上说，第五代计算机计划无非就是费根鲍姆的"专家系统"（详后）设计思路的全面拓展。然而，这种过于直接的"拿来主义"，却使得审慎的哲学批判精神与积极的创新精神没有在相关的研究中发挥其应有的作用。同时，第五代计算机领军人物清一色的工科背景，亦使得身为日本人的他们竟然无法从日本本土哲学（特

---

① 请参看冯昭奎：《日本半导体产业发展与日美半导体贸易摩擦》，《日本研究》2018 年第 3 期，第 26 页。

别是后文所要提到的九鬼周造哲学）的传统精神宝库中获取资源，也无法从更高的层面来审视自身的研究路线图的哲学缺陷。

那么，到底什么叫“第五代计算机”呢？“第五代计算机”这个名目显然预设了前四代计算机的存在。前四代计算机的分类主要是根据对相关机器的硬件制造技术的分类。第一代计算机的硬件基础是电子管，第二代是晶体管，第三代是集成电路，第四代是大规模集成电路。“第五代计算机”与前四代的不同，其实首先不在于硬件方面的本质不同（实际上其硬件基础无非就是第四代计算机的平行增强版，也就是将单个 CPU 升级为平行进行信息处理的多套 CPU），而在于软件编制与用户体验方面的不同。元冈达与斯通（Harold S. Stone）曾将第五代计算机的设计目标概括为如下四点：

（1）在硬件层面上，实现推理、联想与学习的基本机制，并使得它们成为第五代计算机的核心功能。

（2）为基本的 AI 软件做好准备，以便充分利用上面提到的这些功能。

（3）充分利用模式识别与 AI 研究的结果，以便制造出一个对人类来说颇为便利的人-机界面。

（4）构建一个“软件支撑系统”，以解决所谓的“软件危机”，促进软件生产。①

但任何一个对 AI 发展的现状稍有了解的读者都应当看出，这个制定于 20 世纪 80 年代的研究目标，即使放到今天，也显得野心过大了。其问题主要体现在：

第一，第五代计算机的整个计划都是基于在 20 世纪 70 年代相对红火的“符号 AI”技术进路的，而没有预先预估到与之完全不同的联结

---

① Tohru Moto-oka and Harold S. Stone, “Fifth-Generation Computer Systems: A Japanese Project”, *Computer*, 17(3): 6-13.

主义进路(即神经元网络技术,也就是今天的深度学习技术的前身)会在80年代异军突起。[1] 因此,该计划的制订者根本就没有预想到,其目标列表的第三项所提到的“模式识别”任务,其实更适合由联结主义方案来解决,而并不适合由符号AI进路来解决。

第二,第五代计算机的编程所依赖的Prolog语言(这种语言在1972年由法国人考尔麦劳厄[Alain Colmerauer, 1941—2017]发明),在本质上是一种在一阶谓词逻辑的框架中进行编程的语言,因此,这种语言不可能不继承一阶谓词逻辑所具有的一些基本局限,譬如缺乏对模糊性推理的模拟能力。而目标(1)所提到的类比能力与学习能力,显然就牵涉到了对于模糊性推理的模拟能力(因为“A与B之间的可类比性”与“对于某技能的习得”,本身就预设了“梯度性”概念,而传统一阶谓词逻辑是无法表征该概念的)。这也就是说,第五代计算机的编程所依赖的Prolog语言与相关规划目标之间,是存在着某种天然的不和谐的。这当然不是说,我们无法把Prolog语言当作某种元语言,并在对象语言的层面上进行模糊推理——但至少在第五代计算机计划中,Prolog语言就是作为知识表征语言使用的,因此在这种情况下,它肯定是无法进行模糊推理的。

第三,即使在符号AI的天地里,日本人所依赖的Prolog语言的普及程度,也不如麦卡锡发明的LISP语言,因此,对于Prolog语言的选择就使得该项目很难达到其任务列表中所提到的目标(4),即构建一个比较成规模的软件生态环境。而富有讽刺意味的是,甚至日本自己的全日空航空公司所采用的第五代计算机计划的衍生产品——用于乘客个人信息查询“个人串行推理机”(Personal Sequential Inference Machine,简称PSI)——也需要将原本运行的Prolog语言分解为LISP语言

① 对于这两个进路的AI技术的批判性讨论,见本书第二讲与第三讲。

来执行，更不用提市面上基于 LISP 语言的 PSI 对于基于 Prolog 语言的 PSI 所具有的至少十倍的商业销售量优势了。① 这对于第五代计算机计划的原始目标而言，无疑是一种讽刺。

第四，第五代计算机目标列表(3)所涉及的人-机界面研究，显然会涉及对于“自然语言理解”(Natural Language Processing，简称 NLP)模块的研究，即让人类用户能够不经任何编程训练，仅仅使用标准的自然语言(对日本人而言当然就是以东京语为基础的标准日本语)，就能顺利地给机器下指令，并理解机器的信息输出。而第五代计算机的研究者还给自己的 NLP 模块研制提出了非常具有野心的技术目标②，即系统包括的词汇量要达到 10 万个，具有的语法规则当有 2000 条，句法分析能力的准确度将达到 99%，而当多个言谈者用标准日语与标准语速进行谈话时，系统对于单个日语单词的辨别准确度将达到 95%。这些目标即使对于今天的 NLP 研究来说，都显得过高了，遑论在 20 世纪 80 年代。另外，日语本身的复杂性、暧昧性、一音多义性与语法难解性，也使得日语非常不适合成为 NLP 研究的“练手语言”。③

第五，正如前文所提到的那样，第五代计算机规划，乃是美国既有的“专家系统”的一个全面拓展版。所谓“专家系统”，就是“一个以特定方式编制的计算机程序，以使其能够在专家的知识层面上运作”④，

---

① Edward Feigenbaum and Howard Shrobe (1993), “The Japanese National Fifth Generation Project: Introduction, Survey, and Evaluation”, *Future Generation Computer Systems* 9: p. 115.

② Ibid., p. 107.

③ 请参看拙文《“中文屋”若被升级为“日语屋”将如何？——以主流人工智能技术对于身体感受的整合能力为切入点》，《自然辩证法通讯》2018 年第 1 期。

④ Edward A. Feigenbaum and Pamela McCorduck, *The Fifth Generation: Artificial Intelligence and Japan's Computer Challenge to the World*, Boston: Addison-Wesley, 1983, pp. 63-64.

而这里的“专家”，就是指医疗、法律、金融等特定领域内的专家。具体而言，传统的“专家系统”的研制方法，是先将一个特定知识领域内的知识用逻辑语言加以整编，然后利用逻辑推理规则推演出用户所欲求的特定结论。只要特定领域内的知识的数量是可控的，且相关程序的应用范围是确定的，此类研究方法往往还是能够得出在商业上有用的产品的。但日本第五代计算机计划的问题乃是：它将特定领域内的专家系统，拓展为横跨各个领域的超级知识系统，由此就使得研究的面被铺得太开，增加了项目失败的风险。同时，全系统缺乏一个类似于人类的注意力机制以及记忆提取机制的高层面“机器心理”模拟层，这就使得系统很难像人类那样在特定的语境中，根据当下得到的语境信息来灵活、快速地调取所记忆的知识。

尤其令人感到遗憾的是，虽然第五代计算机计划是日本人主导的，但是其背后的运行逻辑却基本上是美国既有的符号 AI 思路的全面升级，而根本就没有体现日本传统哲学的影响。譬如，该研究方案运用的 Prolog 语言所预设的“偶然性排除原则”与“知识完备性假设”，就是与日本京都学派的重要哲学家九鬼周造提出的“偶然性哲学”的基本精神直接抵触的（详后）。换言之，如果渕一博这样的日本工科人才能够花点时间了解一下本土的九鬼哲学的基本要点，他们就会发现，Prolog 语言也好，作为其竞争性语言的 LISP 语言也罢，其实在根底上就忽略了外部世界的偶然性与人类程序员的无知性对机器本身所执行的知识推理任务所会产生的影响。

在下一节中笔者会对支持上述的断言进行展开性讨论。

二 用日本哲学的资源来批判日本的第五代计算机计划

从实质上看，第五代计算机所使用的 Prolog 语言，实际就是逻辑学教材里提到的“霍恩子句”(Horn clause)的计算机程序版本。对于该子句的一个简单化的说明案例,来自“拼木桶”的比喻。假设有一个五边形木桶,而字母 p 、q 、r、s、t 代表其侧面的 5 个拼件,u 则代表“木桶的完整”,那么,下面的这个句子就代表了这个意思:如果木桶的5 个拼件都到位了,则整个木桶也就完整了。

公式一:$(p \wedge q \wedge r \wedge s \wedge t) \rightarrow u$

其逻辑等价形式则是:

公式二:$\neg p \vee \neg q \vee \cdots\cdots \vee \neg t \vee u$

很明显,上述式子的有效性,取决于导出“u”的前提集是否完备,而这一点又取决于两点:

从形而上学的角度看,外部世界中只要存在着“$(p \wedge q \wedge r \wedge s \wedge t)$”所表征的前提性事件,从中就会必然地导出为“$u$”所表征的衍生性事件,而不存在这种偶发情况:一方面,这些前提性事件的确到位了;另一方面,相关的后续性事件却没有发生。

从知识论的角度看,人类主体(特别是程序员)是有能力了解到那些使得“u”的发生得以可能的所有的前提性事件到底是什么。

以上这两点,便是运用霍恩子句的两个哲学前提:“偶然性排除假设”以及“知识完备性假设”。然而,这两个假设本身在日本哲学家九鬼周造那里都得到了严厉的批判。

九鬼周造(Shūzō Kuki, 1888—1941)何许人也?他是日本京都学派的重要代表人物,曾在德国弗莱堡大学与洪堡大学分别跟胡塞尔(Edmund Husserl, 1859—1938)与海德格尔(Martin Heidegger, 1889—1976)学过哲学。由于他在 AI 诞生元年(1956)到来前 15 年就过世了,这就使得粗心的观察者很容易忽略他的思想对于 AI 的启发意义。将九鬼与 AI 联系在一起的关键词乃是“偶然性”,因为上文的“偶然性排除假设”本身就提到了“偶然性”,而九鬼所留下的最重要的哲学著作,也恰恰就题名为《偶然性的问题》(其日语写法是“偶然性の問題”,日文版在 1935 年首次出版[1])。顾名思义,这是一部以"偶然性"概念为核心范畴而展开立论的哲学著作。

非常简略地说,"偶然性"的概念在九鬼那里分为三个层次,而其中的第一、第二层次都明确挑战了"知识完备性假设",第三层次则明显挑战了"偶然性排除假设"。下面我们就来分别考察之。

(1)定言判断(即"S 是 P"这样的判断)中的偶然性。[2] 在九鬼的文本中,其典型案例是一株因为某种变异而长出了四片叶子的三叶草。假设这株草有个专名叫"姿三四郎",则像"姿三四郎是三叶草"这样一个定言判断便包含了主词"姿三四郎"与谓词"三叶草"之间的某种冲突:按照"三叶草"的"名义本质"(nominal essence),能够被归类为该谓词的对象应当是全部只有三片叶子的,而在此,我们却明明发现"姿三四郎"所指涉的对象既具有四片叶子,又被"三叶草"这词所谓述,而这一点本身就构成了对于"三叶草"的"名义本质"的反驳。换言之,像"姿三四郎是三叶草"这样的定言判断的存在,说明了"三叶草"这个谓词的某些基本特征——如"有三片叶子"——并不是必然地贯穿于能够被该谓词所谓述的所有对象的。换言之,总有一些对象会偶然地不具有上述基本特征。套用"霍恩子句"的话语框架来说,如果字母"p"……"t"表示了一个概念在"名义本质"层面上所具有的所有属性,而"u"代表了该概念本身,那么"公式一"就可以被替换为:

公式三:$\{p(a) \wedge q(a) \wedge r(a) \wedge s(a) \wedge t(a)\} \xrightarrow{\text{必然地}} u(a)$

而九鬼的"定言的偶然性"概念则是将上述公式的推出符号"→"上面的模态词"必然地"置换为"偶然地",由此得到:

公式四:$\{p(a) \wedge q(a) \wedge r(a) \wedge s(a) \wedge t(a)\} \xrightarrow{\text{偶然地}} u(a)$

---

① 该书日语版被收入《九鬼周造全集(第二卷)》,岩波书店,东京,1980 年。

② 同上书,第 19—44 页。

但这种替换显然对第五代计算机计划所预设的“知识完备性假设”构成了挑战，因为该假设要求程序员具备针对一个概念的所有下属属性的完备知识，并通过“霍恩子句”来检查某个对象是否完全满足所有这样的属性列表，由此进一步判断该对象是否属于相关概念。但“公式四”的蕴意分明却是：程序员至多只能获得针对某概念的所有下属属性的非完备知识，而从这个知识集推出“$u(a)$”的过程就只能是偶然的，因此是可以允许出现例外的。

试图挽救“知识完备性假设”的编程员，显然会通过增加相关概念的属性列表来使得原本不完备的属性知识变得完备。譬如，针对三叶草的案例，他们会补充说：关于三叶草的外部形态的属性列表，的确不足以解释为何四片叶子的三叶草还依然是三叶草，但只要我们将相关的属性列表替换为关于此类植物的遗传学知识，就依然能够维持“公式三”所提到的那种推理必然性。而由于这种遗传学知识往往是以科学假说的形式出现的，所以，由此出现的推理必然性就是所谓的“假言判断中的必然性”。

而九鬼则针锋相对地提出了第二个层次的“偶然性”概念与之对抗：

(2)假言判断中的偶然性(“假言判断”的典型形式即“若P则Q”)。[①] 为何在这个层面上依然会存有偶然性呢？九鬼针对三叶草案例的论辩便是：即使某人知道了关于遗传学的所有可靠知识，并由此知道：在怎样的外部条件被满足的情况下，三叶草的遗传基因会发生突变，并由此产生具有四片叶子的三叶草的变种——在此情况下，他依然还欠读者一个更深入的解释，以说明为何这些使得特定的遗传变异发生的特定外部条件恰好在此时此地的这个时-空坐标被满足了。而此

① 《九鬼周造全集(第二卷)》，第45—148页。

类重要的额外知识的缺席,则会继续威胁到"知识完备性假设"自身的安全性(打个比方来说,即使你知道一架飞机上掉下的重物从一定高度上落下肯定会砸死人,但是你也无法解释在某次事故中为何它偏偏落到张三的头上,而不是李四的头上)。由此看来,即使在假言判断的层面上,偶然性也是难以被消除的。

试图挽救"知识完备性假设"的编程员,显然会通过追溯使得特定条件得以被满足的时空聚合性背后的深层条件,进一步完善他们心目中的属性列表。但九鬼的问题则是:对于特定的属性进入特定时-空坐标这一点的解释,肯定会依赖对于相关对象的历史演化过程的追溯,而这种追溯又不免会逼迫我们进一步去追溯该对象在历史上所承载的那些属性的形成机制,由此导致无穷后退。这就好比说,如果你要解释东吴的开国皇帝孙权为何会在下邳诞生,你就会追溯到他的父亲孙坚与母亲吴氏是如何相遇的,而这会进一步逼着你分别对孙坚与吴氏的家族来源进行追溯,由此一路追溯到非洲来的古猿进入欧亚大陆的那一刻,追溯到太阳系诞生的那一刻,甚至是宇宙大爆炸的那一刻。这种无穷后退除了在编程作业的层面上会导致"组合爆炸"(combinatorial explosion)①的问题之外,也必然在形而上学层面上预设一个"拉普拉斯之妖"(法语"Démon de Laplace")式的全知的神明,以及该神明心目中那充斥在世界图景的每一个角落里的不可置疑的必然性。但在九鬼看来,这种对于必然性的信仰纯粹只是一种信仰罢了,因为没有任何理由阻止我们去预设"偶然性排除原则"的反面是正确的,此即他自己所推崇的"偶然性"的最深层次:

(3)选言判断中的偶然性(选言判断的典型形式是:"要么属性 P

① 这指的是,从数学的角度看,一个问题的复杂度会随着问题的输入、边界的变化而迅速变得复杂到难以解决的地步。

的示例出现在了此时-空坐标,要么出现在了彼时-空坐标")[①]。换言之,在九鬼看来,在某个追溯层次上,"属性 P 的示例出现在了此时-空坐标,而非彼时-空坐标"这一点其实根本无法通过必然性的话语方式而得到解释,因此,我们必须坦然接受在这个层次上所呈现出的偶然性(用中、日两国人民都熟悉的佛系语言来说,某些事情发生了,就是"缘",坦然接受就是了,不要纠结)。而九鬼本人的佛教倾向则使得他将此种偶然性进一步与富有佛教色彩的概念"绝对无"相联系,以便于与"必然性"概念颇有渊源的西方基督教传统相对抗。

佛教文化与基督教文化之间的争执,当然不是一般的计算机编程者所要关心的。不过,九鬼哲学对于偶然性概念的全面包容,若真能被全面引入 AI 建模作业的话,将使得编程员从寻找对于天下万物之充分、完美之定义的劳苦作业被解放出来,由此大大减少建模成本。由此,我们甚至可以说,九鬼其实已经以他的方式,预报了在"有限知识"的约束条件下,行动主体如何做出"廉价七成正确"的决策的认知科学路线与 AI 研究路线。但很可惜的是,在他之后的日本第五代计算机研究计划的领军人物,纯然忽视了九鬼的这些哲学洞见,而在早就陈旧不堪的"知识充分性预设"的蛊惑下,陷入了"以有涯逐无涯"的思维怪圈。然而,公平地说,即使这些计算机专家能够意识到九鬼哲学的重要性,对于九鬼哲学理念的恰当"落地"过程,也需要在认知科学与编程语言方面的大量准备,而第五代计算机区区十年的研究时间无论如何都是不够的。

第五代计算机计划在 1992 年被通产省正式关账结项,这恰好与日本经济泡沫的破裂大致同时。1992 年 6 月 5 日发表在《纽约时报》上

① 《九鬼周造全集(第二卷)》,第 149—250 页。

署名为“安德鲁·波拉克”(Andrew Pollack)的文章《“第五代”最后竟成了日本人失落的一代》[1]中,这位隔岸观火的美国评论员写道:

> 日本人为了获得在计算机行业里的主导权,鲁莽地投入了十年光阴。现在他们的规划已悄然落幕,却并未达成他们当年设定的很多野心勃勃的目标,亦未提供日本计算机产业界所需要的那些技术。在为这个妇孺皆知的第五代计算机规划花费了超过4亿美金之后,本周日本政府竟然宣布说,该政府愿意将该计划所开发的软件技术让渡给任何需要它的人,连外国人也无所谓。……日本人所遭遇到的麻烦是,计算机业界的发展实在是一日千里。那些在1982年看来颇为明智的技术选项,若再从1992年的业界发展方向来看,就显得颇为可疑了。

但正如前文所指出的那样,波拉克所提到的“那些在1982年看来颇为明智的技术选项”,其实在1935年的九鬼周造看来,就已经是建立在一套纯然错误的哲学理论之上了。

不过,在本讲的最后,为了平衡立论,笔者还想再说几句赞扬日本当时AI发展策略的好话。抛开哲学考量不谈,考虑到日本人在第五代计算机计划上的投资也不过就是4亿美金(相对于日本在20世纪80年代如日中天的经济实力而言,这其实只是九牛一毛),很难说该项目的失败造成了多大的财政损失。另外,按照费根鲍姆的讲法,这个项目至少提高了广大日本的计算机工程师的编程水平,[2]而这一点也能勉强算作该项目的一个成就。与之相比,下一讲就要提到的欧盟的“蓝

---

① Andrew Pollack, “Fifth Generation became Japan's Lost Generation”, *New York Times*, June 5, 1992.

② Edward Feigenbaum and Howard Shrobe (1993), “The Japanese National Fifth Generation Project: Introduction, Survey, and Evaluation”, *Future Generation Computer Systems* 9, p. 106.

脑计划”,不但经济耗费更多,哲学基础更为薄弱,而且在广受学界诟病之后,依然在欧盟的官方保护下,继续低调进行。相比之下,日本通产省至少既不缺乏“壮士断腕”的勇气,亦不缺乏“愿赌服输、适可而止”的佛系心态。

另外,富有讽刺意味的是,日本第五代计算机计划在提出伊始的确对美国构成了一定精神刺激,并使得美国方面也提出了一项叫“战略计算倡议”(Strategic Computing Initiative)的规划,其在执行过程中的国防投资竟然达到了10亿美元,是日本的原始投资的2.5倍。不过,这项旨在达成完全意义上的机器智能的计划,最后也失败了,而这项失败的深层哲学理由几乎与日本人一模一样:它们都是对于符号AI进路的过高期望的牺牲品。[①] 美国人的这项失败之所以不太被人谈起,主要是因为它被美国在20世纪80年代末与90年代初国力全面恢复的大趋势(特别是互联网经济的兴起)所掩盖了——而日本的第五代计算机计划的失败,却因为与之几乎同期发生的日本经济泡沫的破裂而变得更为显眼。同时,日本人在追赶互联网经济的浪潮中表现得也乏善可陈(譬如,这几年我国赴日的游客都会对日本移动支付系统的落后状态而感到惊讶),这使得第五代计算机计划的失败所留下的伤疤在科技史上显得更为显著了。虽然从国力的实际损耗方面考量,这个伤疤所留下的伤痛或许的确是被高估了,但是由此造成的负面宣传效应,也对90年代以后日本AI学界研究人员的士气,造成了些许不良的影响。

① 对于美国的这项计划的背景资料,请参看 Alex Roland and Philip Shiman, *Strategic Computing: DARPA and the Quest for Machine Intelligence, 1983-1993*. Cambridge, Mass.: The MIT Press, 2002。

第七讲

欧盟“蓝脑计划”背后的哲学迷思

一 “蓝脑计划”提出的政策背景与其计划概要

说完日本在AI领域内挑战美国霸权的企图所遭遇到的失败,现在我们再转向欧盟的AI计划。从总体上看,欧洲的计算机与AI的产业发展水平是不如美国的,互联网企业的发展与移动支付手段在市场中的普及程度也相对落后。在这种大背景下,除了追加资金之外,欧盟用来对抗美国的技术霸权的主要策略,乃是打“隐私保护”牌,以道德化法规博商利。实施该策略的具体动机如下。

由于目前基于大数据的AI技术的发展,往往有赖于相关技术研发方对于用户数据信息的大量获取与分析,所以,这种AI发展路径对于人类隐私的伤害几乎是不可避免的。而这就使得对于大数据技术的立法限制,具有了某种天然的道德优势。欧盟对于这种优势的利用,在客观上也能够给美国互联网企业在欧盟地区的拓展制造一些障碍,以便为欧盟本土企业的生存腾挪出空间。同时,由于为这种立法行为提供支撑的近代西方启蒙主义价值观也被美国所分享,故此,该策略的运用,既可以大大压缩美国企业在道德领域的辩护空间,也可以管控欧美商业-技术纠纷的层级。基于这种观察,2018年5月25日,欧盟出台了

《通用数据保护条例》(General Data Protection Regulation,简称 GD-PR)[①],强调数据提供方的知情权,并明文规定了用户的“被遗忘权”,即用户个人可以要求责任方删除关于自己的数据记录。据此法规,2019 年 1 月 22 日,美国的谷歌公司被法国隐私监管机构(CNIL)处以 5000 万欧元(约合 5700 万美元)的巨额罚款,原因是谷歌未能依据“GDPR”规定向用户正确披露该公司是如何通过其搜索引擎、谷歌地图和 YouTube 等服务收集用户的隐私数据的。在 GDPR 的基础上,在 2020 年 2 月 19 日,欧盟委员会又于布鲁塞尔发布了内容更为全面的《人工智能白皮书》。[②] 针对人脸识别技术,该白皮书特别强调,欧盟数据保护规则原则上禁止以识别特定自然人为目的处理生物数据(如人脸信息),特殊条件除外。同时,该《白皮书》也特别强调了“可信赖的人工智能框架”,以夯实 2018 年 12 月 18 日欧盟委员会已经公布的《可信赖的人工智能道德准则草案》[③]所给出的文件精神,即 AI 研发必须以人为中心,尊重人类的尊严、平等和自由等基本权利,等等。

从价值观的角度上看,欧盟的 AI 发展规划背后的道德原则当然是值得肯定的。然而,从哲学角度看,一种过于强调“应然”的技术规范指导原则,也必须要有特定的技术手段加以支撑。以航空工业为例:在机舱增压技术发明之前,让“客机的旅客感到旅行舒适”的规范性要求

---

① European Parliament, *General Data Protection Regulation*, https://gdpr-info. eu/, 2018.

② European Commission, *White Book on Artificial Intelligence—A European Approach to Excellence and Trust*, https://ec. europa. eu/info/sites/info/files/commission-white-paper-artificial-intelligence-feb2020_en. pdf, 2020.

③ European Commission, *High-Level Expert Group on Artificial Intelligence: Ethics Guidelines for Trustworthy AI*, https://ai. bsa. org/wp-content/uploads/2019/09/AIHLEG_EthicsGuidelinesforTrustworthyAI-ENpdf. pdf, 2018.

便是难以落地的，因此，在缺乏相应技术保障的前提下，一种对于此类规范的文牍式强调，也会变成纯粹的观念性游戏。同样的道理，除非欧盟能够提出与大数据技术以及深度技术相对抗的新的 AI 发展路径，以便在技术层面上——而不仅仅是在文件层面上——规避对于用户隐私的大范围榨取——否则，除了以消极的方式对美国的互联网巨头进行罚款之外，我们便很难看到这样的法规政策能够以怎样的积极方式促进 AI 的发展。然而，在上述《白皮书》的文本中，我们能够看到的欧盟对于 AI 发展的正面扶持政策，主要也只是体现在对于 AI 与欧洲相对强大的领域（机械、运输、网络安全、农业、绿色与循环经济、医疗保健以及时尚和旅游业）的结合之上，而此类的扶持政策却是缺乏进一步具体的技术路线图加以支撑的。所以，很难说欧盟的 AI 发展策略是具有真正的可持续的（至于如何用笔者所提倡的“小数据技术”对抗“大数据技术”，请看第八、第九讲的讨论）。

不过，这并不是说在一个更小的尺度上，欧盟没有提出过一个与 AI 相关、且的确主要由欧盟的资金加以支持的技术发展路线。实际上，所谓的“蓝脑计划”，便是这样的一个技术发展路线。但是，支撑该计划的哲学理念却是混乱的，甚至也没有体现出欧盟所提倡的“可信赖的人工智能”理念所应当具有的任何特征。而这一点也就从一定程度上映照出了“可信赖的人工智能”概念自身的空洞性。

那么，什么叫“蓝脑计划”呢？说得直白一点，该计划的核心思想就是在一台叫“蓝基因”（Blue Gene）的超级计算机上，构建一个数码虚拟脑，以便整合神经科学学界既有的对于大脑的数据，最终完成此类知识的“大一统”。该计划的主持人是洛桑联邦理工学院的神经科学家马克拉姆（Henry John Markram），研究的资助在相当程度上来自于欧盟委员会（后者在 2013 年给予该项目 10 亿欧元的资助）。由于该计划兼跨神经科学、医药学与 AI，所以，支持该计划的学术野心其实要大于上一讲我们所讨论的日本的第五代计算机计划。但由于该计划在方案设计时就存在着一些难以修补的结构性漏洞，所以，其目前的进展并不顺利，相当多的业界人士认为它已经失败。创刊于1857年的美国老字号杂志《大西洋月刊》就在2019年7月22日刊登了一篇题目为《人脑计划并未履行其诺言》的文章[①]，该文是这么讥讽该项目的：

> 马克拉姆的目标，并非是建立一个简化版本的大脑，而是一个极为复杂的大脑摹本：这个摹本的细节会一直落实到其构成的神经元之上，落实于神经元之间的电传导，甚至是落实于在神经元内部的那些起到开关作用的基因机制。从该计划一创立开始，对于该路径的批评就不绝于耳，譬如，这种路径的自下而上（bottom-up）策略就由其荒谬性而显得很不靠谱。对于大脑的种种堂奥——比如神经元是如何彼此联结与合作的，记忆是如何构成的，决策是如何完成的——我们所知的，要远少于我们所未知的，因此，在区区十年内将这些细节全部吃透，在时间上肯定是远远不够的。其实，仅仅将不起眼的秀丽隐杆线虫（一种约1毫米长的雌雄同体的小线虫——引者注）的区区302个神经元加以图像化并建模，就已经足够难了，更不用提对我们的颅腔内的860亿个神经元进行建模了。“大家都认为这计划太不实际了，以至于都不认为这是个值得追求的目标”——正在撰写一本关于为大脑建模的著作的神经科学家林德赛（Grace Lindsay）如是说。

如果说“目标太大，进展太小”乃是学界对于蓝脑计划最普遍的批评，那么，这样的科研规划又是如何通过欧盟委员会的评估的呢？这就

---

① Ed Yong, “The Human Brain Project Hasn't Lived Up to Its Promise”, *The Atlantic*, https://www.theatlantic.com/science/archive/2019/07/ten-years-human-brain-project-simulation-markram-ted-talk/594493/, July 22, 2019.

牵涉到了一切官僚主导的科研计划所具有的某种通病(而这一通病也体现在日本的第五代计算机计划中),这就是:越是显得野心勃勃的科研计划,就越是容易激发不太懂科研的行政当局的虚荣心,并得到预算方面的支持——而为蓝脑计划大开绿灯的欧盟委员会(European Commission)亦不能免俗。从表面上看,与隶属于主权国家日本的通产省不同,欧盟委员会所为之服务的欧洲联盟乃是国家联盟,而非单个主权国家,因此,该组织的预算审批能力貌似应当是有限的。但实际上,欧盟委员会的实际权力却要大于其名号所暗示的样子。如果将欧盟看成是一个准国家的话,那么,欧盟委员会、欧洲议会与欧洲法院就构成了一个超国家层面上的"行政—立法—司法"三位一体机构,而且欧盟委员会(相当于中国的国务院)在三者之中,权重竟然还是最大的(这是因为,作为欧盟条约的监护人,欧盟委员会负责监督各成员国对欧盟法律的履行,而且在必要之时可以在欧洲法院对欧盟成员国提起控告)。欧盟委员会的此种强势地位当然也使得其获得了强大的预算(包括科研预算)分配力。根据欧盟官网的信息①,在所有的欧盟预算中,欧盟委员会在"预算方案制定"与"预算实际分配"两个关键环节中获得了主导权(尽管预算方案的批准权依然在欧洲议会)。由此不难推出,任何科研项目只要得到了该委员会的行政当局的认可,就可以在预算方面得到优厚的支持。而蓝脑计划就是这样的一项科研计划。根据生物学家施耐德(Leonid Schneider)的观察,为了使蓝脑计划的预算资金能够年年到位,上层主管当局似乎与项目负责人构成了某种合谋:在2013—2015年的年度科研进展评估中,评估团的专家名单都是向社会公开的,而2016年的评估团成员名单却转为了"不公开",且他们所撰

① European Union, *How the EU Budget is Spent*, https://europa.eu/european-union/about-eu/eu-budget/expenditure_en, 2020.

写的明显带有“放水”性质的评估报告本身,[1]也沦落到了“数数发了几篇高学术权重论文”这样的外行水准。为此,施耐德讥讽道:

> 现在诸位应当明白了,人脑模拟计划,与其说是一个货真价实的科研计划,还不如说是一个科研资金的崇拜者所构成的偶像崇拜团体。理解了这一点,诸位也明白为何该计划的成就不可能以科学的方式来加以评估了。无论该团队做得好还是不好,其成就都会得到正面的评价,因为当欧盟选择了像马奎特(Wolfgang Marquardt)这样的人做项目中介人,而不是诚实地承认错误、解散项目组并重新分配资金的时候,欧盟已经预设了该计划肯定会成功(马奎特是余利希研究中心[Forschungszentrum Jülich GmbH, FZJ]的主席。按照施耐德的描述,他属于代表德国方面参与蓝脑计划的利益协调人——引者注)。[2]

看得更深一点,施耐德对于蓝脑计划与特定长官意志之间的合谋机制的诟病,亦揭露了相关项目立项过程中哲学批判精神的缺失。毋宁说,哲学批判精神本身就代表了行政主导的科研立项活动的反面:(1)行政官僚往往以5年、10年为政绩考核的最长时间段,因此非常容易犯“好大喜功”的毛病,而不顾科研方案的实际可操作性;与之相比,哲学思辨往往争论几百年(甚至上千年)都没有结果,这就使得哲学家对于项目的失败持有更冷静的态度;(2)现代科学研究往往经费消耗巨大,这就使得项目的失败会导致巨大的追责压力,而这种压力也反过

---

① European Commission, “Human Brain Project: Review and Highlights of Scientific and Technical Achievements”, https://drive.google.com/file/d/0By2HqPi4t2RbWGFZNG-lfZGM2TXM/view? usp = drive_open September 2016.

② Leonid Schneider, “ Human Brain Project: Bureaucratic Success Despite Scientific Failure ”, https://forbetterscience.com/2017/02/22/human-brain-project-bureaucratic-success-despite-scientific-failure/, 2017.

来驱使研究者与行政管理当局合谋,夸大科研效果;而经费消耗较少的哲学研究则没有如此明显的造假冲动;(3)更重要的是,与科学争鸣相比,哲学讨论往往更倾向于对一个理论得以成立的观念前提进行深挖,这就使得哲学讨论在根底上就比科学研究更具颠覆性,而非建设性。当然,这种颠覆性的批判精神,若不加制衡,也会对人类学术的整体发展产生不利影响——但适当运用这种精神特质,至少能够在项目立项的纸面推演阶段起到“谬误清道夫”的作用,以避免一些劳民伤财的研究计划去占据那些更有希望成功的研究计划的有限预算。但很明显的是,至少在蓝脑计划的立项过程中,哲学应当起到的这种“谬误清道夫”的作用,并没有发挥出来。这对于具有悠久的哲学传统的欧洲来说,多少是一种讽刺。

二 “蓝脑计划”蕴藏的哲学矛盾

现在我们立即转入对于蓝脑计划正式的哲学批判。

从哲学角度看,蓝脑计划的核心问题,就是它在哲学上预设了两个彼此矛盾的哲学前提:第一个是“生物学还原主义”(biological reductionalism),第二个是“功能主义”(functionalism)——而这两者之间的冲撞,本该是能够通过“谬误清道夫”的工作而在观念层面上就被发现的。

那么,什么叫生物学还原主义呢?这就是说,人脑的高层次心理机能,在原则上都可以被还原为与之相关的底层生物学事件。基于这种观察,对于人类智能的研究,也必须奠基于对于实现智能的基本物质条件——大脑的微观活动——的研究。而这一推论与AI之间的关系则在于:有鉴于人类智能是我们已知的唯一的高级智能形式,所以,对于AI的研究,也必须植根于对于人脑的研究。故此,在蓝脑计划的支持者看来,对于大脑的数码建模,乃是AI研究的不二法门。

但仔细的读者恐怕不难发现,上面的论证包含了一个跳跃,即对于生物学还原主义的彻底遵从,并不会立即导致对于大脑数码建模规划的支持。这是因为,无论对于大脑的数码建模精细到何等地步,其物理实现方式依然是"硅基"的,而非"碳基"的,而二者之间的差距之大,足以让一个虔诚的生物学还原主义信仰者去怀疑:对于大脑的数码建模到底会在多大程度上实现智能。而要弥补这个理论漏洞的唯一办法,就是引入一种叫"功能主义"(functionalism)的哲学立场,即认定某种高层次的生物机能具有认知论上的不可还原性与"多重可实现性"(multiple realizablity)——譬如说,通过对于大脑的数码建模而发现的关于大脑运作的某种抽象机能,既能实现于硅基物理载体(如计算机),又能实现于碳基物理载体(如人脑)。这样一来,大脑的神经科学研究对于 AI 的启发意义,也就变得可以说通了。下面便是对于"功能主义"立场的学理说明。

在学术分类上,"功能主义"属于"非还原论的物理主义"(non-reductive physicalism)的一个变种。后者指的是这样一种观点:虽然在原则上说,所有的非物理对象的存在都是随附于(be supervenient on)物理对象的存在的,但是,这未必就意味着对于这些物理对象的谈论方式是需要被还原为那些底层的支撑性事件——相反,在某些情况下,这种还原可能在原则上就是不可能的。而"非还原论的物理主义"之所以能够做出这样一种貌似对与心物二元论(dualism)有所退让(但又不至于真正倒向二元论并因此背弃物理主义一元论)的断言,乃是因为表述物理主义的基本术语"随附性"(supervenience),本身就向物理主义者提供了一定的"理论机动空间":

> **"随附性"定义**:B 层面发生的事件随附于在 A 层面上所发生的事件,当且仅当:对于任意两个不同的可能世界 W1 和 W2 而言,若 W1 和 W2 在 A 层面上所发生的事件乃是彼此不可被分辨的,那

么,它们在B层面上所发生的事件亦是彼此不可被分辨的。①

举个例子:假设在现实世界中,你的桌子上放着一张上海东方明珠电视塔的相片,你在特定的光照条件下凝视着它;而在另一个可能世界中,你的桌子上照样有一张东方明珠的照片,而且,在那个世界中,你也在特定的光照条件下凝视着它。现在,只要我们能够担保这两张相片的两个观察者与相关的观察环境的底层分子构成(即上述定义中的"A类事件")是彼此完全一样的(即"彼此不可被分辨"),那么我们也就能够保证相片在宏观层面上向观察者所呈现出来的视觉特征(即上述定义中的"B类事件")也是一样的(顺便说一句,在这里我们不用特别担心"不同的观察习惯会对感知结果产生影响"这一问题,因为观察者的不同观察习惯本身也是随附于各自大脑的A类事件的,而且我们已预设两个世界的A类事件彼此完全相同了)。

但上述这种推理方式毕竟是"自下而上的",而非"由上而下的"。换言之,虽然我们可以从两个世界的A类事件的彼此一致出发,推理出二者在B类事件层面上的彼此一致,但我们却不能反过来说:我们能够从两个世界的B类事件的彼此一致出发,推理出二者在A类事件

---

① 请参看:Brian McLaughlin, and Karen Bennett, "Supervenience", *The Stanford Encyclopedia of Philosophy* (Winter 2018 Edition), Edward N. Zalta (ed.), URL = <https://plato.stanford.edu/archives/win2018/entries/supervenience/>。顺便说一句,这里需要指出的是,在一些更为极端的物理主义者看来,本书将随附性概念作为界定物理主义立场的基本概念工具的思路,可能依然会显得过于温和。在他们看来,随附性物理主义即使得到功能主义的理论补充,依然可能会与属性二元论纠葛不清。因此,对于物理主义立场的一种更为严格的界说依然需要引入其他的概念工具(请参看 Ronald Endicott, "Functionalism, Superduperfunctionalism, and Physicalism: Lessons from Supervenience", *Synthese*, July 2016, Volume 193, Issue 7, pp. 2205-2235)。不过,在笔者看来,即使是这样的立场,也没有否认随附性物理主义是物理主义的基本底线,而只是否认了成为前者对于严格意义上的"物理主义"所具有的充分性而已。

层面上的彼此一致。譬如,从“在可能世界甲与可能世界乙中的我所看到的都是东方明珠”这一点出发,我们是推理不出“可能世界甲的东方明珠的照片的微观特征是完全等同于在可能世界乙中的东方明珠的微观特征”的,因为实际上存在着无数种可能的成像方式(不同的照片分辨率、不同的拍摄角度,不同的底片材质,等等)能够让一张照片呈现为一张关于东方明珠的照片,而可能世界甲与乙中的那两张照片恰好都占据了同一种成像方式的概率,实际上是低得微乎其微的。换言之,“随附性”的话语方式是允许一种高阶的描述“多重可实现于”(be multiply realizable in)各种不同底层实现方式的,而且,也正因为这种高阶描述对于任何一种特定的底层实现方式都具有某种“不厚此薄彼”的态度,它也就具有了某种“不可还原性”(irreducibility)。而这种立场之所以依然是物理主义的而不是二元论的,乃是因为它依然断言高层的非物理属性归根结底还是需要实现为某种底层物理机制的(尽管未必就是某一种特定的底层机制)。

套用到 AI 的语境中,蕴涵在功能主义立场中的“多重可实现性论题”,就包含了这样一种推论:人类大脑的机能,是“多重可实现于”各种物理机制的,因此,它未必就一定要实现于人类大脑的现有生物学形式,而是有希望实现于硅基的人造品的(不过,智能本身是否一定能实现于硅基的人造品,则是一个经验性判断,而不是“多重性可实现性论题”本身在先验层面上就能够给予百分之百担保的)。

为何说上述这种功能主义立场一定会与生物学还原主义的立场产生冲突呢?乍一看,功能主义所带有的“非还原式物理主义”色彩,当然就与“生物学还原主义”产生了字面上的冲突。不过,头脑足够活络的生物学还原主义者则完全可以为了支持蓝脑计划,而这么回应说:我们说的还原主义并不是那么激进,而是一种杂糅了功能主义色彩的温和还原主义。说得更具体一点,蓝脑计划恰恰允许我们在对于大脑微观结构的观察中所提炼出来的某种信息,在虚拟世界中得到重构,而并不是那么执着于被观察者所具有的生物、化学背景的细节。所以，功能主义与生物学还原主义，在各自完成“祛激进化处理”之后，是可以彼此协调的。

而对于上述回应，我的担忧是：在这两种立场各自做“祛激进化处理”之后所做的“拉郎配”努力，难免会给人留下“特设化处理”（*ad hoc* treatment）的口实，难以获取普遍化的理论说服力（换言之，关于两种激进立场的妥协点为何在此处而非彼处，相关论者还缺乏一个独立于“为蓝脑计划的合理性辩护”这一目标的中立化标准）。具体而言，激进的生物学还原主义者完全可以从如下角度攻击蓝脑计划：该计划为何那么执着于对哺乳动物（特别是老鼠）的大脑的神经元之间的突触联结状况的数码重建呢？难道这就是生物学应当关注的全部吗？为何不去研究诸如肾上腺皮质激素、下丘脑激素、多巴胺等化学物质的分泌对于智能系统的运作的影响呢？还有，数量是神经元 10 倍之多的胶质细胞的运作状态，为何被遗忘了呢？很显然，如果蓝脑计划的研究路线图完全按照激进生物学还原主义的要求去做的话，其研究领域涉及的面之大，将使得项目本身变得完全不可操作。这也就是说，激进的生物学还原主义者很可能不会支持蓝脑计划。而激进的功能主义则完全可能从另外一个角度攻击蓝脑计划：为何我们要执着于在神经元突触联结的层次上进行大脑建模呢？为何我们不能在高于神经生物学的心理层次从事这种建模工作呢？具体而言，对于人类的语言机能、推理机能的研究，若被还原到神经科学的层面上，难免会陷入“只见树木、不见森林”的尴尬境地，而难以为 AI 的研究提供清晰可辨的指导意见——反过来说，如若我们将研究的层次一下子拉到心理学的高层面上，那么，心理学理论自身的简洁性，难道不能以更直接的方式对 AI 产生更为直接的帮助吗？需要注意的是，心理学研究路径的这些支持者未必会在观念上彻底排斥神经科学的研究。譬如，他们完全可以利用神经科学证据去评判哪些既有的心理学理论更能得到神经科学的支持——

但即使如此,基于“多重可实现性”概念,那些得到神经科学支持的心理学理论依然会保持自身的抽象性,而不用被重新还原到神经科学的微观描述方式中去。而这种独立性又进一步使得 AI 研究能够直接从心理学那里获得指导,而不是非常曲折地从关于相关心理建构的神经学建模出发获得灵感。换言之,按照此思路想下去,蓝脑计划的合理性依然会成为大问题。

那么,面对激进的生物学还原主义与激进的心理功能主义的两面夹击,蓝脑计划的支持者为何还如此执着于对神经元突触模型的研究呢?答案就只能建立在他们对于一个关键词的膜拜之上,此即:“电”。我们知道,主流的计算机设备当然是由电能驱动的,而生物组织也会在自身的活动中发生各种电位变化,由此释放生物电。因此,电就成了将生物脑与计算机进行联系的某种神秘通道——而在神经科学的范畴中,最典型的脑电承载单位便是神经元(包括其突触、轴突,以及其细胞膜表面的诸多离子通道)。恐怕也正是基于这种观察,马克拉姆的团队才特别执着于对神经元的数字建模。他于 2015 年在《细胞》杂志上正式发表的一篇论文,对幼鼠体感皮层中相当于一个功能柱组织的一块 1/3 mm^3 大小的组织进行了建模,该模型据说能够准确预测生物电是如何在真正的神经元组织中产生的。① 而这项研究,也成为目前蓝脑计划在科研领域内的最大斩获之一。

然而,从哲学功能主义的角度看,对于生物大脑而言,电的产生只是一系列复杂生物化学反应所导致的外围性现象,而这些复杂的生化反应在功能上却未必就只与脑电的产生相关。譬如,乙酰胆碱在突触之间的合成固然能够促进神经电的释放,但此类化学物质也能扮演别的(甚至完全相反的)功能角色,如在心脏组织中的乙酰胆碱就具有抑

---

① Henry John Markram et al., “Reconstruction and Simulation of Neocortical Microcircuitry”, *Cell*, 2015, 163: 456-492.

制神经传递的效果。而与之做比较，作为现代计算机硬件基础的集成电路，其构成却与之完全不同。毋宁说，从本质上看，集成电路就是采用一定的工艺，把一个电路中所需的晶体管、电阻、电容和电感等元件及布线集成在一起的小型功能组件，因此，其所有构成部分本身在功能意义上都是“为电而生”的。换言之，既然电流的存在之于集成电路的功能性意义，不同于其之于神经元功能柱之功能性意义，那么，不少神经科学家对于生物电现象的强调本身，可能就建立在对于偶然现象与本质性现象的哲学混淆之上。而这些混淆，本该是能够通过耗费较少的哲学活动就加以澄清的。

三　对于苏、日、欧三方人工智能发展政策的总体性反思

至此，本书已经花了三讲的篇幅，对苏、日、欧三方各自的计算机产业与AI发展规划中的错误，作出了哲学层面上的检讨。现在我们就从更高的层面上，对由此得到的教训进行提炼。

教训之一是：计算机产业的发展与AI的研究，需要相对宽松的国际环境，以便在国与国之间进行基本的产业与技术交流。而考虑到美国在相关产业的领先地位，相对宽容的国际关系，也几乎略等于当事国与美国的关系。很明显，在本书提到的苏、日、欧三方中，与美国外交关系最紧张的就是苏联，而受到美国最严厉技术禁运的也是苏联，最后，信息技术发展最落后的依然还是苏联。这一点无疑是耐人寻味的。

教训之二是：AI研究的最终指向不明确，风险极大，十年的研究规划只能完成阶段性项目，而无法毕其功于一役。但无论是日本的第五代计算机计划还是欧洲的蓝脑计划，都以十年为期，如此逼仄的时间预算当然会在根本上威胁到项目最后的执行程度。后来者当引以为戒。

教训之三是：AI研究的投资方，无非是公司、国家与大学三方（不

过，在公立大学占据主导地位的国家，大学的投资也主要来自国家）。本书提到的苏、日、欧的研究规划，都有明显的国家行政导向倾向，这就使得相关项目很难摆脱行政虚荣心的羁绊，而导致规划目标被片面拔高。与之相比，美国AI研究的主力投资方乃是私人公司与私立大学，来自资本方的考量能够部分克服上述行政虚荣心。不过，基于资本增值目的的科研投资也可能会带来过于急功近利的立项取向，因此，在政界督导、资本吸纳与学术创新之间达成某种平衡，才是促成AI健康发展的中庸之道。

教训之四是：哲学批判精神都没有在苏、日、欧的相关科研计划中发挥重要的作用，这就使得一些大而化之的研究规划没有在"概念论证"的阶段受到足够认真的检视，而这种缺憾，又是与人文学科在整个科研预算分配游戏中的边缘化地位密切相关的。具体而言，在苏联，这种边缘化地位主要是缘于独立于行政意图的纯粹哲学研究自身的不成熟；在日本，这种边缘化地位是缘于日本战后的思想界对于以九鬼哲学为代表的日本本土哲学的系统性遗忘；而即使在哲学的社会地位相对较高、哲学的文化土壤较为深厚的欧盟地区，哲学自身的批判性，亦在"跨学科研究"的名目下，成为预算争夺游戏与行政虚荣心相合谋的牺牲品。这当然不是说"跨学科研究"是不值得追求的，而是说，跨学科研究的必要性，并不意味着"所有的跨学科研究方案都是好方案"。毋宁说，在行政虚荣心与预算获取冲动的支配下，在当下的学术游戏中容易得到青睐的跨学科研究方案，与其说是因为其在概念论证的层面上真正具有前景，还不如说是因为其所联合的学科各自具有强大的话语权，并因此很容易通过"强强联手"而在预算分配游戏中形成"马太效应"。以蓝脑计划为例：既然神经科学与AI都是具有强大的既有话语权的学科，蓝脑计划对于二者的形式上的统合就会使得项目本身获得很强的行政说服力。而与之相比，那些从哲学角度看，对于AI研究可能更为重要的学科——如心理学、语言学——却因为自身学术话语权的边缘化,而在 AI 研究的预算分配游戏中遭到了排斥。对于 AI 事业的健康发展来说,这绝对不是一件好事。

中国未来的 AI 事业发展,也当充分吸取以上四点教训。应当看到,在改革开放以后的很长一段时间内,我国通过系统引入西方的科技技术,一直处在远比苏联有利的信息科学发展生态位上。但最近几年出现的国际贸易纠纷与科技纠纷,则在高端芯片生产方面与国际人才的流动方面,对我国 AI 事业的发展构成了制约。同时,我国目前 AI 发展的基本策略,就是利用中国庞大的互联网用户所产生的数据红利,拓展缘起于美国的深度学习技术的应用范围,这就使得相关技术的发展更容易受到某些国家来自技术供应端的打压。而要从这种局面中找到出路,创新性的哲学思维就显得十分重要。譬如,如果我们能够开拓出一种基于小数据的(而非大数据的)、并由此在原则上就不需要大量获取用户个人信息的新 AI 发展思路,就完全可能由此规避美国目前针对我国的大多数政策限制。但非常令人遗憾的是,对于这条思路所具有的战略意义,在国内的学术界与科技政策界中还没有得到普遍的共识。而为这种“小数据主义”鼓与呼,正是下面两讲的核心话题。

第八讲

从大数据主义走向小数据主义

一　大数据技术与人工智能技术比较谈

本书虽然是关于 AI 的,但有鉴于"大数据"乃是与 AI 密切关联的另一热词,在此我们就将不得不正面讨论一下大数据技术。

所谓"大数据"(big data),是指在利用常规软件工具的前提下,无法在可承受的时间内捕捉、管理和处理的数据集合。而所谓"大数据技术",自然就是指那些利用非常规的软件工具对上述数据集合进行捕捉、管理与处理的技术。按照《大数据时代——生活、工作与思维的大变革》①一书的作者迈尔-舍恩伯格(Victor Mayer-Schönberger)与库克耶(Kenneth Cukier)的观点,与传统的统计学技术相比,"大数据技术"的特点便在于:研究者不对研究对象进行随机抽样以获取相对可控的样本空间,而是直接将全部研究对象都作为样本空间。在他们看来,之所以这样做乃是可能的,是因为计算机科学在硬件方面突飞猛进式的进展,已为大数据的存储与计算提供了极大的便利;而之所以这样

① 迈尔-舍恩伯格、库克耶:《大数据时代——生活、工作与思维的大变革》,周涛等译,浙江人民出版社,2013 年。

做同时又是必要的，则是因为数据科学家发现：在算法不变的情况下，数据量本身的增长就足以大大提高预测的准确度了。① 同时，互联网的广泛使用所导致的海量数据的出现，也使得"大数据分析机器"的运作所需要的"弹药"似永无枯竭之可能。

然而，不得不承认的是，时下国内的媒体宣传，似乎更多聚焦于大数据技术可能带给人类社会的种种便利之上，却对其自身的局限性着墨不多。而在为数不多的对于大数据技术负面作用的讨论中，更多地被提到的，乃是对于相关技术的滥用所可能导致的伦理风险，如"数据贪婪症"对于个人隐私的威胁，以及商业决策层和政府首脑对于"数字化独裁"的迷信所可能导致的决策失误，等等②。但是，却很少有人从信息技术哲学与认知科学哲学的角度，更为深入地检讨大数据技术自身在哲学思想前提与路径策略方面的得失。而对于上述理论盲点的覆盖，也正构成了本讲写作的初衷。

那么，为何在讨论大数据技术的同时，我们还要提到信息技术发展的大背景呢？这是因为，本讲所聚焦的"大数据技术"，其实只是早已枝繁叶茂的"信息技术之树"在最近抽出的一根新枝而已。因此，若要对此新枝的走向进行反思与评估，我们就不得不对其茎干的长势与形态有所概观。

从总体上来看，教科书意义上的"信息技术"可分为计算机技术、通信技术与传感技术等大数据研究方向，而其中最为兴盛的"计算机技术"则至少包含了两个与"大数据技术"最为密切相关的技术分支：

---

① 迈尔-舍恩伯格、库克耶：《大数据时代——生活、工作与思维的大变革》，第51页。在这里，作者提道：当数据量只有500万的时候，某种数据处理算法的表现是相对比较差的；而在数据量增加到10亿的时候，同样的算法的输出准确率则从75%增加到了95%。

② 同上书，第七章。

“AI 技术”与“互联网技术”。依笔者浅见,如果将“AI 技术”比作汽车制造业,而将“互联网技术”比作筑路业的话,那么,所谓“大数据技术”的目标,便是“利用既有的路网去直接完成旅行任务”——而在此过程中,旅行者既不需要“买车”,甚至也不需要去“租车”! 或说得更技术化一点,大数据技术试图通过回避高级认知架构与思维路径设计的方式,直接利用“信息高速公路”上涌现的数据,由此完成原本的 AI 程序所试图完成的某些任务(如“模式识别”“自然语言自动化处理”,等等。详后)。从这个角度看,大数据技术的崛起,无疑便为广义上的“信息技术哲学”提出了如下问题:上述这种跳开“坐车”环节而直接利用既有信息通路达成目的的技术思路,在多大程度上是可行的? 又在多大程度上是有局限的? 而其可行性与局限性背后的深层根据又是什么呢?

要回答这些问题,我们就需要对大数据技术与同样处在“信息技术之树”中的 AI 技术做一些比较。

概而言之,作为大数据技术的比照项,传统 AI 技术的核心关涉乃在于:如何通过对于人类认知架构或思维进程的算法化抽象来模拟人类智能,以图解决人类在生产实践中所出现的种种技术问题。至于为何 AI 的研究要以“人类的认知架构或思维进程”为参考对象,则是基于下面这番素朴的哲学见解:既然人类智能是我们迄今为止所知道的关于“智能”的最佳体现者,那么,本着“见贤思齐”的原则,人工的智能系统就应当至少“在某些方面”与人类智能具有相似性。

那么,人工智能究竟应当在哪些方面与人类的自然智能相似呢? 一种非常自然的解答思路便是:人类思维中带有“不科学”之印记的那部分——比如诸如“一厢情愿”“巫术思维”之类的“认知瑕疵”——均是应当在 AI 专家的建模工作中被过滤掉的“杂质”,因为它们只可能为我们的决策行为或求真活动带来负面效应。而反过来说,为了更好地将人类自然思维中的“理性精华”与上述“思维杂质”相分离,人工智能专家们就需要大胆引入逻辑学与统计学的形式手段来对人类自然思维进行“提纯”。譬如,在寻找事物之间的因果关系之时,我们就不能过于信任自身的直观能力,而要老老实实地建立一个“贝叶斯网络”(Bayesian networks),以清晰地表述出我们可以想到的所有与当下任务相关的事件变量(甚至包括隐变量与未知变量),以及它们之间所有已知的因果关系——尔后,系统便可根据相关网络节点所自带的条件概率表,自动计算出特定节点之间的关联权重值,最终从备选的因果假设束中遴选中最可能成真者。①

而在大数据技术的拥趸者看来,AI 的上述解题思路看似合理,实则过于“昂贵”。其“昂贵性”主要体现在如下两个方面:

第一,以刚才提到的贝叶斯网络为例:其本身的建立要人工智能专家与相关领域的专家通力合作,绝非易事。比如,人工智能专家们若想要建立一个“设备自检贝叶斯网”以便让歼击机机载电脑有能力自检故障,他们就需要向飞机设计者虚心请教,以便列出相关型号的战机所可能出现的所有故障所对应的所有设备故障点。但是,即使这样的网络已经囊括了该型战机所可能发生的所有故障的所有原因(尽管这在实践中几乎是不可能的,因为飞机的实际使用往往会不断暴露出一些设计者难以预估的故障点),这样的工作所消耗的时间也将是非常惊人的。譬如,假设某种飞机需要经历一次实质性的升级(比如更换主发动机、雷达以及火控系统等关键设备),那么,原先完成的建模工作就必须推倒重来。

第二,相关的贝叶斯网络建立完成之后,我们还需要向各个节点输入数据,以便了解在某些事态变量发生的前提下目标事态变量也发生的条件概率。但麻烦的是,如果我们需要相对精确地了解这些概率值

① 关于贝叶斯建模技术的更多细节,请参看拙著《心智、语言和机器——维特根斯坦哲学和人工智能科学的对话》1.4 节的介绍。

的话，我们就必须建立样本空间，以便对诸变量之间的随动关系进行检测。但这项工作所需要的时间与精力也是不小的。

面对这些难题，大数据技术的支持者们相信自己已找到了更为简易的解决方案。概而言之，大数据专家不会针对所要解决的任务建立一个专门的贝叶斯网络（或诉诸其他类型的问题求解路径建模工作），而会在忽略各种可能事件成因之间的层级结构的前提下，在海量的数据中直接搜寻事态之间的相关性关系。若用隐喻式的语言来解释，前者便是在对某些人进行“有罪推定”的前提下再去寻找证据，以图落实或推翻相关的推测（而这些推测所构成的结构，无疑也就是相关问题求解路径的骨架）；而后者的策略则是：干脆先对所有的居民进行“有罪推定”，并由此回避了对于“某些人更容易犯罪”的理论性猜测。尔后，再对所有居民的各种行为所产生的数据进行全面处理，以便坐等真正的“罪犯”露出马脚。这样一来，无论是“建立假设结构”的重担，还是“通过随机抽样的方式建立样本检测空间”的负载，全都从大数据技术专家的肩膀上卸了下来。

读到这里，有的读者或许会感到惊讶：大数据技术究竟是如何做到将检测对象从所谓的“居民样本”扩大到“居民总体”的？或问得更具体一点：对于“哪些人更容易犯罪”的理论假设的构想固然需要投入心力，而将“全体居民”全部纳入监控对象，难道所需消耗的心力反而会更少吗？

对于这个问题的解答的关键词乃是“互联网”。正是互联网的广泛使用，才使得“全体居民”（或近似于“全体居民”）的数据能够以一种相对经济的方式而被获取。下面便是两个具体案例：

第一个案例是关于“模式识别”的。“模式识别”本是一个典型的AI课题，其主要任务是如何让人工系统自动判定在某些纷乱的现象背后存在的本质结构——譬如如何确定手稿中的笔迹所代表的字符，以便使得扫描仪自带的程序能够直接将手稿图片转换为可编辑的WORD

文档。面对这一问题，传统的模式识别研究（特别是那些诉诸人工神经元网络模型所做的研究）的解决思路是：我们先要预建一个样本库，以及与之配套的反馈学习算法，而系统则将通过对于样本库的学习，以及来自学习反馈算法的“纠偏”，初步掌握模式识别能力。尔后，系统便可进而获取对于样本库之外的新案例的模式解读能力——除非新案例变得与旧样本过于不相似了。很显然，在这样的研究路径中，无论对于样本库的设计，还是对于系统自身学习架构以及相关学习算法的设计，都会消耗研究者大量的精力——而一旦新出现的待识别案例与样本库旧案例之间的差距变得过大，原先的建模工作就有可能会被推倒重来（请读者回顾一下本书第三讲的讨论）。而与之对比，在大数据技术指导下的研究思路却要简单得多。譬如，当系统遇到内置程序难以解读的新字迹时，数据科学家根本不会着手从事原先程序的升级或改造工作——相反，他们会利用互联网将难辨认的图片广泛发送出去，尔后再让广大的互联网用户自己去判断这些字迹到底代表了哪些字符。然后，专家们再利用互联网搜集用户们的答案，统计出这些答案中的“一般意见”，由此确定难解字迹到底是哪些字符。以上，也便是时下已经得到广泛应用的“ReCaptcha”技术的核心思想。①

第二个案例是关于机器翻译的，即如何运用人工智能技术对一段语言文本进行自动化处理，以便将其转化为用另一种语言表述的新文本（但二者的含义必须保持彼此统一）。大略地说，传统的机器翻译思路大致有两条。第一条是用计算机程序固化某些已知的语言学知识——如乔姆斯基的“转换生成语法”理论——并利用这样的程序来对输入的文本信息进行精细的语法分析。这样的进路便被称为机器翻译中的“符号式进路”。与之争锋的则是所谓的“统计式进路”，即在放

① 请参看《大数据时代——生活、工作与思维的大变革》第128—130页的讨论。

弃对于句法规则预先表征的前提下，直接统计一个对象语言词项被一个元语言词项所翻译的概率值。譬如，英文单词“know”究竟应译为汉语中的“懂”“知道”还是“晓得”，将根据“相关英文词出现后相关中文译词亦出现”的“后验概率”来确定。然而，在大数据技术的支持者看来，以上两条路线都是有问题的。具体而言，“符号式进路”将逼迫我们对自然语言的语法结构进行建模，并为乔姆斯基式的深层语法与自然语法之间的过渡提供精巧的“摆渡工具”——而这种理论色彩过浓的建模工作，必将难以对翻译实践中所涌现的大量新语例作出灵活的反应；至于“统计学进路”，则和前面谈到的“模式识别”技术一样，都需要设定一个翻译例句库以作为样本空间。但由于该空间中所出现的所有翻译例句都应当是准确的(即所有例句都要达到所谓“官方翻译”的标准)，样本库本身就不可能被建得很大，而对于它的拓展与维护也会变得相对昂贵。与之作对比，目前美国谷歌公司所采用的基于大数据技术对这个问题的解决方案，则“机智”地绕过了“句法分析”与“建立例句库”这两道门槛。他们的具体做法是：直接从互联网上搜集所有现成的语料，而不避讳其中所可能出现的错误翻译甚至语法错误。耐人寻味的是，由于这种新的语料库在规模方面乃是由“佳译”所构成的理想语料库的上百万倍，其自然生成的规模效应，竟然使得产出译本的质量，在很多情况下反而超越了传统机器翻译程序的输出质量。①

通过以上这两则例子，我们似乎也就不难理解，为何大数据技术的确对传统 AI 技术构成了某种威胁。简言之，很多 AI 技术所能够做的事情，大数据技术也能够做，而且似乎做得更快、更好，所耗资源也更少(无论是在人力方面还是在时间方面)。两相比较，大数据技术的确大有“胜出”之势。

① 请参看《大数据时代——生活、工作与思维的大变革》第 51—55 页的讨论。

但是,从更深的层次看,这种"胜出"只是一种假象。从上面的分析不难看出,对于互联网的利用乃是大数据技术得以成功的秘诀——而这里所说的"互联网"不仅包括网络本身,也包括广大网络用户自身的智力投入(如对于字迹的辨认工作以及对于外语的翻译工作,等等)。这也就是说,大数据技术是通过互联网这一管道大肆"剥削"了既已存在的人类智能,借以在与传统人工智能的竞争中占据先机的。换句话说,这种"胜利"其实是带有很大的水分的(这就好比说,一个得到无数次场外求助机会的智力竞赛参赛者,击败了一个没有得到任何此类机会的对手。可谓"胜之不武")。

不过,大数据技术的拥趸者或许会说,带有水分的胜利毕竟还是胜利——换言之,只要没有法律和伦理上的理由反对数据专家利用互联网提供的海量数据,我们又有何理由不去抄捷径呢?

而笔者对于这一辩解的进一步回应则是:互联网带给大数据的春风并不总是那么强劲,而所谓的"捷径"也并不总是那么顺畅,因为海量数据的轻易可获取性并不是人类社会的真正常态(实际上,从采集-狩猎时代以来的大多数时间段内,人类所能够获取的信息量一直没有超越"小数据"的范畴)。即使在互联网已被广泛使用的当代,我们也可以随手设想出如下四种对大数据获取构成限制的情况:

(1)在战争条件下,己方作战平台对于储存在"云"中的信息的调取很可能会遭到敌对方的刻意干扰,而使得大数据处理技术自身失效(与之相类似,我们还可以设想如下情形:在某国与某国关系全面恶化的情况下,一国切断海底光纤光缆,以使得另一国民用数据处理平台大面积瘫痪);

(2)即使在和平条件下,由于广大贫困的或未受教育人口的线上交易活动并不活跃(或者根本不存在),对于网络数据的分析在很大程度上是以遗忘"不上线的大多数"为代价的;

(3)在诚信广泛缺失的社会道德背景下,广大网络"水军"的存在,会使得一些特定数据（如对于商品的评价）的质量低到无法被其数量所平衡的地步；

（4）在对于未知领域的探索过程中（譬如火星探险），人类所获取的相关信息量还远远没有达到“大数据”尺度的地步，因此大数据技术自身也会失去用武之地。

但是，即使在这四种使得大数据技术被“冻结”的情况之中，我们也没有理由说人类自身的自然智能是无法在其中正常运作的——譬如，伟大的将帅能够透过战场之迷雾而做出正确的战略部署；合格的市场分析家可以通过线下调研了解不上网人口的市场需求；足够精明的买家能够轻松地区分出网络评价意见中的真实成分与虚假成分；聪明的植物学家与地质学家马克·沃特尼（美国电影《火星救援》的主人公）则可以在与地球指挥中心暂时失联的前提下，通过自己头脑所蕴藏的知识，构想出在火星上生存的方案。换言之，在信息稀缺的环境下，人类的自然智能会比大数据技术更具优势。

然而，大数据技术的支持者或许会继续反驳说：即使我们承认人类的自然智能会在信息稀缺的情况下发挥更大的威力，但是这一优势依然会被其在面对海量信息时所暴露出来的“不适应性”所抵消。因此，二者至多打成一个“平局”。对此，笔者的回应则是：人类的自然智能的确无法全面打败大数据技术，而传统人工智能技术恐怕也不行——但带有“小数据主义”色彩的“绿色人工智能”就难说了。在笔者看来，后者将为综合自然智能、传统人工智能与大数据技术的优势（却同时尽量回避其各自的弱点）提供一种一揽子的解决方案。

二　作为“小数据主义”之前身的“节俭性理性”

由于带有“小数据主义”色彩的“绿色人工智能”是本书提出的一个新概念，笔者在此就不得不对该概念出现的理论背景做简要介绍。

笔者不否认,这个概念的提出,乃是受到了德国心理学家吉仁泽(Gerd Gigerenzer)对于"节俭性理性"(frugal rationality)问题的讨论的很大启发(这里需要说明的是,由于吉仁泽本人笃信关于人类心灵机制的计算机模型,因此,他的相关心理学理论就具有了某种横跨人类心智与人工智能的兼适性)。"节俭性理性"自然是针对"不节俭的理性"而言的。而在吉仁泽的话语框架中,"不节俭的理性"又可分为两类:"全能神理性"与"有限理性"。下面我们从当代信息技术哲学的视角出发,分别阐述之。

"全能神理性"在近代西方思想史中的代表,乃是法国思想家拉普拉斯(Pierre-Simon Laplace, 1749—1827)提出的"决定论"思想。若用今天的学术话语体系转述该思想,其自然科学的表达版本如下:如果我们能够知道所有的自然规律以及所有的微粒在某个特定时刻的初始状态的话,那么,我们原则上就能够知道某个特定微粒在任何一个别的时刻的运动状态。该学说的社会科学版本则如下:如果我们能够知道所有的社会规律以及所有的社会个体在某个初始时刻的状态的话,那么,我们也就能够在原则上预知任何一个个体在任何一个别的给定时刻会做些什么。很显然,"全能神理性"的想法和今天我们所说的"大数据技术"的哲学预设是有一点类似的:完整的数据加上完备的科学知识,就足以支持我们对于未来的预言(只不过今天的大数据专家还没有狂妄到认为自己可以预言任何一个微粒在任何一个时刻的运动状态的地步)。

很显然,在大数据本身难以获取的情况下,对于上述"理性"的秉承在实践层面上并不能给我们带来任何积极的后果。因此,一些学者就提出了一种与"小数据"环境更为匹配的新"理性"观:"有限理性"(bounded rationality),其代表性技术成果,则是人工智能学科的行业奠基人之一、图灵奖与诺贝尔经济学奖双料得主司马贺与其学术伙伴纽厄尔联合提出的"通用问题求解器"(General Problem Solver,简称 GPS)

设想。概而言之,按照“GPS”的设想,一个智能系统的记忆库应当已经预装了很多“推理捷径”,以使得系统自身能够在资源有限的前提下,通过更为经济的方式来获得自己的推理目标。譬如说,作为决策者的消防队长(或人工消防系统)就必须预存一个关于“如何救火”的预案库,并在面临救火任务时,随机抽取一个预案予以检测(这主要是指心理模拟意义上的虚拟检测)。按照司马贺的设计,如果检测的结果能够“满足”相关的目标——也就是成功灭火——那么,消防队长就会自动停止对于别的预案的考察,由此控制资源的损耗。

至于吉仁泽本人,则既不为“全能神理性”观喝彩,甚至也不为看似已经对前者提出批评的“有限理性”观站台。他的理由也非常简单:“有限理性”指导下的问题求解路径依然依赖于传统的统计学技术,因此所需要的数据量依然不小(尽管还没有达到“大数据”的级别)。然而,在吉仁泽看来,在不少问题处理语境中,即使是对于这种规模的数据量的处理,也是用户的时间资源所无法承担的。在其著作《使吾辈精明的简单捷思法》一开首[1],他就提到了在判断心脏病突发病人的病情时,急诊科的医生实际使用的判断流程。不难想见,为了争分夺秒地与死神赛跑,相关的诊断流程必须是简单实用的——譬如,它或许仅仅包含对于三个关键问题的探求(如:“在过去 24 小时内最低收缩压大于 91 吗?”“年龄大于 62.5 岁吗?”“当下窦性心动过速吗?”),而不像教科书所要求的那样,包含着对于总计达 19 项生理指标的检测,以及对于这些检测结果的统计学分析——尽管这种分析恰恰是标准的 AI 专家所倡导的。

不过,一种更具普遍性的“节俭性算法”,显然不能够包含诸如“窦性心动”之类的具体内容。而下面这个心理学测验,则将帮助我们看

---

① Gerd Gigerenzer, *et al*. (1999), *Simple Heuristics that Make Us Smart*, Oxford: Oxford University Press, p. 4.

清楚,一种更为宽泛的"节俭性算法"是如何运作的:

假设有这样一张考卷,上面有一列由美国城市名字所构成的对子,如"史普林菲尔德—旧金山""芝加哥—小石城",等等。考生的任务,便是从每个对子里找出那个城市居民比较多的城市(在此期间考生不允许参考任何书籍以及网络上的相关信息),考官则根据考生的答对率进行判分。现在我们将考生的考卷分为两组:德国学生的答卷与美国学生的答卷。你猜哪一组的平均分会更高一点呢?

很多人都会认为美国的学生考分会高一点,因为在不少人看来,美国学生总要比德国学生更熟悉美国城市的情况。然而,这个看法其实是有偏颇的。作为一个大国,美国的行政区划以及相关的人口情况异常复杂,即使是一般的美国人,也仅仅是"听说过"不少城市的名字而已,而不太清楚所有城市的人口规模。而作为德国学生,事情就要简单一点。他们做题的时候遵循的是一条非常简单的"捷思法"(heuristic①):凡是自己听说过的美国城市,一般就都是大城市,而大城市一般人口就多。总之,面对两个城市的名字"二选一"时,选那个看起来眼熟的地名就是了。而或许让人感到惊讶的是,这种看似"简单粗暴"的解题思路,成功率却相当了得。譬如,当吉仁泽和其合作伙伴真的做了这个实验的时候,他们便发现德国学生的平均成绩明显要比美国学生好;而当别的研究者以"两个英国足球队中的哪一个会在曼联赛中获得更好成绩"为问题分别测试土耳其学生和英国本土学生后,他们同样惊讶地发现:答案正确率高的,再一次是相对不熟悉英国本土情况的土耳其人。简言之,"将正面的属性——如'人口多''体育强',等——指派给你相对熟悉的地名",便是在上面的实验中德国学生与土耳其学生得以打败其美英本土竞争者的"制胜捷思法"。这便是所谓"节俭

① 该英文单词在一些文献里被翻译为"启发式算法",但笔者认为此译法有点莫名其妙。

性理性”的一个典型运用实例。吉仁泽甚至还认为,从演化论的角度看,人类的这种“节俭性理性”甚至在老鼠这样的啮齿类动物的心智配置那里就已经有了雏形:因为就连老鼠也能够根据别的老鼠食用某种食物后的反应,来判断该种食物是否有毒,并同时回避那些从来没有任何老鼠吃过的新食物(需要注意的是,在此过程中老鼠不必真正具备对于食物自身的化学构成的知识,就如在前面的例子中,外国学生并不需要知道相关城市某方面特征的真实数据一样)。[①]

读者或许会说,此类“节俭性理性”也实在太寒酸了吧,因为其运作似乎完全排除了我们对于世界的因果关系的表征,而仅仅将判断的依据建立在一些似是而非的相关性关系之上。但问题是:这样的批评也能够被施加于大数据技术之上:因为该技术的拥趸者也以回避因果关系表征作为自身的“技术特色”。为何大数据技术能够回避因果表征,而“节俭性理性”却不能呢?

大数据技术的支持者或许会反驳说,大数据技术对于“相关性”的把握是以对于即时获取的海量数据为根据的,而“节俭性理性”对于“相关性”的把握的根据,则似乎是某些来自远古演化历程的固化心智配置。换言之,前者是“与时俱进”地把握“相关性”,而后者则是以“刻舟求剑”的方式获得“相关性”——二者怎么可以同日而语呢?

对于这一批评,作为“节俭性理性”观的支持者,我有两点回应:

第一,正如前文所指出的,“大数据的可获取性”并非人类社会的常态,而是互联网时代带给我们的意外恩赐。由于支持这种恩惠继续起效的社会经济基础所具有的脆弱性,我们将所有的鸡蛋都放到“大

---

① 本自然段涉及的心理学实验的详细资料,请参看 Gerd Gigerenzer, *et al*. (1999), *Simple Heuristics that Make Us Smart*, Oxford: Oxford University Press, pp. 43-44。而关于老鼠的行为心理学测验的相关资料,请参看 S. A. Barrett (1963), *The Rat: A Study in Behavior*, Chicago: Aldine。

数据技术”的篮子里的举措,未必是明智之举。在这个问题上,向人类乃至别的哺乳类动物的原始心智学习研发新时代的人工智能系统,不失为一种降低风险的补偿性方案。

第二,人类心智机制自身的“原始性”并不意味着其无效性。实际上,哪些原始心智的工作方式是能够继续适应现代社会的,而哪些不能,是需要“具体问题具体分析”的。就前面所提到的对于城市人口规模的猜测实验而言,相关心智的运作规则乃是“根据城市有名度”来判断其人口规模——而其更为一般的形式乃是:根据某事物的某些更具凸显性(且更具可获取性)的指标数来猜测它那些不那么具凸显性或可获取性的指标数。很显然,这样的运作规则因为足够抽象,因此就具有某种横跨远古时代与当代社会的兼适性,不宜用“刻舟求剑”之类的负面标签一贴了之。

大数据技术的支持者或许还会反驳说,笔者上面的论证至多只能说明:基于“节俭性理性”的信息技术构建方案可以成为大数据技术的备份,而无法说明它可以全面取代大数据技术。他们或许还会继续说:让我们再来回顾一下前文所述的那个关于城市人口规模的测验结果吧:这个结果明明告诉我们,对于数据信息掌握量比较大的本国被试者来说,他们对于“节俭算法”的使用会因为“知道得更多”而变得更为艰难,而由此得出的测验分数也就更低。这难道不正意味着:远古心智自带的“节俭性算法”与大数据环境无法兼容吗?

对于这一反驳,我的意见是:所谓本国被试者“知道得更多”的情形,需要得到进一步的分析。实际上,这些被试者“知道得更多”的,乃是关于被涉及城市的其他与人口相关的指标(如经济指标)的知识,以及这些指标与人口指标之间的因果关系。换句话说,正是因为他们的大脑已经激活了对于因果范畴的使用,节俭性算法的运作便自然得到了抑制,而后者所本有的“快速高效”的推理优势自然也就无从发挥了。但需要注意的是,因果范畴的激活本身并不单纯是数据规模变大的结果——在某些情况下,这一情况的发生,恰恰也很可能是数据量稀缺的结果。具体而言,对于美国本土的学生来说,他们所稀缺的,恰恰是对于相关城市在非美国人那里的知名度的数据——正是这种稀缺,才使得他们的心智不得不开启了“花费昂贵”的对于人口规模的因果式调查模式。而在大数据环境下,一个与互联网连接的智能程序则自然能更为轻易地获取相关数据,并使得那种已经被程序化了的“节俭式算法”有了用武之地。

大数据技术的支持者或许还会继续反驳说,既然节俭式算法程序也可以与大数据库相互接续,那么,前者在定义上也完全可以被视为大数据技术的一个变种——在此情况下,为何我们还需要将其视为对于现有大数据技术的全面取代呢?

相关理由有二。其一,正如前文所反复提及的,节俭式算法可以和大数据联结,但也可以和小数据联结,因此,这种可适应于不同环境的灵活性就使得它很难被归类为“大数据技术”的一支;其二,节俭性算法的设计是植根于对人类现有心理机制的研究的,而不是对于直接的数据环境的研究的产物。这就使得它与传统意义上的人工智能研究更具亲缘关系——尽管节俭性算法的“节俭性”是很难通过传统人工智能所仰仗的逻辑-统计进路予以实现的。

说到这一步,我们也就可以对基于“节俭性理性”概念的“绿色人工智能”概念进行大致的阐述了。

三　对于带有“小数据主义”色彩的“绿色人工智能”的展望

正如前文所指出的,本讲所倡导的带有“小数据主义”色彩的“绿色人工智能”理念,乃是吉仁泽提出的“节俭性理性”原则的直接继承者。现在我们就来探讨一下与之相关的三个具体问题:

(1)为何称这种人工智能技术是"绿色"的?

(2)在实现层面上,它与吉仁泽既有的心理学理论之间的关系是什么?

(3)它与时下 AI 学界在"深度学习"方面的进步有什么关系?

先来看第一个问题。众所周知,原本意义上的"绿色的技术"就是指对自然资源消耗更少且对自然环境破坏亦较少的技术。而在本书的语境中,"绿色的人工智能技术"同时是指一种对现有的人类价值体系扰动较小的技术(因为我们将人文环境视为广义上的"环境"的一个有机组成部分)。具体而言,它必须对"隐私""公民权""人类的自由选择权"等被常识普遍接受的价值标准抱有起码的敬意,并以此将技术异化的风险降到最低。

若按照这种标准去衡量,现有的大数据分析技术就很难被说成是"绿色"的。用形象化的比喻来说,大数据的分析软件就像一头需要吞入大量数据才能够被喂饱的"哥斯拉"怪兽,因此,其对于数据的贪婪就具有一种"技术的自发性"(因为怪兽的食量本来就是由其身体结构先天决定的),而不能被仅仅肤浅地归结为相关从业人员的伦理意识与相关法律监督的缺位。不难想见,只要这样的怪兽的进食方式不改变,现代社会中那些反映公民隐私的数据就会无时无刻处于危险之中。相比较而言,一种基于"节俭式算法"的绿色数据处理技术则未必以大数据的获取为其运作的必要条件——它就像一头忍辱负重的骆驼,既能够在沙漠上不吃不喝穿行多日,而在偶遇绿洲清泉的时候亦不会拒绝畅饮一番。至于那些与保护公民隐私相关的法律法规,自然也就更容易和这种在"信息汲取量"方面更富弹性的新数据处理技术相结合,由此起到最大的功效。

再来看第二个问题。不得不承认,我关于"绿色人工智能"的理念在哲学层面上的确受到吉仁泽不少启发,但是在具体的实现细节上却和他的原始设想有所不同。具体而言,我和吉仁泽一样,也认为对于人类原始心智机制的模拟乃是相关工程学实践的必由之路,但是关于人类原始心智机制的具体构成,我和他却有不同的意见。受到所谓“大规模心智模块论”的影响,吉仁泽本人相信人类的大脑是由一些专门的问题求解器所构成的超级工具箱。与之相比较,笔者则倾向于认为大脑中是存在着一个“通用问题求解器”的——只是其运作方式更符合吉仁泽的“节俭性理性”之理念,而非司马贺式的“有限理性”理念。至于如何在计算机层面将这种“节俭型”的“通用问题求解器”的算法细节予以夯实,有兴趣的读者可就此进行延伸性阅读。①

再来看前述第三个问题。在本书第三讲中,我们已经看到,深度学习机制的本质,实际上就是将传统上的人工神经元网络的内置层的层级予以规模放大的产物(比如,从一到两层的内置层扩展到七八十层),由此使得系统获得更为复杂的学习行为。从哲学角度看,这其实并非是对传统人工神经元计算模型的原则性突破,只是在现代计算机硬件技术高度成熟后增加系统“野蛮计算能力”后的产物。然而,也正是因为这样的已被升级的人工神经元网络在计算复杂性与硬件要求方面的大规模提升,它就很难说是“绿色的”(在这句话中,“绿色”一词就是在物理资源消耗意义上使用的,而并不主要指对人文价值之尊重与维护)。由此看来,深度学习技术与我们理想中的“绿色的智能技术”南辕北辙,却与同样迷信“更多、更快”之原则的大数据技术心有灵犀(尽管从技术角度看,二者也并不完全是一回事)。

说到这一步,本讲的基本内容也就告一段落。读者应当看出,本讲对于绿色人工智能的倡导,在概念上已经预设了“人文资源”这一概念,而本书第三讲也已大量涉及深度学习技术对于人类的人文资源所

---

① 请参看 Pei Wang, *Non-Axiomatic Logic: A Model of Intelligent Reasoning*, World Scientific Publishing Company, 2013。关于相关的技术细节,本书第十二讲的讨论也会有所涉及。

构成的潜在威胁。现在不妨就让我们想得更深一点:“人类的人文资源”肯定是一个包含了人类各个文明之多元性的包容性概念,故此,一种真正“绿色”的 AI 技术,也应当具有保护——而不是削弱——技术应用国既有文化土壤的功用。若我们再将话题的论域缩小到中国文化的范围内,那么,一种真正适应中国文化风土的 AI 技术,自然也就应当能通过技术手段保持住中国文化的某些特色,而不是摧毁之。在下一讲中,我就将接续这一思路,讨论中国儒家思想与小数据技术相互结合的可能性。

第九讲

儒家其实也支持小数据主义

一　从经济数据管理的角度重构儒家思想

在本讲中,我们将结合中国传统的儒家思想资源,来探讨建设一种具有“小数据主义色彩”的“数据化儒家”(digitalized Confucianism)路线的可行性。不过,“数据化儒家”本身又是一个显得过于宽泛的名目,为了使得我们的焦点更为突出,本讲将着力讨论儒家对于“数据隐私权”的看法。笔者将试图指出,儒家学说的核心经济学含义,乃是将经济与社会活动的数据管理权尽量锁死在宗族层面上,而与之对应的“秦政模式”,则试图通过对于上述数据的透明化而建立起古典时代的“大数据管理模式”。因此,与一些自由主义者对于儒家“压抑私营经济主体之自主权”的指控相反,在我看来,古典儒家(特别是汉儒)或许恰恰是通过了某些复杂的“费边战术”来为宗族层面上的“数据隐私权”提供了特定的保护措施。虽然很难说儒家的这一数据隐私保护措施在历史上所起到的作用始终是正面的,但是面对个体隐私权全面受到大数据技术威胁的今天,基于宗族意识的儒家隐私观,在经历了对于“宗族”概念的现代化解释之后,或许能够有力地补充基于个体的西方自由主义隐私观。而小数据技术与家用机器人技术的结合,以及对于区块链技术的合理运用，则可能在人口老龄化的背景下，为上述儒家信息观的复兴提供切实的技术载体。

显然，要为上述的观点做出论证，笔者就要用现代语言重构古典儒家对于经济数据的隐私权问题的一般看法，以便为后续的讨论打下理论基调。众所周知，至少从表面上看，儒家学说并不以经济学问题为立论核心，而以伦理道德问题为自身第一聚焦点。不过，按历史唯物论原理，道德问题实际上就是对于物质资源的分配次序问题（换言之，物质资源的“合理”分配形式即“合道德的”），因而所有的道德问题，无论其有多抽象，依然无法在脱离物质根基的前提下而被空泛地谈论。按照这个眼光去重新审视儒家学说，我们就不难发现：先秦儒家学者对于西周政治制度复古式的眷恋，实际上就蕴涵了其对于理想经济资源组织方式——特别是“井田制”——的期待。以《孟子·滕文公上》对于井田制的经典描述为例：在井田制下“方里而井，井九百亩，其中为公田。八家皆私百亩，同养公田；公事毕，然后敢治私事，所以别野人也”。虽然关于井田制在西周的实际践行情况，经济史家尚且有一定的争议，但是根据这段文字的描述，我们至少可以肯定：井田制实质上是在私人经济资源与公共经济资源之间的一种妥协方式。从空间维度上，八个家庭都分别占有九百亩土地中的一百亩，因此，作为“公田”的最后一百亩土地并不占据土地面积上的优势（这里需要注意的是，“公田”指的是村社或聚落的公用土地，而不是国有土地，其真正的所有人乃是不同等级的封建领主）；而从时间维度上看，任何一个家庭都需要将耕作公田的时间资源的优先性置于耕作私田之上，以最大限度地防止“公共资源管理受漠视”的情况发生。这也就是说，井田制乃是时间资源配置方面“以公为先”的原则与土地资源配置方面“以私为先”的原则的混合体。从这个角度看，简单地用“集体所有制”“个人所有制”“公有制”等现代术语去为“井田制”贴标签，都会遮盖井田制作为“聚落公有制”与“（小）家庭所有制”之混合形态的本相。说得更清楚一点，前文出现的“公”与“私”二字,其实都具有一种依赖于特定观察者立场的灵活含义。站在封建贵族的立场上看,井田中的“公田”乃是私田(因为所谓“公田”中的作物收成实际上是归属于贵族的),而只有站在佃户的立场上看,井田中的“公田”才是“公共”的(这是因为贵族为佃户所提供的家长式保护本身就是“公共”的)。从这个角度看,“公”“私”含义之间的这种可转换性,本身就意味着儒家经济学思想对于那种独立于语境的绝对产权观念的排斥。这在相当程度上也使得全面记录经济数据的动机得到了遏制,因为此类记录活动本身是很难在产权模糊的前提下展开的。

孟子的这种复古式经济学理想,显然包含了对于与经济运作相关的数据资源的某种克制态度。具体而言,孟子既没有提到划分井田的具体量化原则(比如,户口多的家庭是否有权分得更多的份额),也没有提及各个家庭在耕种公田时的劳动强度与各自的劳动配额——而从逻辑上看,倘若他真的作出这个规定,那么井田制的外部描述者就需要对各个家庭的基本数据(人口构成、能力差异)进行全方位的采集。而孟子本人之所以对家庭运作与资源的具体分配如此不关心,恐怕并不是由于其原始语录的散失等偶然原因,而是得缘于儒家对于“礼”的看重。其背后的深层理路是:如果儒家所说的“礼”本身可以被视为宗法社会内部对于人际关系的一种软性调节机制,那么附着在“礼”上面的情感因素就可以为特定道德语境下经济资源的分配提供某种直觉性的指导。由于这种直觉性指导不需要通过客观化的数据描述方式而向更高级的资源分配机制提供反馈,所以客观化的数据描述方式本身干脆就可以在这样的宗族内部的经济资源分配活动中被省略,或至少被大大简化。而井田制,恰恰便是这种简化的产物。

而从历史唯物论角度看,儒家经济学运作的这种“小数据化”特征,实际上是以宗族经济自身的强大为其逻辑前提的。不过,这一前提在西周封建制稳定运作的社会环境下或许还能成立,但在东周春秋战国的新社会环境下却慢慢失效了。这在很大程度上又是缘于东周与西周各自经济运作参数之间的不同:进入东周后,各个诸侯国贵族人口的增长与众诸侯国控制地域的相对稳定性之间的矛盾,导致原有的土地资源分配方案,即使按照最粗糙的量化方式也难以被执行,由此引发封建集团内部成员的大量残酷内讧。不理解历史唯物论原理的先秦儒家学者却倒果为因地将东周以来的社会变迁看成是"礼崩乐坏"的结果,而不去探究导致"礼崩乐坏"的社会经济形势。从这个角度看,先秦儒家对于经济资源控制所牵涉的数据隐私权问题,只具有一种朦胧的意识,而缺乏一种真正的自觉。

不过,先秦儒家对于历史唯物论原理的这种无知,并不意味着从马克思主义角度看,其对于经济数据隐私权的诉求乃是完全不合理的。我们知道,马克思主义的一个基本政治经济学诉求,就是反对资本运作的普遍逻辑对于感性劳动的奴役,并由此完成"横向经济管理"对于"纵向经济管理"的逐步替换。[①] 很明显,在一种典型的"横向经济管理"模式中,对于高级纵向管制系统提供经济运作数据的必要性会被自然地取消,因为这种纵向机制自身的机能都已经被削弱了。[②] 而儒家对于纵向数据控制权的保留态度,恰好在这个向度上与马克思主义有些类似(请参看《论语·卫灵公》的下述文字:"无为而治者,其舜也

① 在"纵向经济管理"模式中,管理中心与被管理单位之间存在较大的层级落差。而在"横向经济管理"模式中,管理中心靠前布置,能根据经济活动的最新情况及时调整策略。

② 按照日本左派学者柄谷行人对于马克思主义的解释,纵向管理机制的削弱会导致横向的经济互酬制的盛行,由此导致共产主义的实现。体现横向的经济互酬制之优先性的主张,被他称为"联合主义",或用他自己的话来说:"对马克思来说,共产主义就是联合主义,而不是除此之外的任何别的东西。"(柄谷行人:《跨越性批判:康德与马克思》,赵京华译,中央编译出版社,2011 年,第 14 页)

与!”——这里的“无为而治”不妨理解为纵向管理权的最小化)。①

此外,儒家的井田制理想虽然带有浓重的小农经济色彩,但这也未必就意味着儒家对于农业生产之外的工商业活动的全面否定。更确切的表达应当是:儒家虽然一直带给世人以倡导“农本商末”的思想面貌,但这仅仅意味着儒家试图在伦理规范的歧视等级中将商业逻辑置于亲情礼教之下,而并不意味着儒家赞成将商业活动纳入全面的官方管制之下。也正是基于这一立场,作为儒家史学家的司马迁在《史记·货殖列传》中才以这样的口吻劝诫统治者:“故善者因之,其次利道之,其次教诲之,其次整齐之,最下者与之争。”换言之,统治者要通过宽容民众的商业活动并放弃相关的经济利益来获得道德优势——而从逻辑上看,这种放弃显然意味着对于与商业活动相关的数据资源采集权的放弃。从这个角度看,儒家对于商人的道德鄙视与对于商业活动的“民营”性质的锁定,在逻辑上恰恰是同一枚硬币的两面,而这种貌似奇特的立场组合甚至使得他们也不可能去赞同日后英国在伊丽莎白一世时代所执行的“重商主义”(mercantilism)政策——因为从儒家的立场上看,经典重商主义所要求的集中国家资源以换取贸易顺差的做法,必然带来统治者的全面道德败坏。而笔者做出这一判断的根据,乃是孔子对管子在齐国执行的某种原始版本的重商主义制度的批评:“器小”(见《论语·八佾》)——这样的批评就可以视为孔子对于管子在国家制度层面上过于推崇“经理人负责制”而忽略礼法的行径的不满。

从先秦到两汉,与儒家真正构成竞争的经济资源分配原则其实来自法家。不过,一说到“法家”,很多论者恐怕都习惯性地将其与秦政

① 不过,不容否认的是,儒家与马克思主义的上述类似性本身也是有限度的,因为马克思主义对于“自由人联合体”的设想具有进一步解散儒家宗族的革命意义,而这一点恐怕是很难与儒家的立场相兼容的。

(而不是西汉帝国)联系在一起,殊不知从汉武帝开始的统治经济的运作方式,延续的其实依然是秦政的思路,只是其在意识形态层面上对于儒家的遵从,在相当程度上掩盖了武帝统治"儒表法里"的实质。具体而言,秦汉帝国的核心经济资源控制政策"编户齐民"制度,在实质上便是对于全帝国范围内的最基本经济数据——人口与土地资源——的控制。从目前出土的《居延汉简》[①]等地下史料来看,西汉地方政府对所辖地官民的姓名、相貌、户口人数、子女人数、住宅价值、牲畜数量都有详细的记录,并定期向上一级政府机关汇报,以利于各级政府根据这些数据组织人头税征收工作。同时,武帝时代开始的盐、铁专卖制度,亦使得诸如盐、铁之类的重要经济资源的运作,全部处于政府的监管之下,掌握了这些数据的政府则能够利用信息优势获得超额经济利益。很明显,这样的举措对儒家所希冀的"以宗族为核心"的经济体制构成了巨大的打击:第一,"编户齐民"使得宗族内的经济运行数据信息变得更加透明,而使得宗族家长无法保护其成员的经济利益,并由此失去道德权威;第二,盐铁专卖制度使得大商贾无法通过非官方的商品流通渠道积累财富,以壮大宗族势力。有鉴于此,我们不妨就用现在的术语,将秦汉帝国运作的秦政逻辑,称为某种原始版本的"大数据主义"。

但辩证地看,秦汉帝国运作背后的这种原始"大数据主义",却在一定程度上促进了儒家学者开始自觉考虑维持儒式社会秩序的经济基础问题,并由此将先秦儒家所不自觉表露出来的"宗族式小数据主义"转向某种更为自觉的理论形态。体现这种转变的典型文献,乃是西汉

---

① 对于《居延汉简》的研究,请参看日本学者永田正英的《居延汉简研究》(张学锋译,广西师范大学出版社,2007 年)。关于文书行政在汉帝国政治生命中所起到的作用的系统化研究,日本学者富谷至的《文书行政的汉帝国》(刘恒武、孔李波译,江苏人民出版社,2013 年)是一部颇值得推荐的作品。

桓宽笔录的《盐铁论》[1],而此书亦恰恰集中体现了对盐铁专卖制度长久不满的各地"贤良文学"[2](其背后又有各郡国宗族利益)试图放松国家经济管制的心声。这里需要顺便说一句的是,缺乏历史唯物论教育的传统儒家典籍分类者一向将《盐铁论》列在不那么重要的"子部"(而不是地位最高的"经部"),殊不知从历史唯物论角度看,《盐铁论》才是儒家经济哲学的"秘密的诞生地"。

而从争夺数据控制权的角度看,《盐铁论 · 本议》对于武帝时代遗留的"均输""平准"制度的合理性的激烈辩论,其实最为集中地体现了儒家试图从中央政府手中夺回数据控制权的意图。在这场辩论中,作为"正方"的桑弘羊(他是武帝时代经济政策之代言人)的陈词是这样的:

> 往者,郡国诸侯各以其方物贡输,往来烦杂,物多苦恶,或不偿其费。故郡国置输官以相给运,而便远方之贡,故曰均输。开委府于京师,以笼货物。贱即买,贵则卖。是以县官不失实,商贾无所贸利,故曰平准。平准则民不失职,均输则民齐劳逸。故平准、均输,所以平万物而便百姓,非开利孔而为民罪梯者也。

现在我们用现代语言,将桑弘羊的论证重构如下:在西汉帝国地域广阔这一基本前设背景下,从甲地到乙地的运输必定会带来巨大的运输损耗,因此需要一个统一的运输管理机制(即均输官)来处理全国的物资调用,由此避免浪费。同时,各地物价的变化又可以通过中央政府对于物资的预先囤积来解决(此即"平准"之责)。这样一来,预先囤积

---

① 关于《盐铁论》的现代版本比较多,学术界比较倚重的是王利器校注的《盐铁论校注》,中华书局,2015 年。但为了方便持有此书不同版本的读者,正文中所给出的引文只标注篇目,不标注页码。

② 汉代取士之科目,也指中了这些科目的人才。

的物资可以像水库维持河流水位一样维持稳定的物价水平，由此保持社会稳定。而从技术角度看，要落实上述举措，自然就需要政府相关部门来搜集和处理与特定核心经济物资的生产与运输相关的数据。

桑弘羊的上述论证显然预设了两点：第一，政府的经济管理机制的操盘人要比民间经济主体更具备对于全社会的责任感；第二，政府纵向管理机制要比民间的横向管理机制具有更明显的数据搜集优势。而代表地方宗族利益的贤良文学们，则敏锐地对这两个预设进行了"精准打击"。具体而言，他们对于第一个预设的打击，是利用已经成为官方意识形态的《春秋公羊传》提供的意识形态掩护，强调"诸侯好利则大夫鄙，大夫鄙则士贪，士贪则庶人盗"，由此从道德荣誉感的角度剥夺政府管理者对于经济议题的话语权；而其对于第二个预设的打击，则集中体现于如下重要评论：

> 古者之赋税于民也，因其所工，不求所拙。农人纳其获，女工效其功。今释其所有，责其所无。百姓贱卖货物，以便上求。间者，郡国或令民作布絮，吏恣留难，与之为市。吏之所入，非独齐、阿之缣，蜀、汉之布也，亦民间之所为耳。行奸卖平，农民重苦，女工再税，未见输之均也。县官猥发，阖门擅市，则万物并收。万物并收，则物腾跃。腾跃，则商贾侔利。自市，则吏容奸。豪吏富商积货储物以待其急，轻贾奸吏收贱以取贵，未见准之平也。盖古之均输，所以齐劳逸而便贡输，非以为利而贾万物也。

该段落所蕴涵的具体论证，可被重构如下：个体劳动者生产能力之间的自然差异是一个在经济生活中无法被忽视的基本事实，因此，对于每个劳动者经济条件的最佳数据采集与保管人就是他自己，或者是与之有着密切乡土联系的宗族家长。而一种能够尽量贴合这一基本事实的政府税收制度，就应当根据每个个体（或地方性生产单位）的生产技能的特长征收实物税，而决不能在无视这些差别的前提下进行统一的

“数据格式化”——否则,很多生产者就会被迫去生产其不擅长生产的物品,由此导致全社会经济资源的巨大浪费。此外,政府自身的利益偏好亦会导致其在收购民间物品时尽量压低价格,由此导致市场信息失真,反而会造成物价报复性飞涨,最终影响全社会的总体利益。

从哲学角度看,贤良文学的上述表述显然已经预设了一种鲜明的价值唯名论立场:除了儒家经典所公认的圣人之外,他们并不相信世界上普遍存在着某种中立的、没有自身利益偏好与认知偏见的政府机关或某种抽象的公众利益——相反,在他们看来,就一般情况而言,除了儒家清议集团能够认可的“自己人”外,任何政府机关的具体负责人都肯定是有着种种认知成见与利益偏好的。而集中体现西汉政府对于经济数据采集权的均输平准制,则可能在某种程度上成为上述人性缺陷的技术放大器,并为相关政府人员的牟利行为提供方便。在这样的情况下,儒家宁可在经济问题上支持道家的“无为”政策,即适当承认民间经济主体自身的经济活动自主权与对于核心经济数据的保密权,由此以道德武器来曲折地完成对于地方宗族经济利益的维护。

不过,批判的武器毕竟不能代替武器的批判。《盐铁论》的辩论虽貌似以桑弘羊本人的政治落败(以及其最后的被杀)而告终,但接管桑弘羊权力的权臣霍光只是在酒类专卖等相对不太重要的项目上改变了汉武帝时代的经济政策,因此,西汉统治经济的实质并没有随着儒家在意识形态层面上的表面胜利而被迅速改变。① 而真正在现实层面上体现了儒家“宗族小数据主义”胜利的,乃是东汉初年的“度田事件”,即

① 与之相比较,盐铁专卖制在东汉有所松动。根据古丽娜·阿扎提的考证,东汉光武、明帝二朝实行官营为主、民营为辅的盐铁制度,抑商政策相对松弛;章帝时实行的是盐铁禁榷制度,抑商政策陡然收紧;和帝之后实行官营与民营盐铁并行的双轨制度,抑商政策再度放开(古丽娜·阿扎提:《东汉盐铁制度与重农抑商政策的变化研究》,《安徽农业科学》2012 年 7 月)。

汉光武帝刘秀试图通过丈量、核算全国豪强土地以全面掌握帝国经济运行数据的历史事件。若用今天的眼光来看,各地豪强对于中央政府的强力度田政策的暴力反弹,其实便是对于宗族内部经济数据的隐私权的一种自觉捍卫;而光武帝最终对于此类反弹的柔性处理措施,则意味着儒家的经济特权终于在东汉获得了在整个西汉时期都没有得到的隐性制度保障。[①] 此外,对富有大数据情结的桑弘羊们构成莫大反讽的是,至少是部分地执行了“宗族小数据主义”的东汉政权,并没有因为中央政府在数据采集权问题上的退让而走向衰退,而是依然相对稳定地运作了两个世纪,并在此期间创造出了异常灿烂的古代文明。

但同样需要指出的是,在东汉帝国体制——而不是孔孟所处的东周多国体制——的制度安排下,豪强利益的片面增长很容易通过与各级国家政权的结合,而扩展为某种新的内部帝国,由此使得孔孟所期望的基于地方乡土建设的儒家小数据主义一步步走向其反面。而绵延东汉一代的清流士大夫、外戚与宦官集团之间的三角斗争,则是这些隐形内部帝国全面竞争的自然产物。此外,也恰恰是这些隐形帝国(比如汉末袁绍家族经过长期经营所建立的隐形帝国)所具有的数据采集与

---

① 袁延胜先生认为,光武帝的“度田”举措未必是一次失败,而东汉政府此后所获得的人口与土地的数据大体上也是真实的(袁延胜:《东汉光武帝“度田”再论——兼论东汉户口统计的真实性问题》,《史学月刊》2010年第八期)。但是袁先生的立论根据仅仅是简牍资料体现出来的东汉政府的经济数据审查工作在字面上的“严密性”,却没有办法在逻辑上排除各级官吏在相关宗族势力的指使下伪造数据的可能性(东汉的地方政府结构中,作为“流官”的行政主官下面的辅助小吏往往就是本地豪族的子弟)。另外,东汉末年各地豪族私藏部曲、豢养私兵的现象是非常普遍的,以至于在黄巾起义后汉灵帝竟然颁布圣旨暗自承认朝廷掌握的军力的羸弱,并明确鼓励地方豪强向政府提供物力与人力以镇压起义军(参看《后汉书·孝灵帝纪第八》:“(天子)诏公卿出马、弩,举列将子孙及吏民有明战阵之略者,诣公车”)。这在逻辑上显然预设了地方豪强是具备相应的物质力量的。

社会动员能力已经接近显性国家政权,其中的某些势力实际上已经具备了发动内战以全面清洗其他隐形帝国的能力。而东汉政权的内部博弈之所以最终没有导向某种健康的内部制衡机制,而是导向了一场悲剧性的全面内战,恐怕便是得缘于宗族势力的这种帝国化或祛乡土化进程。从这个角度看,在先秦儒家的概念框架中赋予经济数据隐私权以道德意义的基本前提——富有乡土知识的宗族领袖能够通过最恰当的信息格式来采集与处理乡土经济数据——在帝国化了(即祛乡土化了)的宗族架构中已经不存在了。因此,公平地说,最终要为东汉帝国的崩溃负责的,并不是先秦儒家,而是通过官僚化进程而放弃了乡土小数据主义的东汉儒家豪族。

由于篇幅的关系,笔者在此不可能对东汉以后中华帝国经济政策的演变与儒家小数据主义之间的关系作出全面的梳理。但需要指出的是,西汉盐铁辩论之后儒家所参与的关于国家经济政策的辩论,依然在史书中时断时续地出现过——譬如,北宋展开在王安石与司马光之间的经济政策辩论,就可以被视为化身为王安石的桑弘羊与化身为司马光的贤良文学之间的一场新盐铁辩论。如何从历史唯物论的角度去激活这些史料的经济哲学意义,由此彻底改造目下以经典研究为主要范式的儒家哲学研究,显然还需要我们投入更多的心力。不过,就本节的讨论而言,我们其实已经为在新技术背景中重新激活儒家小数据主义的微言大义,完成了最基本的理论铺垫工作。

不过,如果我们要将一种朴素形态的“儒家乡土小数据主义”升级为一种能够与现代信息技术的现实相互匹配的“数据化的儒家立场”,那么我们还需要找到一个同样对大数据技术的现成样态有所批评的现代同盟军,以便为儒家思维框架的现代化改造提供更多的与现代生活形式相关的经验内容。而这个同盟军就是因批评大数据的负面道德与政治意蕴而在英语世界颇有名气的女科学家凯西·欧尼尔(Cathy O'Neil)。

二　从儒家的角度重读欧尼尔对于大数据技术的批评

凯西·欧尼尔是美国的女数据科学家与科普作家,其撰写的以批评大数据技术之滥用为主旨的《大数据的傲慢与偏见》[①]获得了“2016年全美非虚构类作品图书奖”,并在西方读书界获得了高度好评。虽然从字面上看,这是一部与儒家思想资源并无牵扯的作品,但并不妨碍我们从儒家角度重新解读该书的核心主张,并由此为儒家思想自身的现代化改造提供参考。

那么,到底是什么能够将时空相距遥远的儒家与一个现代美国女科学家联系在一起呢?这在相当程度上乃是缘于二者所面对的外部论敌的彼此相似性。说得更具体一点,欧尼尔面对的当代的大数据技术与资本集团所构成的超级综合体,实际上便是古典秦政体系的某种全面升级版,因为它与古典秦政一样分享了如下特征:

第一,漠视与乡土知识密切结合在一起的特定数据信息的特定格式,而要按照某种统一的信息格式进行全面的数据改写。我们前面已经看到了,依据“井田制”的理想,宗族长老对于聚落中的农业生产活动的指导乃是依赖于宗族内部的不成文法,而不需要将相关的经济运作的细节数据传输给更高一级的信息采集者。而这种数据隐私权将方便宗族领袖根据当地的乡土知识因地制宜地组织生产活动,以最大限度地使得本地的人力因素与土地因素相互适应。与之相对比,在秦政的管理模式下,宗族长老对于乡土经济资源的管理权则被让渡给了郡县制的官吏系统,而该官吏系统所使用的帝国统一行政语言,又进一步

① 凯西·欧尼尔:《大数据的傲慢与偏见》,许瑞宋译,大写出版基地,2017年。以下简称为《大数据》。

使得宗族经济得以运作的特定信息采集方式被转化为某种统一的信息格式——比如抽象的土地、人口数据——并最终通过这种简化而抹杀了与乡土知识密切结合在一起的大量特定数据信息。关于这种抹杀所导致的严重社会后果，儒家在西汉的盐铁辩论中已经作了清楚的展示，在此不再赘述。而在欧尼尔的文本中，一个逻辑结构与之相平行的现代案例也被提到了。欧尼尔注意到，在大学的数字化排名系统（比如《美国新闻》提供的排名化系统）于全美流行之前，美国各个院校都会根据自己的学术传统组织科研教学活动——换言之，每个院校都有一种关于人才培养的"地方性知识"，以及与之相关的特定信息处理格式。但"大一统"式的全美排名表的出现，却给教学管理者带来了前所未有的压力——譬如，德州基督教大学就仅仅因为排名从全美第 97 名落到了第 113 名（2008 年数据），就迫使当时的校长博奇尼在学校官网上作出深刻检讨。[①] 而更具讽刺意味的是，这种排名下滑并没有促使校方去认真思考如何去改进教学质量，而是使得其去仔细琢磨令学校排名得以被提高的"算法技巧"。校方最终发现，使得学校排名提高的一项重要指数——"声誉度"——并不那么取决于学校的学术表现，而是取决于校橄榄球队的表现。基于这种"新发现"，校方便投入大量资源提升校橄榄球队的软硬件配置，由此果真使得学校的全美排名在 2015 年上升到了第 76 位。而与德州基督教大学的这种"剑走偏锋"相比，贝勒大学的做法在道德上就显得更为越界。为了提高自身的排名，贝勒大学竟然出钱让新生重考 SAT（即全美高校入学学业能力测试），从而使得自己"喂给"《美国新闻》的排名系统的数据显得更为光鲜。[②] 对于教育界的这种种乱象，欧尼尔评论道：《美国新闻》的排名系统所隐藏的数学模型的应用规模过大，这自然会使得所有教育主管者都去

① 《大数据》，第 73 页。

② 同上书，第 71 页。

追求类似的目标,造成无意义的过度竞争,由此大量浪费了社会资源。[①] 而从曾批评过盐铁专卖制的汉儒的立场上看,这种浪费无非就是均输平准制在现代技术条件下的借尸还魂所带来的自然后果,或者说,是乡土化的教育管理者将与乡土教育所产生出来的数据采集与管理权上交给统一数据处理模型后所必然会产生的后果。

第二,对于信息的统一化采集与处理,实际上是隐藏了终端信息控制者的私利,而不是全社会的总体福利——这一点乃是汉儒与欧尼尔达成的另一项共识。具体而言,在汉儒看来,执行平准制的官员因为采集了更为广泛的经济数据,便可以囤积居奇,以牟取暴利;欧尼尔则通过对于保险业在美国的运作细节的揭露,而提供了另外两个与之遥相呼应的案例。她指出,美国的"好事达"保险公司衡量用户所应缴纳的汽车保费的计算方式,导致了某项非常反直觉的结果:用户所缴纳的保费数额与其酒驾记录之间的关联度,还不如与其工作收入高低之间的关联度来得高。换言之,并非是酒驾记录越多保费就缴得越多,反而是用户越穷保费就缴得越多。而模型之所以如此设置保费缴纳关联,乃是因为保险公司发现:在比较贫穷的社区,民众的汽车保费比价能力要更低一些,因此也就更容易被大公司诓骗与压榨。而异常复杂的用于核算保费的计算模型本身,也只是防止穷人看穿这一资本游戏的障眼法而已,其与西汉政府借着"平准"之名掠夺民间财富的做法,在性质上是一样虚伪的。[②] 而一种更赤裸裸地用数据分析模型压榨劳工权利的案例,则来自欧尼尔所引用的《纽约时报》对于星巴克公司的人力资源配置方式的报道。报道指出,星巴克公司使用的数据分析软件,会建议经理不时根据客流量的变化而临时加派人手——这一做法虽然保障了企业的利益,却严重干扰了广大基层员工的作息节奏与家庭生活,导

① 《大数据》,第 75 页。

② 同上书,第 184—185 页。

致了很多隐性的社会问题。[1] 由此看来,由于数据模型自身算法的不透明性,模型使用者非常容易利用由此导致的信息不对称来为资方获取利益,并使得模型本身成为对于底层民众利益的收割机。

不过,欧尼尔虽与儒家有着上述思想默契,但作为一个受过完整现代科学训练的数据科学家,她还是看到了一些古典儒家因为自身知识背景的局限而看不到的深层次问题。第一个问题是:她意识到任何数学模型都只是对现实的一种简化,因此,任何一种数学模型的参数设置方式都会体现出模型设置者的特定兴趣[2]——比如,资本运作者会特别关注那些对榨取价值有关的参数,正如西汉的统治者会特别关注那些与执行帝国的战争政策有关的地方资源一样。与之相比较,汉儒对"模型"与"现实"之间的本体论差别是缺乏自觉意识的。第二,她清楚地意识到:数据模型在社会中的反复使用所导致的反馈回路,具有固化模型使用者偏见的隐蔽作用——譬如,美国警察对于特定有色人种的偏见,一旦被模型固化,就会导致对于该族群更多的司法检查,而由此激起的敌意则会进一步导致相关族群更多的犯罪活动,最终使得原来的模型的参数设置被"合理化"。[3] 很显然,欧尼尔对于这种反馈回路的技术增强效应的理解,也明显是超越了古代儒家的知识背景的。而从上面两点来看,与古典的秦政模式相比,现代数据处理技术与特定利益团体的结合就会带来以下两个额外的害处:第一,现代数理工具所导致的技术放大效应,乃是古典秦政的原始数据处理技术所难以匹敌的,而这一点也会使得古典秦政对于民间资源的收割机制变得更为高效;第二,现代大数据技术自身所披上的"科学中立"外衣会在民众中产生迷惑效应,特定利益集团通过算法非透明化而设计的利益导向机制将

---

① 《大数据》,第144—145页。

② 同上书,第34—39页。

③ 同上书,第39—42页。

变得更不容易被识别。

——那么,为何当今的美国与古典的西汉帝国在技术背景上存在着如此巨大的差别,而大数据收割技术所带来的“祛乡土化效应”却同样明显呢?而这一点恐怕又是缘于二者之间某种更深层次上的彼此近似:具体而言,西汉帝国与美国同样年轻(在西汉以前中国尚无运作一个稳定的超级帝国的经验),同样广阔,同样实行单语制(而不是像后世的奥匈帝国或今天的欧盟那样实行多语制),这就使得秦政数据收割机(无论它是以行政的方式还是资本的方式)能够以较少的阻力从帝国疆土的一端扫荡到另一端(请注意:语言的多元化本身自然就能够提高不同文化-经济体间数据信息的转换成本)。从这个角度看,儒家对于秦政的批评就有了一种超越时空的普遍意义,他们的话语结构也具有了一定的对于西方事物的描述延展力。譬如,倘若西汉的贤良文学能够通过时间旅行机器来到美国,并仔细学习美国早期历史的话,他们或许会惊讶地发现:杰斐逊对于乡土经济的眷恋以及德性教育的看重,其实更像是儒家乡土意识在美洲的还魂;而“联邦党人”领袖汉密尔顿对于联邦统一财政的强调,以及他对于某种脱离了乡土特殊性的抽象的“国家信用”的狂热态度,则使他更像是一个改说英语的桑弘羊。至于现代美国通过大数据技术所打造的巨型技术利维坦,则无非是汉密尔顿-桑弘羊主义者在将数据收割的主词从“国家”替换为“公司”后所自然产生的现象——而由此建立的以跨国公司为载体的隐性帝国,甚至还具有将数据搜集的触角从一国之境内延伸到世界各地的附加功能。总而言之,虽然技术的表象一直在变,但就其背后的权力机制的运作方式而言,“太阳底下并没有新东西”(黑格尔语)。

敏锐的读者或许会问:既然汉儒在私营商业活动与国营商业活动之间更倾向于支持前者,儒家又有什么资格与欧尼尔结成同盟,而去攻击以私有制为立国之本的美国所出现的“数据秦政主义”呢?对于这个问题历史唯物论式的解答是这样的:在古典中华帝国所出现的私营商业活动,毕竟是依附在自然经济所提供的生产力与消费力之上的,因此,如果相关商业机构不与遍布全国的行政机器相结合的话,其运作的"祛乡土化"效应就会被限制在一定的范围之内。所以,在这种历史背景下,儒家的首要论敌自然就是商业活动的国营化,而不是商业活动本身。与之相比较,在资本主义高度发达的当代美国,资本原则已经全面渗入了生产、流通、交换与消费的所有环节,并使得这些原则可以在国家政权的干预力被悬置的前提下独立地建立起一个数据化的秦政管理模式(与之同时,现代货币自带的"统一数据格式"的功能,及其对于实物经济的独立性,[1]也大大提高了这一管理模式的运作效率)。在这样的情况下,过于纠结美国政治制度的所谓"民主性"而忽略了资本的数据独裁本质,反而会使得社会弱势力量的同情者模糊了自己的斗争焦点。

不过,正如前文所指出的,批判的武器毕竟不能代替武器的批判。因此,儒家小数据主义与像欧尼尔这样的资本逻辑的现代批评者在精神上的彼此可沟通性,在逻辑上并不意味着针对大数据技术之病的现实"治疗方案"就可以被自动导出。在这种情况下,我们还需要一个更切实的技术路线,来夯实"数据化儒家"这一概念的技术基础。而这也便是下节讨论的核心任务。

三　如何打造"数据化儒家"的技术路线?

这里所说的"数据化的儒家",其核心含义,便是通过合理配置现代信息技术所提供的社会组织手段,以尽量逼近儒家理想中的经济社会组织形式(譬如井田制的某种现代化变种),并依托于这样的经济-

---

① 与之相比照,在古代中国,货币的价值高度依赖于粮食的稳定供应,并在相当程度上可以在概念上被粮食计算单位所取代(譬如,古代官俸往往通过粮食的重量来加以计算)。

社会结构,建立起更高阶的德性熏养机制。很显然,上述的定义同时也预设了三个前提:第一,现代信息技术自带的唯物论预设,与儒家自身的基本哲学立场没有本质性的冲突;第二,儒家所说的“宗族”可以在现代化条件下得到一种并非基于血缘性的解释;第三,现代信息技术的技术内涵并不能够被“大数据技术”所穷尽,而是具备了与之进行“技术对冲”的种种可能性,以便为儒家所利用。下面,笔者就将对这三个预设进行深入的说明。

先来看第一个预设。首先可以确定的是,除了来自阴阳家与道家的思想外援之外,早期儒家并没有一个具备足够“儒家特色”的关于物质世界的独有理论,而汉儒颇受后世诟病的对于谶纬学说的利用,在很大程度上又体现了儒家在“自然描述与自然解释”方面的随意态度。但积极地看,这种随意态度反过来亦说明了儒家对于西方自然科学描述体系可能的开放态度,而这一点的确也在徐光启、徐继畬、曾国藩、张之洞等在儒家背景中成长起来的开明思想家或政治家的言行中得到了有力的注解。按照同样的理路,我们完全可以设想一个对科学抱有开放心态的现代儒家,能够完全接受对于物质生产的现代信息隐喻,并经由这种隐喻为自己的儒家小数据主义作出新的论证。譬如,他完全可以说:不同的地方性物质-知识生产单位的内部数据格式具有明显的彼此不可通约性,而对于这些数据的统一化处理,反而会因为武断地规定统一的“度量衡”,而最终导致对于原始乡土信息的褫夺与忽略。换言之,与“大数据”这个词的字面蕴意相反,暗含了纵向管理权威的大数据技术,恰恰会因忽略底层数据的丰富性而导致数据丢失——而与之相对应,将这种纵向管理权威化解为文化共同体内部的“小权威”的儒家小数据主义,反而才可能更有效地防止乡土数据的“水土流失”。两者之间的对比关系,或许可以通过图 9－1 得到更直观的说明。

再来看第二个预设。我们知道,儒家宗族经济存在的自然前提,便是强大宗族的存在,而在现代语境中再讨论“强大的宗族”,的确是一

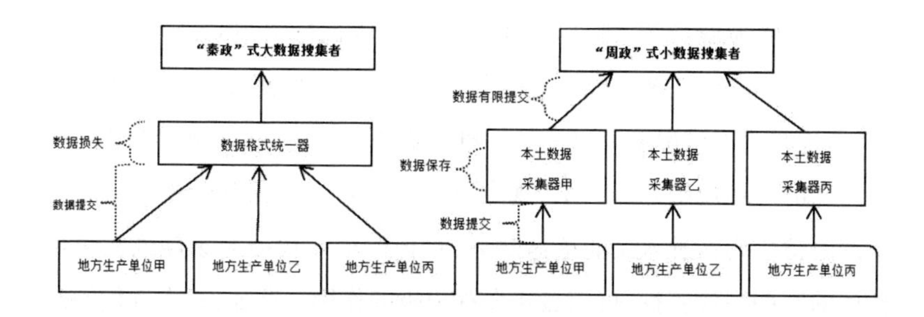

图9-1 儒家所批评的秦政式数据采集模式(左)与其所赞成的周政式数据管理模式(右)

件颇为令人尴尬的事情。具体而言,随着我国人口老龄化进程的逐步展开,儒家经济所依赖的大型家庭结构,恐怕在未来的中国已经很难大量出现。同时,现代化的工业生产模式所造成的家庭内部的空间分离(譬如在某些农村地区造成的"空巢"现象),甚至在相当程度上也削弱了最小规模的家庭单位的凝聚力。所有这些现象,似乎都会在根本的意义上使得作为一种社会实际思想状态的"儒家"(而不是仅仅作为一种学院思想的"儒家")失去得以滋养的血缘根基。

然而,如果我们对人类进入工业化时代以前的历史(当然这首先包括了古代中国的历史)进行更细致的考察,我们就不难发现:在血缘关系缺失的情况下,对于"家"的补偿性建构方式其实一直不绝于历史记载。譬如,古代中国皇家用以突破家族屏障、对抗"外朝"的基本手段就是建立宦官制度——因为宦官本身不具有将自身基因加以遗传的可能性,反而不得不依附于皇权而成为不少最高统治者最为信任的"家庭成员"(相反,皇族之间的残酷斗争往往则会削弱皇家内部的团结,尽管竞争者之间的确有着密切的血缘联系)。而在庙堂之外,结拜或招收义子也是建立"家族替代品"的一种重要方式——譬如唐末军阀李克用建立的"十三太保"组织。至于从东汉到魏晋盛行的部曲制,则是一种具有经济生产意义的非血缘性家族拓展方式(具体而言,被土地所有者所庇护的“部曲”虽然不是庇护人的亲属,却必须要像小辈一样向其尽封建义务)。与之相平行,在欧洲中世纪盛行的封建行会制度,也是具有浓厚家庭氛围的一种非血缘性经济-社会组织形式——其内部的运行规则并不尽于“规章”的文字表述,更是基于难以言表的互助之情。而在进入工业革命之后,这样的前现代的准家族式社会架构中的某些现代变种,也依然在发挥积极的作用。譬如,日本近代的经济腾飞,在相当程度上便是拜企业年功制之所赐,而年功制企业本身是日本在明治维新前就已存在的藩属经济形态的一种现代变种;中国“温商”在改革开放后的崛起,在一定程度上也是利用了在现代残存的乡土互助网络所具备的快速融资力;至于目前在各西方发达国家中高度发达的工会组织,则可以被视为中世纪封建行会组织的现代化变种。

通过对于上述历史案例的回顾,如果我们以更为宽松的态度来看待“宗族”这个古老概念的话,我们就不难发现:现代社会中丰富的分工样态与生活形式必然会造就人群之间某些横跨血缘关系的新聚合方式,参与构成特定行业的生态结构——与此同时,经由历史积累而形成的行业内部权威则会导致一批微型权威体的形成,最终成为上述聚合体内部的凝结核。这也就是说,“宗族”这个概念依然可以在现代经济结构中通过别的标签继续维持其活力,因为人性中的一些基本参数——譬如,对于情感共同体的依赖,对于特定权威人物的依赖,以及因为类似的生产流程而产生的具体价值观——并不会因为技术条件的改变而得到彻底的改变。同时,这些新的社会聚合体对于内部信息数据的隐私性保护,则可以方便相关的经济-社会单位以最小的“本地信息损失率”来调配经济-社会资源,以此尽量避免因将本地数据上缴给一个统一的大数据处理器而导致信息失真。

由此,我们的讨论就过渡到了下面这个问题:除了大数据技术之外,现代信息技术的发展又提供了哪些技术手段,可以为打造“数据化的儒家”这一目的所用呢?笔者给出的技术建议有如下三点:

第一,以新的方式激活 AI 研究中的“专家系统”传统。大家可能还记得,本书第六讲在讨论日本的第五代计算机计划时曾提到过,专家系统技术乃是与当下如火如荼的深度学习非常不同的一个技术发展方向。该技术方向的直观性原理是:系统内部含有大量的某个领域专家水平的知识与经验,并通过逻辑或统计学的方式推演出在特定问题求解语境中对于上述知识的迁移运用方式。与目前的大数据技术相比,使得专家系统得以运作的基本数据源来自行业专家,其数据质量有比较高的保证,因此,其运作天然不会导致对于广大的“非专家”的隐私权的侵犯。同时,专家系统的运作一旦被限定在“圈内人”的范围之内,其与加密技术的结合就能够使得特定经济体运作的内部数据对外变得不那么透明,由此方便与之配套的“周政”式设计能够顺利落地。当然,传统专家系统的设计也并非没有问题——譬如,其知识库内容的升级与维护相对麻烦,知识推理机调用与迁移既有知识的方式相对笨拙,而系统也缺乏对于知识库所无法涵盖的某些新问题的应变力(这些问题在第六讲与第二讲中都得到了深入讨论,读者可自行复习)。不过,所有的这些困难在某种程度上也为深度学习所分享(深度学习系统同样缺乏对于被训练领域之外的全新问题的适应力,请参看本书第三讲的讨论),并因此是目前整个 AI 领域的研究所未克服的难关。因此,若抱着“矮子里拔将军”的态度,我们就不难发现:至少专家系统自带的“知识精英”气质,明显要比大数据技术自带的“暴民政治”气息更符合“数据化儒家”的理路,因此也更应当受到儒家的推崇。

第二,合理利用区块链技术。我们知道,区块链技术是金融信息传输的一种新方式,其特点是可以利用“分布式账本”来完成对于账本信息的“祛中心化”操作。换言之,此技术使得一个局域的信息交换网络中的各个节点都可以通过对于“分布式账本”的分节点保存,最终实现局域信息加密的功用(在这样的情况下,除非攻陷局域网中超过一半的信息节点,否则局域网外的信息入侵者是无法篡改共享账本内容的)。毫无疑问,区块链技术,以及与之相关的比特币技术,为特定的经济团体进行点对点的私密性数据传输提供了良好的技术平台,并因此构成了对于以“窥伺所有人信息”为最终指向的大数据技术的某种对冲手段。不过,“数据化的儒家”需要留意的是,区块链技术本身只能成为实现儒家所希冀的现代“周政”的“器”,而非“道”。换言之,若非与良好的共同体德性相互配套,区块链技术与虚拟货币技术也完全可能成为某些犯罪行为(如洗钱、诈骗)的方便通道。此外,与上面提到的“专家系统”相比,区块链技术由于缺乏对于输入网络的信息质量的社会监察机制,因此更容易出现“鱼龙混杂”的局面。故而,对于“数据化的儒家”来说,此技术既是可用的,却又是须慎用的。

第三,基于数据隐私权的家用机器人技术。说得更清楚一点,在“少子化”的大背景下,家族力量的物理基础,就不得不从生物意义上的家族成员拓展到硅基意义上的家族成员,以免稀少的人丁使得家族对于某些决策的物理执行力过于疲弱。在这种情况下,具有类似于人体的物理执行力的家庭机器人的出现,就自然会成为“数据化儒家”的题中应有之义。这里需要指出的是,按照儒家的理想,这样的机器人的运作软件应当具备“根据启动后的经验自动修正知识库”的功能,以使得机器人能够被“教化”。换言之,在理想状态下,家政机器人的人工智能系统是允许通过模拟家庭主人的行为——而不是采集海量的网络信息——来形成具有“家族特色”的行为模式的。也正是经由这一模仿机制,特定家族的家庭机器人才能够成为特定的家庭门风的自然物理延伸。同时,与之配套的特定的数据保护措施,亦可以使得家庭机器人所装载的家庭内部的运作信息不被外人所窥见。不过,不得不承认的是,本节所提到的三个技术手段中,基于数据隐私权的家用机器人实现难度最大,因为它所依赖的通用人工智能技术,需要对既有的自然语言处理技术、图像识别技术、非确定环境下的决策技术进行全面的整合,因此需要大量的前期技术投入,并在相当程度上超越了当前信息技术所能够提供的技术积累。对于相关问题的前瞻性研究,请参看本书第十到十五讲的讨论。

在本讲之末尾,笔者想特别提醒读者注意:本讲所提供的关于“数据化儒家”的思想构想,依然只是一个草案。阻止实现这一草案的消极因素主要来自三方面:第一,传统儒学教育对于现代科技的疏离,在一定程度上限制了实践这一混合式方案的人才数量;第二,现有的大数据技术的对冲技术(如区块链技术)不成熟,在一定程度上使得“数据化儒家”的技术落地问题面临挑战;第三,目前大数据技术的“割韭菜”效应实在过于明显,使得我们没有先验的理由认为与之对冲的技术形态能够在“韭菜被割完”之前成型并有效地投入运用。然而,从积极的角度看,这些消极因素本身并不能构成阻止我们发掘“数据化儒家”之可能性的充分理由,因为现实历史的展开会不可避免地卷入某些偶然性因素,而为某些暂处于边缘位置的力量所利用——而貌似为大数据主义所主导的历史进程,恰好是无法自行消除这种偶然性的,却反而可能因为对于社会实在的失真性描述而放大这种偶然性。一个很简单的论证就能够证明这一点。如果一个基于大数据的股票预测软件“阿尔法”建议投资人张三某日买进股票A“抄底”,那么,同样使用“阿尔法”的其他投资人也会买进同样的股票,而这反而会让相关股票被立即炒高并使得无人能够真正“抄底”。或许还会有一台更强大的软件“元阿尔法”能够计算出“别人若也使用了‘阿尔法’后股市会如何波动”这一点,但它是无法预测出“别人若也使用了‘元阿尔法’后股市会如何波动”的。同样的论证也可以延伸到对于“元-元阿尔法”程序上去,以至于驱使此类程序的使用者陷入无穷后退,由此使得偶然性因素总会在某个更深的层次上涌现出来(为了加深对于上述论证的认识,请读者自行回顾本书第六讲对于日本哲学家九鬼周造的“偶然性哲学”的介绍)。

因此,人类在信息时代的最终命运,目前依然是个未知数。既然一切还是未知,小数据主义的支持者,依然还有放手一搏的机会。而要使得小数据主义者的相关努力有的放矢,我们就得看清楚未来的 AI 技术之路该怎么走。这便是本书余下六讲的任务。

下篇

如何实现通用人工智能？

第十讲

如何让通用人工智能具有意向性?

一　何为“意向性”?

从本讲开始,我们将对如何在通用人工智能(AGI)目标的指引下从事AI研究,进行一番“头脑风暴”式的思考。这种思考的基本流程不妨是:我们先开列一张“愿望清单”,罗列这样的AI系统所应当具备的一些基本属性;然后,我们再思考怎样的措施能够使得这张清单上的愿望能够被一一满足。

根据本书第四讲的讨论结果,AGI的研究将不得不在最起码的限度内参考认知建模的研究成果,也就是说,这样的系统将肯定具有人类心理的某些特征。本着这样的精神,下面我所罗列的清单内容,也都在不同程度上与心理建模相关:

第一,这样的AI系统至少能够形成一些基本的心理表征(以便将自己区别于一些单纯的物理对象),譬如具有“我相信……”这样的形式的表征。换言之,这样的系统应当具有“意向性”。

第二,这样的AI系统应当具有起码的自主性,并因此能够自主形成具有“我想要……”这样的形式的心理表征。换言之,这样的系统乃是具有“意图”生成能力的。

第三,这样的 AI 系统应当像人类一样具有“情绪”,以便在特定问题处理语境中具有迅速集中认知资源的能力。

第四,这样的 AI 系统应当能在最起码的限度内理解并执行人类社会的伦理规范。

第五,这样的 AI 系统应当具有按照正确的方式去做事的禀性,换言之,它将是具有“德性”的。

对于上述“愿望清单”中诸事项的思考,将总共占据五讲的篇幅(即第十到第十四讲。本书最后一讲,将从军用机器人的角度对前述内容再进行综合)。本讲将从最基本的“意向性”说起。

那么,到底什么叫“意向性”呢?在心智哲学界,“意向性”(intentionality)一般被理解为心智关涉到特定事物的一种常见能力——通过这种能力,被关涉到的事物可以规避其与心智之间的物理时空阻隔,而成为心智的相关项(譬如,尽管在罗贯中写《三国演义》之前曹操早就死了,但这并不妨碍罗贯中在自己的意向活动中关涉到曹操;尽管宇宙中任何一个黑洞的距离都离霍金非常遥远,但这并不妨碍霍金的意向活动指向其中的某个黑洞)。此外,颇为有趣的是,即使是一些不存在的对象(如孙悟空),也完全可以成为意向活动的对象,尽管其无法在物理空间中存在。故此,意向对象的存在方式在哲学文献里也被称为“内存在”(inexistence,即在主观意识的范围内存在),以区别于物理对象的外部存在方式。

从心智哲学的角度看,由于布伦塔诺(Franz Brentano,1838—1917)早就将是否具有“意向性”视为区分“有心智者”与“无心智者”的基本标准,[①]那么,只要我们将该论题的效力从人类拓展到机器上,我们就不难得到下面的推论:一个真正意义上的 AGI 系统将不得不具有“意

① Franz Brentano, *Psychology from an Empirical Standpoint*, London: Routledge and Kegan Paul, 1973, pp. 88-89.

向性”,否则它就不是真正具有智能的。

不过,一旦涉及哲学与 AI 之间的跨学科对话,知识壁垒所带来的交流困难或许会立即阻碍对话的深入。一个不熟悉此类哲学讨论的 AI 专家或许会问:我们做工程研究的,为何要在意布伦塔诺说了些什么?另外,我们又该如何通过工程学与数学语言来定义“意向性”呢?

面对这样的疑问,首先可以肯定的是:“意向性”的确很难通过严密的数学语言来加以界定,这就像“机器智能”这个术语也难以通过类似的方式得到界定一样。毋宁说,最终确定一台机器或一个生物是否具有“意向性”的,乃是来自第三方报告中的定性评估。换言之,大多数人若在定性的层面上觉得它有意向性,那么,它就是有意向性的(这便是美国哲学家丹尼特的“意向姿态”理论之题中应有之义①)。然而,此类定性描述在工程学描述中依然是不可或缺的,因为对于任何工程产品的第三方定性评估都是检测其“可被接受性”的最关键环节。至于建造一台使得大多数用户觉得其具有“意向性”的智能机器的实用价值,则主要体现在:

(1)只有在用户愿意认定一台机器具有“意向性”的前提下,这台机器才可能通过“图灵测验”——换言之,没有人会认为一台不具有意向性的机器是具有整全智能的;

(2)不同的意向性模式(如相信、怀疑、担心、期望等),会导向智能体对于所储存的信息的不同精细处理模式,而一种能够在这些处理模式之间进行恰当切换的机器,显然就具有了更强的对于环境的适应力,并因此是更智能的(举个例子说,一台能够进行适当怀疑的机器,自然就比一台从来都不会怀疑的机器要来得更为智能)。

那么,我们又该如何建造一台使得大多数用户觉得其具有“意向

① 请参看 Daniel Dennett, *Consciousness Explained*, New York: Little, Brown and Co, 1991。

性”的智能机器呢？一种最自然的方式，就是通过某种编程语言在其运作架构中嵌入某种“意向性程序”，而这种程序又与人类大脑自己执行的“意向性程序”有着某种家族相似关系（如果人类的大脑也可以被视为某种计算机的话）。或换句话说，我们应当先将人类自身的意向性结构吃透，然后再找到某种合适的数理建模方式，将其移植到硅基体上，由此实现人造机器层面上的意向性。

而要实现上述理论目的，我们很难不去认真复习布伦塔诺的弟子胡塞尔（Edmund Gustav Albrecht Husserl, 1859—1938）的意向性理论。众所周知，这一理论被公认为是20世纪的西方哲学所能提供的最精细的意向性理论，因此，如果不对胡塞尔哲学进行解读就匆忙去进行意向性建模，很可能就会让建模者错失很多“取经”的机会。然而，即使在国际范围内，将胡塞尔哲学与人工智能相互联系的文献还不多见。[①]换言之，AI界目前还没有吃透“胡塞尔哲学”这碗饭。

熟悉当代英美心智哲学发展的读者或许会奇怪：意向性理论的AI化明显预设了自然主义的理论框架（根据这一框架，所有心智现象都可以被自然科学的话语方式所顺化），而胡塞尔哲学的“反自然主义设定”的气息是很明显的。在这样的情况下，在人工智能的语境中强调胡塞尔的理论地位，是不是有“错点鸳鸯谱”之嫌呢？另外，在“自然主义化的意向性理论”这面大旗下，米利根（Ruth Millikan）、德瑞茨克（Fred Dretske）、福多（Jerry Fodor）的工作成就在西方也都获得了非常大的学术关注度，而为何我们的研究工作不以他们的成就为出发点呢？

对于上述疑问，笔者的简复如下：

第一，如果我们将自然主义的底线定位为“随附论论题”（请回顾本书第七讲的讨论）的话，那么，胡塞尔现象学所实行的“悬搁”操作并

① 国际学界在“现象学与认知科学”这个名目下展开的研究大多聚焦于海德格尔哲学或梅洛-庞蒂哲学，而不是胡塞尔哲学。

不意味着对于随附论的否定，而仅仅意味着对于随附论所涉及的外部物理状态的不关心态度（详后）。第二，现象学家对于认知活动所依赖的神经科学细节的漠视态度，在逻辑上也完全可以与作为自然主义立场之一的“非还原物理主义”相容（因为非还原物理主义者对认知活动所依赖的底层科学细节并不太关心）。第三，米利根的“生物语义学”[1]也好，德瑞茨克的“信息语义学”[2]也罢，都具有一种“外在主义语义学”的理论意蕴——也就是说，他们将认知系统之外的某些外在物理因素视为最终促发系统内部意向语义的源初“发动机”。但对于 AI 研究者来说，倘若预设了这种工作路径的话，他们就要预先建立对于系统所在的物理环境的整全模型，而这显然是不太现实的。第四，福多的思想语言假设——即认为“心语”（mentalese）[3]对于语义符号的记号个例的句法操作是能够支撑起一套完整的意向活动的——或许在最一般的意义上是可以成立的，但是，对于如何通过句法操作来实现“系统性”[4]等基本语义属性，他还没有给出一个具有突破性的“基于句法”的解决方案（实际上，他本人对于命题态度的“盒喻”式描述方案恰恰很难帮助我们正确理解意向内容与特定心理模式的结合方式。详后）。而所有这些麻烦，恐怕只有通过系统借鉴胡塞尔的哲学才能够全面避免。

---

① Ruth Millikan, *Language, a Biological Model*, Oxford: Oxford University Press, 2005.

② Fred Dretske, *Knowledge and the Flow of Information*, Cambridge, Massachusetts, The MIT Press, 1981.

③ 这指的是一种独立于自然语言而纯然在心理系统中存在的语言操作系统。如果将人类心智比作计算机并将自然语言比作“界面语言”的话，心语大约就等于“编程语言”的层面。

④ 这指的是这样一种性质：任何一个语句在一个合格的心语操作者那里都能够看成是与其他语句具有内涵关联的——比如这样的关联：“我的狗不咬人”这句话就蕴涵了“我有狗”。

本讲的讨论,就将从对于胡塞尔意向性理论的重述开始。当然,这种重述本身是朝向“在 AI 平台上进行认知建模”这一终极目的的,因此,相关的重述就不会完全忠于胡塞尔本人晦涩的语言风格,而会向以“明晰性”为特点的英美分析哲学叙事风格做一些适当的倾斜。

二 “现象学悬搁”对于人工智能的拷问

任何一部现代西方哲学史的教材都会提到,胡塞尔的意向性理论的基本方法论前设乃是“现象学悬搁”(phenomenological *epoché*)。非常粗略地说,“现象学悬搁”是一种将所有对于外部世界的判断(如“地球只有月球这一颗卫星”“汉献帝刘协是东汉最后一位皇帝”,等等)的真值都加以悬置,而只讨论其在意识之中的呈现样态的哲学技术。用胡塞尔自己的话来说,通过悬搁“而被排除出去的东西,其实只是在记号层面上发生了一种导致价位重设的变化;而经过这种价位重设后的事态,其实是在现象学领域内重新找到了其位置。说得形象一点,被放到括号里去的东西,其实并没有从我们的现象学黑板上被擦掉,而仅仅是被放到括号里去了,并由此与一个索引产生了联系……”①

如何以更为明晰的方式来理解胡塞尔的上述表达呢?笔者就此给出了两重“祛魅化”重述:

第一,基于德语语言知识的重述。现在假设我们都改用德语作为哲学研究的工作语言。有一定德语知识的读者都知道,在德语中有一种时态叫“第一虚拟态”,其用法是在间接引语中给出引文,却不对引文的真假作出断定。譬如,当我说“Sie sagte, sie sei krank.”(她说她得

① E. Husserl, *Ideas Pertaining to a Pure Phenomenology and to a Phenomenological Philosophy*, *First Book: General Introduction to a Pure Phenomenology*, translated by F. Klein. Hague: Martinus Nijhoff, 1980, p. 171.

病了)的时候,作为说话人的我并没有肯定或者否定“她得病了”这一信息是否属实(当然,在这个德语例句中,她说了那句话那一事实本身的确得到了肯定)。现在,我们不妨再作出这样一步大胆的设想:在将所有的德语语句都视为“我思”(Ich denke)这一心理模式的内容的情况下,这些语句其实都可以改造为第一虚拟态——在这种情况下,我对我所断言的内容在外部物理世界中的真假不做任何判断,而仅仅是肯定了其在我意识中呈现为真罢了(特别需要指出的是,这种意义上的“真”与一般人所言的带有自然态度的“真”不是一回事,因为支持后一种“真”的证据是带有第三人称属性的,而支持前一种“真”的证据是带有第一人称属性的)。这也就是胡塞尔的“现象学悬搁”试图达到的效果。

如果有读者因为不熟悉德语,而无法把握上述重述的精神,那么不妨请移步查看下面这一并不预设读者外语知识的重述:

第二,基于语言哲学的重述。熟悉语言哲学发展的读者都知道,带有命题态度的语句是否可以用外延主义的框架来处理,一直是困扰像蒯因(W. V. Quine)这样的语言哲学家的一个难题。[①]该难题可以被简述如下:我们知道,如果“曹操在官渡打败了袁绍”是真的,那么“曹孟德在官渡打败了袁本初”也肯定是真的,因为这两句话描述的是同一个历史事件。现假设张三从历史书上读到了“曹操在官渡打败了袁绍”这一条记录,并相信之;并假设他并不知道曹操的表字是“孟德”,而袁绍的表字是“本初”——在这样的情况下,他不会相信“曹孟德在官渡打败了袁本初”这一点。那么,为何在加入“相信”这个命题态度词后,一个事件的一个真描述就推不出对于同一个事件的另外一个真描述了呢?这就说明命题态度的加入改变了语句的真值条件。说得更

① 对于该问题(特别是蒯因对于该问题的讨论)的反思式评述,请参看 J. M. Bell (1973), “What is Referential Opacity?”, *Journal of Philosophical Logic* 2 (1):155-180。

清楚一点,在张三的信念系统中,他是无法与“曹操本人”发生联系的,与之发生联系的乃是“曹操”这个名字,以及他所读过的历史书中提到的那些描述。所以,曹操本人实际做了什么,与张三的信念形成过程是没有什么关系的,重要的是什么样的关于曹操的信息被“喂”给了张三。现在我们就本着这一思路,不妨再作出一步更大胆的设想:如果所有呈现在吾辈面前的命题内容都可以加上“我相信”这样一个命题态度,那么由此构成的以“我相信 P”为结构的新语句的真值条件就会与“P”的真值条件脱钩。由此,我们也就完成了“现象学悬搁”的操作。

读到这里,有的读者或许会问:我们为何要跟着胡塞尔,给出一种基于第一人称的对于世界描述的改写呢?这样做对 AI 研究又有什么好处呢?

对于这个问题的回答其实很简单。如果你要制造出一个具有足够丰富的行为输出种类的人工智能体,那么它就必须要有足够丰富的心理状态——也就是说,在该智能体记忆库中储藏的信息并不是以某种机械的、外在的方式被摆放在那里的,而需要与以特定心理装置相互配合的方式而被预先加以裁剪(这又好比说,进入炼钢厂流水线的铁矿石需要事先经过某种预处理,否则就会磕坏机器)。而人类心理装置的一个基本属性就是:它在单位时间内只能处理相对有限的信息,因此,它不可能将外部世界中客观存在的海量信息以一种不经裁剪的方式纳入自己的“加工流水线”。从这个角度看,胡塞尔所说的“现象学悬搁”,在实质上便是一种“信息减负”作业:换言之,经过这种操作,在自然态度中对于外部对象的实存设定所需要的大量信息(比如对于“曹操本人到底做了些什么”的系统化探究所带来的巨额信息量),便会通过“可显示性”的要求而得到有效的压缩。

读者或许会问:在 AI 设计中进行这种的“现象学操作”,难道不会导致系统产生偏见吗?难道我们需要建造一台具有偏见的机器吗?

这里的回答是:其实我们别无更好的选择。说得更清楚一点,从逻

辑上看,以“是否具有偏见”以及“是否能够自行修正偏见”为两大基本指标,我们只有如下四个选项可选:

选择一:建造一台具有偏见但无法修正自己偏见的机器。

选择二:建造一台具有自己偏见但可以自行修正自己偏见的机器。

选择三:建造一台没有偏见且不需要修正自己偏见的机器。

选择四:建造一台没有偏见且可以改进自己偏见的机器。

“选择四”显然是不符合逻辑的,因为一台在自身的知识储备中没有偏见的机器是不需要修正自己的偏见的。而这就逼迫我们走向“选择三”。但“选择三”又过于理想化了,因为现有的主流的 AI 研究——无论是基于符号 AI 技术路线的专家系统还是以深度学习为代表的机器学习——都很难保证系统获得的知识是可以豁免于进一步修正的(请参看第二、第三讲)。说得更一般一点,AI 系统与人类一样,都是“有限存在者”,而这一点就使得其所获得的信念系统肯定会与世界本身有所偏差(更何况目前 AI 系统知识库中的信息的真正来源,其实就是同样作为“有限存在者”的人类)。这种情况就又逼迫我们走向“选择一”。但“选择一”显然不能导致一种让用户满意的 AI 设计方案,因为用户自然是希望系统能够自行修正自身的偏见。而这种来自用户的要求又将我们导向了“选择二”。而该结果也恰恰是与胡塞尔的“现象学悬搁”的理论指向相向而行的:因为胡塞尔的相关哲学操作既保证了现象学主体能够获得一种与客观真理的获取方式不同的真理获取方式(站在“自然态度”的立场上看,这种“真理”无疑就是偏见),又没有阻止现象学主体能够以相应的意识操作步骤来获取“偏见度”稍低一点的新信念(这一点在对于“Noema”的推论主义解释中得到了明确体现,详后)。

但这里引发的新问题是:怎么来保证一个 AI 系统能够实现“选择二”所提出的“具有自我修正力”这一规范性要求呢?这便是下节所要回答的问题。

三　从关于心理模式的“盒喻”到对于“Noema”的推论主义解释

很显然,如果一个认知系统能够自行地对既有偏见进行修正的话,那么它就必须具有相对丰富的心理模式(以及作为其在语言表达中的对应物的“命题态度”)。比如,如果“相信”与“怀疑”都是这样的心理态度,那么一个系统必须先从“相信 p”走向“怀疑 p”,它才可能有动力去修正“p”的内容。但如何在认知建模中恰当地处理心理模式呢?

在回答这个问题之前,我们不妨先搁置胡塞尔的见解,去看看美国哲学家福多(Jerry Fodor)在其“思想语言”构建中是怎么说的,他的工作代表了英美心智哲学领域处理命题态度的一种典型做法:

> 思想语言假设说的是:命题态度乃是心灵与心灵表征之间的关系(正是这些表征表达出了相关态度的内容)。以俗语概括之,即彼得相信铅块沉了这件事情,就是说:彼得有一个心语的表征,其内容就是“铅块沉了”,而该表征就处在彼得的“信念盒”(belief box)之中。①

这里所说的“信念盒”,就是这样一种心灵装置:它能够对放入本盒的心语表征内容的个例记号进行某种机械操作,使得其能够锁定自身的真值。而当同样的心灵表征被放入其他命题状态盒——如“意图盒”(intention box)②,心智又会根据各自的内置算法对其进行不同的二阶操作。然而,不同的命题态度盒到底会导致心智具体采取怎样不

① Jerry Fodor, *LOT2: The Language of Thought Revisited*, Oxford: Oxford University Press, 2008, p. 69.

② Ibid., p. 39.

同的针对心语的算法化操作呢？对于此问题，福多的描述多少有点语焉不详。更麻烦的是，他的描述预设了不同的命题态度盒之间的关系是彼此离散的，也就是说，当整台心智机器的“面板”上的某个或某些盒子被启动后，这些被激发的盒子不会导致别的盒子一起发生“共振”。不过，有两个论证能够对这种“离散性”假设构成威胁：

第一，正如美国哲学家塞尔(John Searle)在其名著《意向性》中所指出的，“信念”与“欲望”均是可以被表征为一个连续量的，因此，讨论“信念”与“欲望”之“强”“弱”才是有意义的。而这种程度方面的可区分性，对表达某种复杂命题态度而言还是非常重要的——比如，对某事感到大喜这一点就不仅预设了相关心理主体相信相关事态发生了，并且还预设了他强烈渴望这类事态发生。[①] 然而，命题态度在程度上的可区分性却会使得不同盒子之间的界限变得模糊——譬如，我们不知道：信念强度的减弱，在多少程度上会使得信念盒中的内容“溢入”另外一个命题态度盒——如“怀疑盒”——并由此破坏不同盒子之间的离散关系。

第二，亦正如塞尔指出的，对于不少复杂命题态度的分析将驱使我们引入时间因子——比如“对某事感到不满”就必须被分析为“现在相信某事发生，且过去相信此事在未来不会发生，且渴望此事不要发生”[②]。这里所说的时间因子显然是认知系统内部的时间，而不是外部的物理时间(譬如，我们可以设想一个被“笛卡尔式精灵”完全弄混了物理时间的心智系统，依然维持着自身的内部时间系统的一致性，并在此基础上具有了种种心理意向状态)。这就引入了一个新的问题：如果系统对于其内部时间的表征也类似于某种命题态度的话，难道我们

---

① John Searle, *Intentionality: An Essay in the Philosophy of Mind*, Cambridge: Cambridge University Press, 1983, p. 33.

② Ibid., p. 32.

又需要为不同的内部时间表征——过去、现在与将来——提供不同的“命题态度盒”吗?然而,关于内部时间表征的一个基本常识性见解便是:我们其实是很难将“过去”“现在”与“将来”视为彼此离散的高阶态度的,因此,我们也就很难相信与之配套的命题态度盒是彼此离散的。

由此看来,要为一个人造的心智系统配上合用的命题态度,基于“盒喻”的福多式进路是行不通的。而在这个问题上,胡塞尔的见解又是什么呢?

至少可以立即肯定的是,就内意识时间问题而言,胡塞尔是赞同将内意识时间意义上的“现在”“将来”与“未来”视为不同的心理模式所统摄的内容的——这三种心理模式分别是“原初印象”(original impression)“前展”(protention)与“迟留”(retention)。不过,与福多不同,他更愿意强调这三类心理模式之间的相互渗透性与相互影响性——换言之,在他看来,时间环节A既可以被视为“原初印象”的产物,也可以在相当程度上视为“前展”的产物,等等。举个例子:在胡塞尔看来,“当下”在意识场中的地位类似于在一个连续色谱中纯红的地位:纯红虽然是诸种红色色调在“纯粹性”这一点上所能够得到的极限,但我们并不是通过一系列不同的颜色把握活动把握到诸种红色之间的色差的——毋宁说,我们是通过某种统一的色感把握活动来把捉到关于色彩的整个统一体的。与之相类比,我们也不是通过不同的时间把握活动把握到“现在”“过去”与“未来”的——毋宁说,我们是在某种统一的时间把握活动中把捉到关于时间的整个现象学统一体的。①很显然,胡塞尔的这一思路,自然就等于否定了福多式的“盒喻”思路。

① 请参看Edmund Husserl, *On the Phenomenology of the Consciousness of Internal Time*, translated by John Barnett Brouch, Kluwer Academic Publisher, Dordrecht, 1991, pp. 41-42。

有理由认为,胡塞尔对于“盒喻”的拒斥态度,也体现在他对于“Noema”这个概念的阐述方式之中。

那么,到底什么是“Noema”呢?按照胡塞尔专家扎哈维(Dan Zahavi)对于胡塞尔原意的概括[①],在经历现象学悬搁的操作之后,一个完整的意向性活动包括两个要素:(1)意向性活动所涉及的感觉要素,即所谓“Hyle”(一般译为“质素”);(2)意向性中的意义内容要素,也就是所谓的“Noema”[②]。“Noema”也被扎哈维称为“在意向中被呈现出来的对象”(object-as-it-is-intended),以区别于物理对象自身。这里需要注意的是,至少按照扎哈维的解释,在“Noema”这一名目下,胡塞尔并没有在“意义赋予活动”与“意义内容”之间划出一条非常清楚的界线——这也就是说,“Noema”并不能够被简单地理解为弗雷格哲学意义上那种带有准柏拉图主义色彩的静态的“意义”,而是同时应当带有动态的“意义赋予”的意味(尽管对于“Noema”的弗雷格式解释的确曾经在胡塞尔思想的诠释史上盛行一时。[③])若以福多的“盒喻”为参照系,这种观点也就等于进一步否定了使得该隐喻富有意义的如下逻辑前提:“Noema”必须是某种中立于意识行为的准柏拉图式理念的物理记号,否则它们就不能在被摆放到不同“盒子”里之后还保持自身的同一。

---

① Dan Zahavi, *Husserl's Phenomenology*, Stanford (CA): Stanford University Press, 2003, pp. 57-58.

② “Noema”可以被翻译为“意向对象”,也可以被翻译为“意义相关项”,不过,此词目前在国内现象学界尚无一个完全没有争议的统一译名。为避免陷入不必要的译名争议,在本书中笔者就不再翻译“Noema”,而在行文中直接展现此词的原文面貌。

③ 相关解读文献有 D. Føllesdal (1969),“Husserl's notion of Noema”, *Journal of Philosophy*, 66: 680-687; R. McIntyre, “Intending and Referring”, in H. L. Dreyfus and H. Hall (eds), *Husserl, Intentionality and Cognitive Science*, Cambridge, MA: MIT Press, 1982, pp. 215-231。

那么,我们又该如何在这种摆脱了弗雷格主义解释影响的“Noema”框架中重新理解命题态度呢?尽管我们无法对各种命题态度做全景式考察,但一种关涉到信念强度变化的说明,却至少可以通过胡塞尔专家克劳威尔(Steven Crowell)的“Noema”重构方案而被给出。[①] 与克劳威尔的重构特别相关的胡塞尔原文乃是下面这段文字:

> 无论在何处,“对象”都是具有明证性的意识关联系统所具有的名字。它最早是作为“Noema 式 X”的方式出现的,是作为意义的主词而出现的(这些意义本身又从属于完全不同类型的感觉或所予)。此外,它又作为“实在对象”的名字出现,也就是说,被其命名的,乃是以特定的可被明证的方式而被考虑到的理性的协同关联——在这种关联中,意义的形成过程也好,内在于这些关联的统一的 X 也罢,都得到了其理性的位置。[②]

很显然,这段引文所说的“对象”,只能取扎哈维所说的“在意向中被呈现出来的对象”的意思,而这里所说的“关联”,则是指能够在现象学意识中被呈现出来的诸表征之间的协同性关系。而整段引文的意思是:所谓的“Noema 式对象”,其实就是诸现象之间的协同关系所构造出来的一个稳定的意义内核。克劳威尔对此进一步给出了如下例证:被感知到的颜色,作为一个“Noema 式对象”,是作为某种事物的预兆而出现的;而被感知到的某个物体,作为一个“Noema 式对象”,其正面蕴涵了其没有被看到的背面的存在;被感知的一个谷仓,作为一个

① S. Crowell (2008), “Phenomenological Immanence, Normativity, and Semantic Externalism”, *Synthese* 160:335-354.

② E. Husserl, *Ideas Pertaining to a Pure Phenomenology and to a Phenomenological Philosophy*, *First Book: General Introduction to a Pure Phenomenology*, translated by F. Klein. Hague: Martinus Nijhoff, 1980, p. 347.

"Noema 式对象",蕴涵了诸如"农场"这样的相关事项的存在。[1] 这也就是说,任何一个"Noema 式对象"都必须通过与一系列其他表征的互相关联才能得以确立。

克劳威尔曾明确表示,他对于胡塞尔的这种解释,乃是对美国哲学家布兰登(Robert Brandom)在语言哲学层面上的"推论主义"(inferentialism)[2]而给出的意识哲学版本。布兰登的推论主义的大致意思是:任何一个人在公共言谈中给出一个断言(如"曹操的表字是曹孟德")时,他都需要做好心理准备,以便将该断言与一些相关推论联系在一起(譬如这样的推论:"曹操的儿子就是曹孟德的儿子"),并为可能的质疑提供好理由(譬如这么说:说"曹操的表字是曹孟德"的根据,乃在于陈寿写的《三国志》)。外部的评估者则根据此人的表现给其打分,并反馈给说话人,由此构成语言游戏中的"积分系统"。布兰登的这一理论的意识哲学的(即胡塞尔化的)版本则是:任何一个在意识中呈现出来的"Noema 式对象"的确立,都需要预设其与一些相关表征有着某种协同关系(而且这种协同关系也应当是具有一定开放性的),而意识主体在新的现象体验中对于期望中的协同关系的验证,则使得其对于意识主体的预先期望得到了更高的积分,由此使得从该对象之中推出新现象的推论力也变得更强。

这里需要特别提示的是,按照这种对于胡塞尔意向理论的新解释(下面我们称之为"胡塞尔-布兰登路线"),使得"Noema 式对象"的稳定意义内核得以呈现的那种处在表征之间的协调关系,不仅可以用以调整来自不同感官的表征(如视觉表征、触觉表征、听觉表征等),也可

---

① S. Crowell (2008), "Phenomenological Immanence, Normativity, and Semantic Externalism", *Synthese* 160: 344.

② R. Brandom, *Articulating Reasons*, Cambridge, MA: Harvard University Press, 2000.

以用以调整带有知觉内容的表征与抽象语义表征之间的关系。举一个克劳威尔用过的例子：如果一个认知主体学会了关于“水”的分子结构的化学知识（这一知识无疑是一种抽象的语义），那么他就会将这一新表征嵌入原本由关于“水”的知觉表征（如“[看起来]透明”“[闻起来]无味”等）所构成的概念协同系统之中——这样一来，对于“水”的存在性断言显然也就需要更多的明证性经验来加以支持了（顺便说一句，化学语言自身虽然是抽象的，但是对于化学证据的主观性吸纳依然可以处在现象学视角之中）。而这种由概念协同关系的复杂化而导致的信念态度的变化，自然也就解释了：为何一个具有中学化学知识水准的认知主体，一般不会认为一种貌似是水（却不具有水的化学结构）的物质是真正的水，而只是“伪水”（因为这种“伪水”的经验协同结构与真水的经验协同结构是彼此不相符的）。而从这一讨论中所得到的重要推论便是：按照“胡塞尔-布兰登路线”，信念的系统修正过程应当可以涵盖从日常知觉到科学描述的不同的意义领域，由此实现高度灵活的意义组合方式。

此外，如果我们采纳了按照“胡塞尔-布兰登主义的解释路数”构造出来的“意向性”概念的话，我们在讨论“相信”这个命题态度时自然也就更无必要采用福多的“盒喻”了。毋宁说，按照这种解释，“相信”这个命题态度只是一个“Noema 式对象”在相关表征网络中所处地位的反思性判断：如果这样的地位被认为是更具有协同性的，则主体“相信”其存在的程度就更高，反之就更低。换言之，命题态度的性质，本身就是命题内容性质的关联物，而那种可以中立于各种“命题态度盒”而存在的命题内容，其实在胡塞尔的意向性理论中是无法得到恰当地安顿的。

从 AI 的角度看，如果一个 AI 系统能够具有一种按照“胡塞尔-布兰登路线”的要求去表征意向对象的能力，那么它就能够以一种非常自然的方式，根据不时进入工作记忆池的新证据，更新其对于某个信念的确证度，由此实现我们在本讲上一节中所提到的那种可能性：建造一个虽然具有偏见，却可以自行修正偏见的 AI 系统。反过来说，如果我们在实现这种可能性时,放弃胡塞尔-布兰登路线,而去采纳福多所建议的“盒喻”,那么,编程员就很难不陷入下述工作所带来的巨大负担之中:譬如,以公理化的方式预先设置不同的“命题态度盒”,并以一种“一劳永逸”的方式,预先规定各盒对于置放于盒中的命题内容的不同操作原则,进而规定同一内容从任意一个盒子进入另一个盒子后的真值变换规则。然而,这个做法显然会导致大量“削足适履”的僵化先验设计,并因此很难应对在鲜活的日常语用环境中不时涌现出来的偶发情况。我们将在下节中以更多的证据来支持上述评判。

四　主流人工智能研究能够满足胡塞尔哲学所提出的要求吗?

现在我们就将讨论的主要对象从胡塞尔哲学转移到 AI。很显然,在 AI 的语境中讨论“如何在算法层面上实现胡塞尔的意向性理论”,我们就很难回避这样一个难题:如何在机器层面上实现所谓的“现象学悬搁”,由此使得处在“机器意向性”之内的表征能够同时处在“机器意识”的笼罩之下呢?

考虑到在英美心灵哲学的脉络中,“意识”问题与“意向性”问题往往被分别处理,①所以,上述问题似乎也应当被拆分为两个问题:

① 如塞尔就曾指出,有些意向性信念就是可以没有意识的(如这样的一个信念:“我的确相信我的祖父从来没有离开过银河系”——该信念可以仅仅以潜在的方式存在于我的意向系统之中,而不是我的意识的一部分);而有些意识是可以没有意向性的(如一阵突然涌现的狂喜)。因此,关于意识的话题并不等于是关于意向性的话题。请参看 John Searle, *Intentionality: An Essay in the Philosophy of Mind*, Cambridge: Cambridge University Press, 1983, p. 2。不过,对于一个胡塞尔主义者来说,塞尔提出的那些关于“有意识而无意向性”或“有意向性却无意识”的例子似乎都很牵强(限于篇幅与主题,笔者在此就不再对塞尔的例句进行深入分析了)。

(1)“机器意识”何以可能?

(2)“机器意向性”何以可能?

乍一看,问题(1)似乎是极难回答的,因为一个心灵二元论者会从根本上否定通过编程方式来实现“机器意识”的可能性。然而,在此立即就陷入与心灵二元论者的论战显然是不明智的,因为心灵二元论者与唯物论者之间的分歧实在是过于根本且过于“形而上学”了,以至于处在不那么抽象层面上的典型的人工智能哲学研究,并不能为这种争论提供恰当的场所。由于本节主要是写给对AI研究所预设的自然主义前提抱有基本同情心的读者的,所以,在此我们不妨绕开与二元论的形而上学争辩,而讨论在经验科学的研究套路中处理“意识”的可能性。考虑到这种讨论必须与机器编程工作具有可沟通性,我们就不得不去寻找某种能够带有“功能主义”色彩的意识理论,以便为机器意识研究所用(顺便说一句,根据功能主义的立场,心智活动的实质乃在于某种既能体现于碳基生命体,又能体现于硅基元件的抽象功能。这种“本体论宽容性”显然是为AI研究者所乐见的。请参看本书第七讲对于“多重可实现性论题”的讨论)。按照该标准,巴爱思(Bernard Baars)的“全局工作场域论”(global workspace theory)[①]似乎就应当得到“机器意识”的研究者的偏好,因为这种理论的抽象描述形式——“意识状态”就是“工作记忆”中被注意力机制所关注到的事项——是完全可以通过对于“工作记忆”与“注意力”的计算建模工作,而在一个计算平台上被复制的。[②] 至

① Bernard Baars, *In the Theater of Consciousness*, New York, NY: Oxford University Press, 1997.

② 譬如,对于“注意力”的计算建模成果就可以参看 Nicola De Pisapia, Grega Repovš, and Todd S. Braver, “Computational Models of Attention and Cognitive Control Nicola De Pisapia”, in Ron Son (ed.), *Cambridge Handbook of Computational Psychology*, Cambridge: Cambridge University Press, 2008, pp. 422-450。

于这样的工作成果是否能够把捉到“意识”的那种神秘的主观面相,则是一个牵涉到“主观面相”之本质的术语学问题,因此并不需要 AI 专家在第一时间加以解决。

真正麻烦的是前述问题(2),因为即使是我们采用了对于巴爱思的意识理论的计算化建模方式,我们依然无法由此构造出具有命题态度与命题内容的完整的意向性结构。而试图在这个方向上做出努力的 AI 专家,则太容易落入福多提出的“盒喻”的窠臼了(尽管他们未必真正读过福多),因为“盒喻”与常识心理学所给出的意向性结构之间的相似性,的确容易诱使人们认真地对待该比喻。譬如,意大利人工智能专家癸翁奇利亚(Fausto Giunchiglia)和鲍奎特(Paolo Bouquet)在他们合写的长文《语境推理导论——一种人工智能的视角》[1]中,便在“语境建模”这个题目下谈到了对于“语境”的“盒喻”化处理方式——有鉴于“命题态度”本身也可以被视为一种特殊的“语境”(如“相信语境”“怀疑语境”等),这种谈论显然具备了对于“意向性建模”的覆盖力。根据此二人的叙述,每个语境是一个盒子:每个盒子均有边界,进入和离开这盒子都需要遵照一定的规则。而任何一个对语境敏感的句子,也只有被放到这样的一个盒子中之后,才能够获得确定的真值。由于所在的盒子不同而具有不同的真值——譬如:“马年是甲午年”这个句子在“2014 年”这个“盒子”里是真的,但移到“1978 年”这个“盒子”中却马上就变成假的了(1978 年虽是马年,却不是甲午年,而是戊午年)。同样的道理,“曹孟德在官渡打败了袁本初”这个句子在“李四相信”这个盒子里是真的,而在“张三相信”这个盒子里却是假的了(假设李四是知道曹操与袁绍各自的表字的,而张三不知)。

---

① Fausto Giunchiglia & Paolo Bouquet, Introduction to Contextual Reasoning: an Artificial Intelligence Perspective, in *Perspectives on Cognitive Science* (edited by B. Kokinov, New Bulgarian University, 1997), pp. 138-159.

那么,怎么刻画命题内容从一个盒子到另一个盒子中的迁移规则呢?举例来说,AI专家古哈(Ramanathan V. Guha)和麦卡锡(John McCarthy)就在将每个语境加以编码的前提之下,将语境之间的最重要关系界定为"提升关系"(lifting relations)。① 其相关示例如下:

提升公式示例: $\forall C_1 \forall C_2 \forall p (c_1 \leqq c_2) \wedge ist(c_1, p) \wedge \neg abaspect1 (c_1, c_2, p) \Rightarrow ist(c_2, p)$

(读作:对于任何两个语境来说,只要其中一者包含于另一者,且任一事件 p 在较小的语境中成立,且在"方面1"这两个语境和该事件都不是反常的,那么该事件在较大的语境中也成立。)

而癸翁奇利亚和鲍奎特则不喜欢麦卡锡和古哈提出的方案,因为这样的方案必须将语境本身加以对象化,最后势必构成一个"大语境套小语境"的"俄罗斯套娃"结构,在技术上会显得非常笨拙。他们的替代方案是将一个信念主体对于外部世界的表征刻画为一个局域性理论,并在此基础上讨论不同的局域性理论之间的兼容性,由此完成从一个主体的信念到另外一个主体的信念的推理过程。相关的推理规则被统称为"桥律"②:

$$\frac{C_1 : \Phi_1, \ldots, C_N : \Phi_N}{C_n + 1 : \Phi_n + 1}$$

其直观含义是:如果我们已经知道了在语境 C_1 中表达式 Φ_1 为真,语境 C_2 中表达式 Φ_2 为真……语境 C_n 中表达式 Φ_n 为真的话,那么我们

① Ramanathan V. Guha & John McCarthy, "Varities of Contexts", in *Modeling and Using Contexts* (edited by Patrick Blackburn et al, Springer-Verlage, Berlin, 2003), pp. 164-177.

② Fausto Giunchiglia & Paolo Bouque, "A Context-Based Framework for Mental Representation", in *Proceedings of the Twentieth Annual Meeting of the Cognitive Science Society*, 1998, pp. 392-397.

也就知道了,在语境 C_{n+1} 中表达式 Φ_{n+1} 为真。

限于篇幅,我们无法具体讨论癸翁奇利亚和鲍奎特的工作的细节。但至少可以肯定的是,他们的工作依然不足以在最低限度上满足"制造一台能够自动修正偏见的智能机器"这一目标。其道理也是非常明显的:他们的理论模型只能预先假设不同的主体对于世界本身有着片面的或者近似(却都不包含明显谬误)的局域模型,却无法假设不同的主体对于世界本身有着可能在根本上就是错误的局域模型——尽管"具有对世界的错误认知"这一点对于人类来说实在是太过平常了。此外,他们的推理模型并不包含对于突然涌入的新证据的处理方案,特别不包含当新证据与旧信念出现矛盾时的处理方案。因此,我们是无法从他们的工作基础出发,来建立起一个带有布兰登推论主义意味的胡塞尔意向性模型的。

读者可能会问:癸翁奇利亚和鲍奎特的工作毕竟是属于比较传统的"符号 AI"路数的,而眼下如火如荼的"深度学习"模型,在逼近胡塞尔的意向性模型方面能够有所进步吗?

答案是否定的。以与命题态度刻画作为相关的深度学习模型——"深度信念网络"(Deep-belief networks)[①]——为例,该技术目前的主要用途仅仅是对图像等初级材料进行貌似带有信念内容的语义标注。然而,这样的网络得到的语义标注都是作为网络训练者的人类程序员事先设定好的,而网络所做的,仅仅是通过大量的训练以便将特定的感觉材料与特定的语义标注加以联系——作为这种训练的结果,网络不可能对训练流程规定之外的输入材料给出恰当的反应(请读者回顾本书第三讲的讨论)。与之相比较,胡塞尔意义上的"Noema"却可以成为具

---

① 关于深度信念网络的文献很多,比较有代表性的有 G. E Hinton, S. Osindero and Y. W. Teh (2006), "A Fast Learning Algorithm for Deep Belief Nets", *Neural Computation*, 18:1527-1554。

有不同感官道来源的感觉材料的意义统一者,甚至随时准备好接受某种相对抽象的语义。另外,我们也不知道这样的深度学习构架将如何处理丰富的命题态度之间的切换——换言之,我们很难将“怀疑”“期望”“担心”“回忆”这样的命题态度集指派给它。从这个意义上看,深度学习模型似乎比癸翁奇利亚和鲍奎特的工作成果更难成为胡塞尔意向性理论的合格的机器实现者。

有的读者或许还会说:在符号 AI 与深度学习之外,还有一个技术路数值得胡塞尔的意向性理论的计算建模者加以考量,这就是所谓的“能动主义”(enactivism)。从哲学上看,作为一个认知科学纲领的“能动主义”具有四个学术标签[①]:“具身性”(embodiment),即认为认知不仅牵涉到了中枢神经系统,还牵涉到了其以外的整个身体运作;“嵌入性”(embeddedness),即认为认知活动是被嵌入到一个与之相关的外部环境中去的;“能动性”(enactedness),即认为认知活动不仅仅牵涉到组织体对于外部输入的被动信息加工,更牵涉到组织体对于外部环境的主动影响;“延展性”(extendedness),即认为认知活动所随附的物质基础是从大脑延展到外部环境中去的。目前,这种被概括为“4E 主义”的学术主张已经成为一个横跨哲学、心理学、教育学与 AI 的跨学科运动,在西方获得了很高的学术关注度。

但这里的问题是:能动主义是不是一种有用的资源,是否可以被用来为胡塞尔的意向性概念进行计算建模呢?笔者的看法并不是那么乐观。从哲学气质上看,对于肉身与环境在认知上的强调,使得能动主义的学术光谱更接近海德格尔与梅洛-庞蒂,而与胡塞尔更偏向意识哲学的风格有所分别。另外,对于环境因素的过多偏重,在相当程度上为能动主义者解释那些与环境脱钩的意向对象(如像“孙悟空”这样的空想

① 相关概括请参看 Mark Rowlands, *The New Science of the Mind*, Cambridge (MA): MIT Press, 2010, p. 3。

对象,以及像“产权”这样负载着抽象语义的对象)在意识领域内的呈现增加了难度。更麻烦的是,在 AI 领域内对于能动主义的计算建模工作,其现象学意味会更加淡薄。譬如,在 AI 专家兰戴尔 · 贝尔(Randall D. Beer)的论文《一种动力学系统视角中的“能动者-环境”之间的交互关系》[①]中,作者为了刻画出能动者与环境之间的互动,率先将二者分别刻画为两个动力学系统,并在此基础上将二者之间的互动性解释为两个动力学系统之间的耦合关系。但这种建模方式预设了建模者有某种独立于能动者与环境的“第三方视角”,而这显然会在哲学上预设胡塞尔所反对的“自然主义态度”,并因此与胡塞尔的哲学立场脱钩。

一个能够在能动主义与胡塞尔之间找到平衡的学术资源,恐怕是认知语言学(cognitive linguistics),因为认知语言学对于“具身性”的强调的确构成了其与“4E 主义”的亲缘关系;而其对于认知图式的直观化表现形式,则又让人联想起胡塞尔的现象学直观。不过,笔者想等到第十四讲再来正式讨论认知语言学与 AI 的关系。

综上所述,主流 AI 学界的确目前应当还没有能力消化胡塞尔的意向性理论,并将其付诸实际的建模工作。这也就印证了本书第四讲早就给出的结论:通用人工智能,目前依然只是一个美好而遥远的理想而已。

---

① Randall D. Beer (1995), “A Dynamical Systems Perspective on Agent-environment Interaction”, *Artificial Intelligence*, 72: 173-215.

第十一讲

通用人工智能当如何具有意图?

一　从"人工智能是否会奴役人类"谈起

上一讲我们讨论的核心词乃是"意向性",在本节中,我们所要讨论的关键词则是"意图"。那为何我们要紧接着"意向性"的话题而去谈"意图"呢?

一个非常明显的理由便是:"意图"就是"意向性"的一种(在英文中,意图叫"intention","意向性"叫"intentionality",二者之间的词源学联系是非常显豁的)。说得更清楚一点,如果意向性被泛泛地视为心灵与心灵之外的事项相互关联的能力,那么,产生意图的能力就是这种能力的一个子项:在该子项中,心灵通过"觊觎"的方式而与外部的某些事项发生联系,即希望通过这种关系促发相关的行动,以便将相关的外部对象"内化"掉。譬如,一个极端口渴的人对于喝饮料的意图,便包含着通过具体的行动(喝掉饮料)来否定饮料的客观存在,由此补足自身在某方面的亏欠的意蕴。由此看来,与行动的关联,便使得意图与单纯的信念产生了一定的差异,因为很多信念(如单纯地相信桌子上有一瓶可口可乐)并不一定会导致可见的行动(不过,笔者依然坚持认为意图与信念之间是有密切关联的,详后)。

在 AI 的语境里讨论"意图",或许会引发一些人的质疑:AI 只是人类的工具而已,我们难道真的希望它们产生自己的意图吗? 有好事者甚至追问这样一个让人听了毛骨悚然的问题:如果 AI 通过自主产生意图的能力,最终产生了"我们要奴役人类"的意图,我们人类又该如何是好? 因此,为了防微杜渐,我们在一开始就禁止开发具有产生意图之潜能的 AI 产品,难道不是一种对人类自己更安全的做法吗?

要消除上述在笔者本人看来稍微有一点杞人忧天的忧虑,我们不妨先对上述意图所统摄的内容——"AI 奴役或统治人类"——进行一番语言分析。在我看来,这其实是一个包含了多重歧义的表达式。具体而言,该表达式所涉及的第一重语言歧义即:这里所说的"AI"究竟是指专用 AI(即只能用于特定工作目的的人工智能系统),还是 AGI(即能够像人类那样灵活从事各种工作的通用人工智能系统)?

有人或许会说,抓住这一点歧义不放乃是小题大做,因为所谓 AGI 技术,无非就是既有的专用 AI 技术的集成。然而,通过本书第二至第四讲的讨论,相信读者已经知道了笔者在这个问题上持有如下三个观点:

(1)就在既有专业 AI 技术中发展最快的深度学习系统而言,此类系统的运作其实是需要大量的数据输入作为其前提的。因此,深度学习系统并不具备根据少量数据进行有效推理的能力——换言之,它们缺乏进行"举一反三"的智能,尽管这种智能乃是任何一种理想的通用人工智能系统所不可或缺的。

(2)现有的深度学习架构都是以特定任务为导向的,而这些任务导向所导致的系统功能区分,既不与人类大脑的自然分区相符合(譬如,我们人类的大脑显然没有一个分区是专门用于下围棋的,而专门用于下围棋的"Alpha Go"系统的内部结构则是为下围棋量身定做的),也缺乏彼此转换与沟通的一般机制。因此,深度学习系统自身架构若非经历革命性的改造,是缺乏进阶为通用人工智能系统的潜力的。

(3)目前真正从事AGI研究的学术队伍,在全世界不过几百人,这与专业AI研究的庞大队伍相比,可谓九牛一毛。① 有鉴于特定技术流派的发展速度往往与从事该技术流派研究的研究者数量成正比关系,所以,除非有证据证明AGI的研究队伍会立即得到迅速扩充,否则我们就很难相信:通用人工智能研究在不久的将来就会取代专用AI研究,迅速成为AI研究的主流。而这一点又从另一个侧面印证了专用AI与AGI之间差异。

除了上述差异之外,"AI是否会在未来统治人类" 这个问题包含的另一重歧义便是:此问中作为宾语的"人类",究竟是指"智人"这个生物学概念所指涉的所有个体,还是某一类特定人群,如城市中产阶级或是贫民阶层?有人或许认为这样的提问依然是在小题大做,因为从字面上来看,该问题的提出者显然关心的是人类总体,其判断根据则如下:在该问题中作为主语出现的"AI",显然与作为宾语的"人类"构成了排他性关系,因此,此主语本身应当不包含人类的任何一个成员,而此宾语也由此可以"独占"所有人类个体。不过,在笔者看来,上述问题是有漏洞的,因为"AI是否会在未来统治人类"中的核心动词"统治"在正常情况下显然是需要一个人格化主体作为其主词的,而"AI"是不是一个人格化主体,则又取决于这个词组指涉的是专用AI,还是AGI。假设它指涉的是专用AI(并因此不是一个人格化主体),那么"统治"一词显然就无法在字面上被解读,而只能被视为一个隐喻性的表达。在这样的情况下,我们恐怕就不能认为"AI"与"人类"构成了某

① 从2007年开始,世界通用人工智能协会每年都会在世界各地进行专业学术会议,讨论通用人工智能的各种研究方案,并定期出版《通用人工智能会议记录》(*Proceedings of Artificial General Intelligence*)。相关的旗舰性期刊乃是《通用人工智能杂志》(*Journal of Artificial General Intelligence*)。但是,根据该期刊执行主编王培先生的介绍,真正全力进行通用人工智能研究的人士,在全世界也就几百人而已。

种排他关系了,正如在“资本主义正在奴役人类”这句同样具有隐喻色彩的判断中,作为主语的“资本主义”与作为宾语的“人类”亦没有构成排他关系一样。[①] 换言之,在这种情况下,我们就只能将“AI”视为一个与人类个体成员有相互交叉的复合概念——比如“掌握 AI 技术的一部分技术权贵与这些技术本身的结合体”——并由此将原来的问题改变为:“掌握 AI 技术的一部分人,会在未来奴役另外一部分人类吗?”

经过上述对于两重语言歧义的澄清,我们原来的问题——“AI 是否会奴役人类”——就会立即变成如下四个变种(其中每一个变种,都由“专用 AI—AGI”与“所有人类—部分人类”这两个对子各自的构成因素两两组合而成):

变种甲:人类技术权贵与专用 AI 技术(特别是深度学习技术)的结合,是否会导致另一部分人类受到奴役?

变种乙:人类技术权贵与 AGI 技术的结合,是否会导致另一部分人类受到奴役?

变种丙:专用 AI 技术,是否可能奴役人类全体?

变种丁:AGI 技术,是否可能奴役人类全体?

在这四重可能性之中,首先需要被剔除的乃是对于“变种丙”的肯定回答,因为正如我们刚才所提到的,“奴役”这个主词需要的是一个具有真正人格性的主体:这样的主体能够理解“奴役”的含义,并能够理解进行这种“奴役”的目的。而“变种丙”显然难以满足这样的形式要求,因为所谓的专用 AI,在实质上与我们所使用的便携式计算器一样,都不会产生自己的欲望与意图,遑论“奴役人类”这样高度抽象的意图。而在上述四个变种之中,最难以剔除的乃是对于“变种甲”的肯定回答,因为“变种甲”涉及作为人类个体的技术权贵(这些技术权贵

① 很显然,“资本主义”作为一种生产关系,是无法脱离具体的人而存在的,否则我们只能视其为一种神秘的柏拉图式对象了。

显然是具有“顶级数据采集者”的功能定位的),这显然使得“奴役他人”这一意图的承载者得到了落实,由此难免使得一种为原始儒家所痛恨的“秦政”式数据管理方式大行其道(请参看本书第九讲的内容)。此外,一部分人利用技术优势对另一部分人进行统治,也是人类历史上常见的现象,因此,如若未来真有人使用 AI 技术对另外一部分人类进行深入的奴役的话,也不会让我们感到过于吃惊。

不过,从伦理角度看,我们依然希望技术的发展最终能像马克思主义所预言的那样,带来全人类的解放,而不是加剧人类的异化。因此,从这个角度看,“变种甲”所指涉的人类发展方向虽然有很大的概率会成为现实,却非吾人之所欲。在这种情况下,我们不妨再来看看,“变种乙”与“变种丁”是否带给我们更多的希望。

从表面上看,“变种乙”似乎比“变种甲”更不可欲,因为“变种乙”对于更强大的 AI 机制的诉求,及其对于这种机制与人类特定成员相结合的期待,似乎会造就更严重的技术异化。但更为仔细的考量,将使得我们发现“变种乙”所蕴涵的某种对技术权贵不利(并因此对普罗大众有利)的因素。这就是 AGI 技术自身。如果这种技术能够发展到让机器自身产生意图的水准的话,那么我们就难以防止如下两个层面的事件发生:机器对权贵要求其执行的命令产生了怀疑(这种怀疑可能是基于对相关命令的可实践性的顾虑,也可能是基于对相关命令自身合法性的怀疑),或者说,机器甚至对自己是否要继续效忠于权贵产生了怀疑。换言之,实现“变种乙”所指涉的社会发展方向,势必会对技术权贵本身构成反噬效应。

有的读者或许会对这种“反噬效应”是否真会发生有所怀疑。他们或许会说:足够狡猾的技术权贵可以让 AGI 的技术水准达到“既能展现灵活性,又不至于破坏忠诚性”的地步,以此压缩这种“反噬效应”产生的逻辑空间。笔者并不否认这种“小聪明”会有一定的施展空间。然而,从根本上看,智能的核心要素就是对于环境的高度适应性,而人类所处的自然与人文环境又是高度复杂的。从这两点我们就不难推出,除非技术权贵能够严格控制 AGI 系统的所有信息输入,否则我们很难设想具有不同利益背景的不同技术权贵竟然会为自己的通用人工智能系统灌输同样的“价值观”——而具有不同“价值观”的 AGI 系统之间的斗争(其实质是不同利益集团之间的斗争),显然也就会为弱势群体利用这种矛盾寻找更大的利益诉求空间提供可能。同时,在信息多元化的社会背景下,“严格控制通用人工智能系统的信息输入”这一要求自身也是难以被满足的。此外,从技术角度看,对于输入信息的全面控制,自然会对通用人工智能系统自主获取信息的行为构成限制,而这种限制反过来又会使机器在行为上缺乏足够的灵活性,并使其变得不那么智能。因此,要兼得鱼与熊掌,恐怕不是那么容易的。

对于“变种乙”的分析,将自然将我们导向“变种丁”。在笔者看来,“变种丁”指涉的那种可能性的实现机会,甚至要远远小于“变种乙”,因为用户使用环境的多样性,会立即造就不同的通用人工智能系统之间的差异性,由此“机器联合起来对抗整个人类”的场面将变得更为遥不可及。

由本节的分析,我们不难看出,要阻止一部分技术权贵凭借 AI 技术奴役人类(即“变种甲”所指涉的那种可能性),最好的办法就是使大量的机器产生彼此不同的自主意图,由此对冲掉大量机器被少数人的意图所控制的恐怖场面。但这就牵涉到了一个更根本的问题:如何使得我们未来的人工智能系统具有自主意图呢?

二　“意图”离不开“信念”

很显然,要回答“如何使得我们未来的 AI 系统具有自主意图”这个问题,我们就难以回避“关于意图的一般理论为何”的问题。而考虑到我们的最终目的是将这个理论施用到目前还没有真正实现的 AGI

系统上去,该理论就必定会具有一定的抽象性,以便它在面对不同的技术实现手段时都能够具有一定的覆盖力。这也是我们在此一定要诉诸相对抽象的哲学讨论的原因。

不过,有鉴于关于意图的哲学讨论在战后英语哲学圈中非常兴盛,而本书又以汉语写作,因此,在正式展开讨论之前,笔者还是有必要对"意图"在英文与汉语中的区别和联系做出四点阐述:

第一,在汉语与英文中,"意图"都可以当作名词。比如,我们既可以在汉语中说"玛丽抱着去喝水的意图而拿起杯子",也可以在英文中说"Mary picks up the cup with the intention of drinking water"。

第二,作为名词的"意图"在英文中可以通过加上特定词缀成为副词"具有意图地"(intentionally),而在汉语中,"具有意图地"则是一个非常别扭的表达。如果我们将这个副词短语缩略为"有意地"的话,虽然语气上显得更顺了,但意思却改变了(汉语中"有意地做某事"包含了意图本身具有负面价值意蕴的语义,但英文中的"intentionally"的价值色彩则较为中立)。

第三,"意图"可以在英语里轻松转化为动词"intend",但在现代汉语中,"意图"必须与"做"联合成短语"意图做",才能够承担动词的功能属性。

第四,无论在汉语还是在英语中,"意图"虽然都与"欲望"有着深度的勾连,但都比单纯的欲望具有更明确的所指对象。欲望可以是某种前命题层面上的情绪(比如某种模糊的野心),但意图则必须被具体化为相关的命题内容才能变得有意义。比如,当孙权问张昭"曹贼进犯江东的意图为何"的时候,张昭可不能笼统地回答说:"曹贼志向不小"(因为这是人尽皆知的废话),而要清楚地陈说意图的内容。

而既然无论在汉语语境还是西语语境中,"意图"都可以被视为某种对象被明确化了的欲望,那么,对于意图的讨论自然就会勾连到一个更为宽广的哲学史争议的背景,此即"理性一元论"与"欲望—理性二元论"之间的争议。具体而言,黑格尔便是典型的理性一元论者。他将“欲望”与“生命”视为被“概念”统摄的下层环节,并由此完成理性世界的大一统;与之相对比,叔本华则在康德的启发下,将“生存意志”视为康德式“自在之物”的替代品,并以他独特的方式维护了康德在“现象界”与“自在之物”之间的二元对立(比如主张在现象界可以被感受到的“人生意义”,在自在之物的层面上乃是彻底的虚无;在现象界能够感受到的时空关系,乃是人类认知架构自我反射所导致的假象,而与“自在之物”无关;等等)。尽管详细探讨这些哲学史争议的细节并非本讲之主旨,但上述提示已足以向 AGI 的研究者提出了这样一个问题:未来的 AGI 系统应当遵循什么样的大思路呢?具体而言,究竟是应当遵循黑格尔式的“一元论”的思路,即做出一个能够将信念系统与意图—欲望系统相互融合的某个统一的大系统,还是应当遵循叔本华式的“二元论”的思路,即先预设信念系统与意图—欲望系统之间彼此独立,然后再做出一个将二者合成的混合式系统呢?

笔者的立场其实是处在黑格尔与叔本华之间的。笔者同情叔本华的地方在于,笔者也认为终极生存欲望的产生,的确具有个体认知架构无法解释的神秘性,因此只能将其作为给定事实而加以接受。在研制 AGI 系统的语境中,这些神秘的给定事实就包括:为何系统具有在物理世界中自我保护的倾向,而不是趋向于自我毁灭;以及为何一台机器是以电力为驱动方式,而不是以蒸汽为驱动方式的;等等(很显然,不同的物理驱动方式就决定了机器将以怎样的方式来实现自我保护)。那么,为何说这些给定事实具有神秘性呢?这主要取决于我们评判时所采取的立场。如若我们采取的是系统设计者的立场,那么上述这些被给定事实的产生机制自然是毫无神秘性可言的。但若从机器自身的立场上看,情况就非常不同了。说得更具体一点,这些使得机器得以运作的基本前提,很可能不会在机器自身的表征推理系统中出现,而是作为一种隐蔽的思维逻辑出现在机器的硬件配置之中的(举个例子说,一台由蒸汽推动的机器,未必会在操作界面上写明“本机器由蒸汽提供动力"这句话)。这就使得整台机器运作的某种深层动力因与目的因,成为某种类似于"自在之物"般的存在者,并由此落在了机器的自主推理系统的视野之外。意识到这一点的 AI 设计者,也必须通过机器硬件配置的方式来完成对于这些深层动力因与目的因的物理实现,而不能首先在代码编纂的层面上解决这些问题。

不过,黑格尔的理性一元论依然有其可取之处。欲望必须与理性相互结合才能构成行动,而二者的结合点便是作为欲望之具体化或命题化形式的意图。从这个角度看,虽然欲望本身的确难以在系统的表征语言中以明晰的方式得到展现,但是作为其替代者的意图却必须被明晰化,否则行动自身的统一性就无法达成。而意识到这一点的 AGI 研究者,也必须设法在编程语言的层面上构造一种使得信念系统与意图系统能够彼此无缝对接的推理平台。

上述立场会导致一个非常明显的行动哲学层面的推论:信念与意图之间的界限是相对的,是一个统一表征系统内部的分界,而不是现象界与自在之物之间的那种隔绝式分界。与之相比较,在战后英美行动哲学圈中因研究"意图"而名声大噪的女哲学家安斯康姆(Gertrude Elizabeth Margaret Anscombe, 1919—2001),则主张扩大信念与意图之间的裂痕。有鉴于安斯康姆的意图理论与笔者立论之间的竞争关系,以及她的理论对于一些重要哲学家(如约翰·塞尔)的巨大影响,下面笔者也对她的理论进行一番批判性评估。

安斯康姆的"意图"理论有五个要点(在每一要点后笔者会附加自己的批评性文字)①:

---

① 安斯康姆研究意图问题的代表作就是《意图》一书,其版本信息是 Gertrude Elizabeth Margaret Anscombe, *Intention*, Oxford: Basil Blackwell, 1957; 2nd edition, 1963。考虑到安斯康姆的话语方式对于不熟悉分析哲学的读者来说会显得比较晦涩,在下面的转述中笔者将根据自己的理解,运用汉语文化中的案例对其原先的案例进行大量的替换。

安斯康姆的"意图"论的要点之一：意图乃是欲望驱动下做某事的理由。

安斯康姆当然意识到意图与欲望之间的紧密联系与微妙差异。二者之间的联系，乃在于意图乃是欲望的具体化；而其差异则在于，意图必须具体到"理由"的层面，而欲望则否。举个例子来说，如果茶圣陆羽感到口很渴，并有解渴的欲望，而他相信喝茶能够解渴，那么他就会有理由去喝茶，或者说，"去喝茶"这一意图就成了陆羽去解渴的理由。很显然，在这种情况下，"喝茶"这个行动就作为意图的内容或对象而出现了。如果外部环境没有任何因素阻止这样的行动，那么，陆羽就会去执行这个行动。与之相比较，倘若没有任何意图起到"将欲望本身加以具体化"的作用，那么，欲望就不会得到任何管道以便通向相应的行动。因此，我们也可以将意图视为欲望与行动之间的转换环节。

现在我们就转入对要点一的简短评价。虽然笔者对安斯康姆的意图理论的不少方面有所批评，但是对于"意图乃是欲望驱动下做某事的理由"这一点，笔者大体上是赞同的。需要注意的是，正因为意图在本质上是一种理由，而被意图持有人所意识到的理由显然就是一种信念状态，因此，安斯康姆的这一理论在客观上马上会导致信念与意图之间界限的模糊化。二者之间的联系可以通过这个案例得到揭示：倘若茶圣陆羽愚蠢地相信喝海水能够解渴，那么他当然就有某种理由去喝海水，并在这种情况下产生喝海水的意图。但正是因为这个信念所指涉的理由本身是不合理的，陆羽通过喝海水而解渴的意图肯定最后也会落空。由此看来，一个人所持有的信念自身在内容方面的荒谬，会立即影响相关意图的可执行性。这当然不是说意图与信念之间没有区别，因为毕竟很多信念都不像意图那样既勾连着欲望，又牵连着行动（也正因为这一点，"刘备意图娶孙尚香"是一回事，而"刘备相信他已经娶了孙尚香"又是另外一回事）。尽管如此，二者之间的界限依然不能被绝对化，因为一个不基于任何信念的意图其实是不可能发生的

(比如,“刘备意图娶孙尚香”这一点的确是基于“刘备相信他能够通过与孙尚香结婚巩固孙刘联盟”这一点的)。

现在的问题是:虽然意图与非意图的信念之间的区分是不容抹杀的,但我们又应当在多大程度上勘定二者之间分界带的宽度呢?正如前文所指出的,笔者的意见是尽量缩小(但并不抹杀)这一宽度,而安斯康姆的意见是尽量拓宽之。而她进一步拓宽该分界带的理由,则又牵涉到她关于意图本质的如下观点。

安斯康姆的“意图”论的要点之二:意图并非预测。

预测性信念(如刘备持有的“与孙尚香结婚有利于巩固孙刘联盟”这一信念)显然是与意图最接近的一类信念,因为二者的时间指向都是面向未来的。因此,对于预测与意图之间界限的勘定,显然有助于拓宽信念与意图之间的分界带。安斯康姆用于区分意图与信念的基本理由是:支持一个预测,需要的是证据。比如,预测者若要评估孙刘联姻对于巩固孙刘政治联盟的作用到底有多大,他就需要观察历史上的政治婚姻的后效,并评估孙权这一特定结盟对象的政治信用,而所有这些评估都是基于证据的。但需要注意的是,上述评估活动与评估者本人的兴趣并无直接关系。也就是说,一个人即使对孙刘联盟没有直接兴趣,他也能够评估二者之间通过姻亲来结盟的可行性。与之相比较,意图的产生却肯定是植根于兴趣的:如果刘备对孙刘联盟本身没有兴趣的话,那么,即使他相信自己能够通过与孙尚香结婚巩固孙刘联盟,他也无法产生“娶孙尚香”这一意图。① 换言之,作为“欲望驱动下做某事的理由”,意图自身与特定欲望的直接勾连,使得它有别于单纯的预测。

现在我们就立即转入对于要点二的简短评价。很显然,正如安斯

① Gertrude Elizabeth Margaret Anscombe, *Intention*, Oxford: Basil Blackwell, 1957; 2nd edition, 1963, p. 6.

康姆所指出的,单纯的预期并不能构成意图,因为意图本身的确需要深层的欲望作为其基底。但由此认为意图与预期不搭界,则显得有点矫枉过正了,因为意图毕竟是基于预期的。举个例子,如果陆羽有通过喝水来解渴的意图,那么他就肯定有一个关于"喝水能够解渴"的预期,否则我们就难以解释一个连自己都不相信喝茶可以解渴的人,竟然能自愿地产生"通过喝水来解渴"这样的意图。这也就是说,为意图奠基的那些信念自身的证据支持力,也会在相当程度上成为相关意图的证据支持力,并因此使得我们完全有资格去讨论"一个意图的合理性是否有证据支持"这样的议题。

不过,不得不承认的是,尽管"基于一定的预期性信念"这一点的确是意图的构成要素,但构成意图的另外一个要素——与特定欲望的勾连——显然是与证据支持无关的。举个例子来说,陆羽感到口渴了就是口渴了,他没有必要为这种欲望本身的产生寻找任何额外证据。然而,对于意图与欲望之间正面关系的肯定,并不会导致我们将意图本身与信念相分割,因为具有欲望之明晰化形式的意图,其本身并不是欲望,而仅仅是欲望的关联者。

安斯康姆的"意图"论的要点之三:意图具有"事从于心"的符合方向,而信念具有"心从于事"的符合方向。

这是安斯康姆心目中信念与意图之间的另一重区分。在她看来,要让一个信念成真,信念内容就要符合外部事实,而如果信念内容是错的,责任不在于事实,而在于信念的内容。譬如说,如果孙权错误地相信曹操参与赤壁之战的兵力有83万(而不是实际上的20万人),那么需要修正的是孙权的信念,而不是事实。因此,信念本身就有一种"心从于事"的符合方向。与之相对比,孙权如果具有一个"消灭曹操的20万大军"的意图,而实际上该意图并没有得到满足,那么需要改变的乃是外部事实,而不是孙权的信念本身(换言之,孙权需要"火烧赤壁"这样实打实的操作来对曹操的军队进行真正意义上的物理消灭)。因此,意图就具有"事从于心"的符合方向。

应当看到的是,关于"符合方向"的讨论乃是安斯康姆用以区分信念与意图的一个关键性论点,并对后来约翰·塞尔的意向性理论产生了巨大影响。但笔者却对该分论点非常狐疑。笔者的批评在于:

第一,从认知系统的表征活动来看,并不存在真正意义上的"外部事实"。我们前面已经看到,预期乃是意图的一个构成要素,而从这个角度看,如果一个意图没有得到满足的话,真正发生的事情乃是该意图中的预期性信念与主体最新获取的外部环境报告之间的矛盾(如曹操关于"孙权会投降"的预期与"孙权已经回绝了劝降信"这一报告之间的矛盾)。很显然,从 AI 设计的层面上看,除了对于预期自身的时间因子刻画所带来的技术问题之外,这一矛盾与非意图性信念之间的矛盾并没有本质的不同,因此,我们完全没有必要为"意图的满足或不满足"开创出一套与"真"或"假"不同的评价性谓词(尽管在日常语言的层面上,"真—假"区分的确与"满足—不满足"区分有所分别)。

第二,我们很难跟着安斯康姆的思路,去说什么"在意图没有得到满足的时候,需要为之负责的乃是外部世界,而意图本身是不需要被修正的"。举个例子说,我们完全有理由说丰臣秀吉所产生的"通过朝鲜征服明国"的意图自身是荒谬的,但当丰臣秀吉的侵略军遭遇到中朝联军的激烈抵抗时,对于丰臣秀吉本人来说,合理的方式是撤销这一意图本身,而不是投入更多的兵力来继续贯彻原来的意图。或说得更抽象一点,当一个意图是奠基在一个自身高度缺乏根据的预期之上时(如"日本的兵力足以征服明国"这样的愚蠢预期),那么意图的持有者本人就得为持有意图这件事情负责。在这种情况下再去苛求外部世界,乃是不合理的。

然而,笔者上述的分析并不否认:如果一个使得意图本身得到奠基的期望的确是有根据的,而该意图又没有得到满足,那么主体就有理由继续去改造世界。但即使在这种情况下,基于上面提到的第一点意见,笔者依然不认为改造世界这一活动会牵涉到一种与信念逻辑完全不同的新的推理逻辑。

不过,关于安斯康姆的意图理论,笔者也有赞成之处。比如下面两个分论点:

安斯康姆的“意图”论的要点之四:理由不是原因。

前面已经说过,在安斯康姆的理论中意图是作为“欲望驱动下做某事的理由”。因此,对于意图的说明,就难以回避对于“理由”的说明。“原因”是一个形而上学概念,而“理由”则是在知识论、伦理学与行动哲学的背景中被使用的。譬如,当我说“太阳晒石头是石头热的原因”时,这句话并不意味着“太阳晒石头”是“石头热”的理由,因为太阳不是意志或伦理的主体,谈不上对于理由的持有。但我却可以说“我之所以判断这石头会热的理由,乃在于我认为太阳会将其晒热”,因为作为判断的主体,我本人是有完全的资格去拥有一个理由的。由此看来,一般意义上的理由也好,作为意图的理由也罢,它们都必须处在认知主体的表征系统中,并与一定的描述面相(aspect of description)发生关联。譬如,当孙尚香起床在院落里舞剑的时候,她的意图若仅仅处在“我要通过舞剑来保持我的武艺”这一描述面相之下的话,那么即使她不小心吵醒了正在酣睡的刘备,“通过舞剑的声音唤醒自己的丈夫”这一点显然无法构成她舞剑的理由或是意图——尽管这一点的确构成了促使刘备醒来的原因。

从哲学史角度看,安斯康姆对于原因与理由的区分方案遭到了哲学家戴维森(Donald Davidson, 1917—2003)的批评。后者从一种在内涵与外延上都得到拓展的“原因”概念出发,将“理由”也视为一种广义上的“原因”(这一想法本身又导缘于亚里士多德的“四因说”)。[1]但在

---

① Donald Davidson, “Actions, Reasons, and Causes”, *Journal of Philosophy*, 60 (1963): 685-700.

AGI 系统的设计者看来,安斯康姆的方案似乎更为可取,因为对于机器的运作程序的设计,的确需要暂时"悬搁"系统得以运作的外部物理原因,并仅仅从系统内部的操作逻辑入手来进行工程学的构建。很显然,一个像这样设计出来的系统,当其在特定知识背景下产生一个做某事的理由的时候,支撑该理由的核心要素也不会直接与系统运作的外部原因相关联——除非这些原因可以被转化为系统内部的信念。

安斯康姆的"意图"论的要点之五:意图的意义内容会渗入相关的实现手段。

按照一般人的理解,由欲望驱动的意图在转向行动的过程中,还需要经历另一个环节,即实现意图的手段。说得更具体一点,同样的意图可以经过很多不同的手段来实现,而某人之所以选择了这个而不是那个手段来满足其意图,主要也是因为被偏好的手段的实现成本比较低。

但安斯康姆的意见却与之不同。学界将安斯康姆的相关意见,以及与之相同的戴维森的意见,统称为所谓的"安斯康姆-戴维森论题":

> 安斯康姆-戴维森论题:若某人通过做乙事来做甲事的话,那么,他做甲事的行为,就是其做乙事的行为。①

很多人或许会认为该论题是反直观的,因为如果"拿蓝色茶杯装的水来解渴"与"拿白色茶杯装的水来解渴"是实现"喝水"这一意图的两个手段的话,那么该意图就不可能与其中的任何一个手段相互同一——否则,按照"同一关系"所自带的传递性(即:A 若与 B 同一,B 若再与 C 同一,则 A 与 C 同一),这两个手段也会彼此同一。但既然蓝色与白色是不同的颜色,"拿蓝色茶杯装的水来解渴"与"拿白色茶杯装的水来解渴"又怎么可能彼此同一呢?因此可反推出:整个安斯康

① 戴维森关于这个问题的系统性论述见于 Donald Davidson, *Essays on Actions and Events*, Oxford: Oxford University Press, 1980。

姆-戴维森论题就是错的。

安斯康姆本人则通过对一个与之相平行的案例的分析来为自己的观点做辩护。作为一个天主教徒,她为"夫妻同房时若需避孕,当通过自然避孕法,而非人工避孕法"这一天主教教义进行了哲学捍卫。乍一看这一教义是非常荒谬的,因为既然自然避孕与人工避孕的终极目的是一样的,而且,既然安斯康姆并不否认避孕这一终极意图是可以接受的,那么,采取何种方式去避孕,就纯粹是一个取决于当事人之方便的琐碎问题。但安斯康姆的反驳是:与自然避孕和人工避孕这两个手段相互伴随的执行意图(有别于刚才所说的"避孕"这一终极意图)是彼此不同的,或说得更具体一点,与人工避孕相伴随的执行意图并不包含着婚姻的责任,而与自然避孕相伴随的执行意图却伴随着对于婚姻的承诺。因此,非常严格地说,与这两个手段相对应的,其实是两个不同的意图。①

有的读者或许会认为安斯康姆是在狡辩,因为站在当下中国文化的立场上看,我们的确很难理解为何说人工避孕措施会导致对于婚姻责任的放弃。但如果将避孕的案例置换为喝水的案例的话,我们或许就能规避因为文化差异所导致的上述困惑。安斯康姆想表达的,毋宁说是这个意思:用什么手段(包括用何种颜色的杯子)来喝茶的问题,其实并不仅仅涉及手段自身,而且也涉及与之相伴随的意图。譬如,用某种特定颜色的茶杯来喝茶能够带来的特定审美体验,也是相关意图的特定组成部分。而既然这种特定意图在意义上已经包含了对于手段的指涉,那么在"实现意图"与"实施手段"之间划出一条清晰的界线来,也就变得没什么必要了。

笔者之所以认为安斯康姆的这一见解对通用人工智能研究来说有

---

① Gertrude Elizabeth Margaret Anscombe, "Contraception and Chastity", *The Human World*, 9 (1972): 41-51.

借鉴意义,乃是基于如下考量:主流 AI 研究已经过分习惯于将手段视为外在于任务目标的工具了,而没有意识到意图对于手段的渗透作用。譬如,在司马贺等人设计的“通用问题求解器”所包含的“目标–手段”进路中,方法库中的一个手段之所以被选中,仅仅是因为对于它的虚拟执行所带来的与目标状态的接近程度,恰好能够越过某条被预先设置的“及格线”,而不是因为伴随该手段自身的意图得到了某种精细的表征。这也就是说,按照这种思路设计出来的 AI 系统,是很难像人类那样区分出两个貌似相似的意图之间的微妙差异的,因此也就无法执行一些需要此类“意向微调”的精密智力活动。

思维锐利的读者或许会反驳说:要实现这种需要“意向微调”的精密智力活动,我们就不得不将意图的表征内容变得非常冗长,而这会削弱整个系统的运作效率。但需要指出的是,在设计这样的系统时,我们未必真正需要将对于相关手段各方面特征的表述全部摆到桌面上。实际上,特定意图与特点手段之间的关联,完全可以以非命题的方式表达为展现意图的特定语义节点簇与展现手段的特定语义节点簇之间的共激发关系,由此一来,伴随手段出现的特定意图就可以被转化为一个边界模糊的动态结构局域网。在下节的分析中我们就会看到,实现这种技术企图的计算平台,其实还能够在 AGI 研究的现有武器库里被找到的。

综合本节的讨论,我们的结论是:安斯康姆对于信念与意图之间的区分可能是过分绝对化了(因为意图本身就是基于信念的)。然而,她对于信念与理由之间的区分则是可取的,她对于特定意图与特定手段之同一性的断定亦有一定的启发意义。下面我们就将基于这些观察,来看看通用人工智能研究应当如何将上述哲学见解转化、落实到工程学层面。

三　通用人工智能语境中的“意图”刻画

首先需要指出的是，目前的主流AI研究（其实质乃是专用AI研究）是难以对意图进行哪怕最初步的工程学建模的。比如，主流的符号人工智能、神经网络-深度学习技术，其实都难以在工程学的层面上落实我们在哲学讨论的层面上所给出的关于意图的最基本勾画。下面就是对于这一论点的简要展开。

首先，传统的符号AI系统是难以落实我们对于意图的一般哲学刻画的。在第六讲讨论日本第五代计算机计划时我们已经看到，最典型的符号AI系统乃是所谓的“专家系统”，其要点是在系统中预存大量已经由计算机语言整编的人类专家领域知识，并通过某些“生产规则”来衍生出切合特定的问题求解语境的知识推论。很显然，在专家系统中得到预存的知识，显然已经预设了设计者的设计意图——如一个关于医疗诊断的专家系统显然已经预设了“治疗病患”这样的意图。但需要注意的是，与人类医生相比，此类系统无法自主地产生“治疗病患”的主观意图，因为它不可以选择不治疗病患（而一个真正的人类医生却完全可以选择离开医院而去报考公务员）。从这个意义上说，安斯康姆对于“意图”的定义——“意图乃由欲望驱动去做某事的理由”——并不能通过专家系统而得到落实。

有的读者或许会发问：对于一个用于医疗目的的专家系统来说，我们为何要让其产生“不再做医疗诊断”的意图呢？难道让其稳定地服务于人类，不正是我们原初的设计目的吗？对于这个问题的应答其实非常简单：能够自主产生意图乃是任何智能系统都应当具有的某种最一般的认知能力，因此，如果一个认知系统在一开始就被剥夺产生“不去做医疗诊断”这样的意图的潜在能力，那么它也就不会产生在特定的情况下自主地产生“去实施这样的（而不是那样的）治疗方案”的意图。在这样的情况下,这样的系统至多只能根据过往的医疗数据去预测:当特定的医疗方案被实施后,病患被治好的概率有多大——但正如我们在分析安斯康姆的意图理论时就已经看到的,预测本身并不是意图,因为意图乃是预测性信念与特定欲望的复合体,而通常意义上的专家系统则是没有任何特定的、属于其自身的欲望的。

有的读者或许会说:即使在哲学层面上我们不能将特定的欲望赋予专家系统,但是只要人类设计者预先将“治病救人”的隐含目的寓于整个系统之中,系统不是照样可以根据其预测来为病人做诊断吗?在这样的情况下,我们在人工智能系统中表征特定意图的实践目的又是什么呢?

为了回答这一疑惑,请读者思考下面这个案例。某个用于医疗目的的专家系统根据既往数据预测出:某病患的肠癌病灶部分如果做大面积切除的话,患者的术后生活质量会大大降低。不过,此手术本身的失败率不是很高,只有20%。而若只做小面积切除的话,患者的术后生活质量则不会受到太大影响——但麻烦的是,手术本身的失败率会提高到40%。那么,系统究竟应当推荐大面积切除的手术方案,还是小面积切除的手术方案呢?

很显然,这是一个关于“要手术成功率还是术后生存质量”的艰难选择。不难想见,即使广义上的“治病救人”的目的已经通过设计者预装到了系统的知识库中,这样抽象的目的指向依然不足以向系统告知:在“优先考虑手术成功率”与“优先考虑术后生存质量”之间,哪项选择与“治病救人”这项目的更为相关。很显然,对于这一问题的回答,将牵涉到在特定语境中对于病患个体生命价值观的考量,而这些考量的具体结果,又很难通过某些预先给定的程序设计而被一劳永逸地规定(因为我们完全可以设想一部分病患更在乎术后的生命尊严,而不是手术成功率——而事先被编制的程序显然难以预料到具体病患的具体情况)。而解决此问题的唯一出路,就是使得系统自己能够通过自己的欲望以及所获取的信息（包括对于当下病患的观察）产生自己的意图——比如自己产生出某种更偏向于提高患者术后生存质量的意图，等等。然而，这些要求显然已经超出了当前的专家系统所能做到的极限。

而与符号AI相比，基于联结主义或深度学习技术的人工智能系统，其实离“自主产生意图”这一目标更远。在第三讲中我们已经看到，此类系统的基本工作原理，就是通过大量的数据训练，经由一个内部参数可以被调整的大型人工神经元网络系统的运作，而形成特定输入与特定输出之间的稳定映射关系。而由于此类数据训练工作其实是由人类程序员提供理想的输入-输出关系模板的，所以，人类程序员自身的偏见就很容易被移植到系统上，由此使得系统自身成为人类偏见的放大镜。比如，人类程序员完全可能在设计一个人脸识别系统时预先规定哪些人脸特征具有犯罪倾向，并由此构成对社会中某些特定族裔的不公平的高压态势——而系统本身则根本无法察觉到此类意图的存在，而只能按照类似的模板去运作。更麻烦的是，与运用于装备检测或医疗目的的专家系统不同，深度学习技术与广告营销、用户推广等更具资本气息（也因此更缺乏伦理气息）的运用方式具有更紧密的贴合度，这就使得此类系统甚至可能连“治病救人”这样的最抽象层面上的目的指向都不具备，遑论在这种大的目的指向下产生更为精细的意向生成能力，以便在“重视生命质量”与“延长生命时间”之间进行自主抉择。

而所谓的基于“能动主义”思想的人工智能系统，也无法在“自主产生意图”方面有任何推进。我们在上一讲的讨论中已经看到，能动主义的核心哲学理念便是：无论对于人工智能体还是人类而言，认知的实质乃是行动中的有机体与特定环境要素之间互动关系的产物。而在具体的AI研究来说，这样的哲学口号一般落实为对于设计机器人的外围传感设备与行动设备的工作的高度重视，以及对于中央信息处理系统的设计问题的相对轻视。但这种做法显然会使得任何意图自身所依赖的信念系统失去着落(因为信念系统本身就是中央信息处理系统的一部分);同时,该技术路径高度依赖于外部环境因素施加于机器人传感器的因果效力,则又会使“理由”与“原因”之间的界限变得非常模糊(然而,正如我们所已经看到的,按照安斯康姆的看法,作为“理由”的意图在实质上并不能被还原为任何一种“原因”)。此外,也正因为中央语义系统的缺失,任何基于能动主义的人工智能系统在原则上都不可能将具有微妙内容的意向投入到特定的行动中去,因此,这样的系统在原则上就不可能实现前文所说的“安斯康姆-戴维森论题”。

而要在 AI 系统中真正实现对于意图的工程学建模,我们显然需要另辟蹊径。很显然,这样的技术路径需要从根本上处理信念系统、欲望系统之间的关系,并在这种基础上实现对于意图的刻画。有鉴于信念系统与欲望系统之间的互动关系会在不同的问题求解语境中产生不同的意图,这样的技术路径就不可能仅仅局限于特定的问题求解语境,而一定得具有鲜明的“AGI 研究”之意蕴。而在这方面,国际 AGI 活动的代表之一、华裔计算机科学家王培先生发明的“非公理推演系统”——简称为“纳思系统”——便是一个具备被升级为具有自主意图的人工智能体之潜能的计算平台。[①] 下面笔者就将相关的技术路线图,以一种相对浅显的方式予以勾勒。

由于意图是信念系统与欲望系统相互作用的产物,我们就首先介绍一下在纳思系统中信念系统的表征方式。在纳思系统中,一个最简单的判断或信念是由两个概念节点构成的,比如,“乌鸦”(*RAVEN*)和“鸟”(*BIRD*)。在纳思系统最基本的层面 Narese-0 上,这两个概念节点由继承关系(inheritance relation)加以联结,该关系本身则被记作“→”。

---

① Pei Wang, *Rigid Flexibility: The Logic of Intelligence*, Netherlands: Springer, 2006.

这里的“继承关系”可以通过以下两个属性而得到完整的定义：自返性（reflexivity）和传递性（transitivity）。举例来说，命题“*RAVEN* → *RAVEN*”是永真的（这就体现了继承关系的自返性）；若“*RAVEN* → *BIRD*”和“*BIRD* → *ANIMAL*”是真的，则“*RAVEN* → *ANIMAL*”也是真的（这就体现了继承关系的传递性）。这里需要注意的是，在继承关系中作为谓项出现的词项，就是作为主项出现的词项的“内涵集”中的成员（因此，在上述判断中，“鸟”就是“乌鸦”的内涵的一部分），而在同样的关系中作为主项出现的词项，就是作为谓项出现的词项的“外延集”中的成员（因此，在上述判断中，“乌鸦”就是“鸟”的外延的一部分）。换言之，与传统词项逻辑不同，在纳思的推理逻辑中，“内涵”并不代表某种与外延具有不同本体论地位的神秘的柏拉图式对象，而仅仅是因为自己在推理网络中地位的不同而与“外延”有所分别。

大量的此类纳思式主-谓判断，则由于彼此分享了一些相同的词项而构成了纳思语义网，如下图所示。

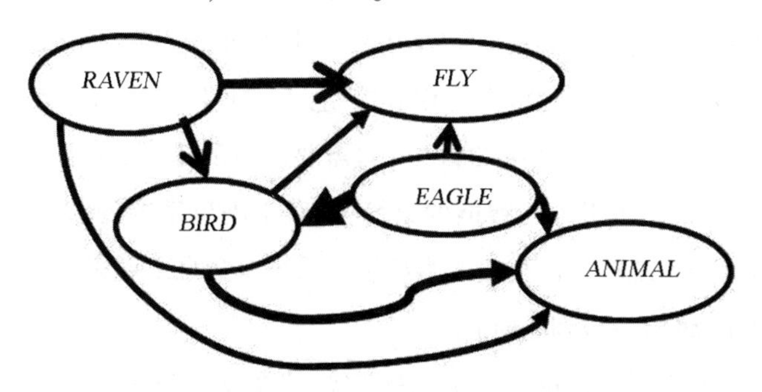

图 11-1　一个简易的纳思语义网

需要注意的是，这样的一个纳思语义网自身的内容与结构都不是一成不变的，而是能够随着系统的操作经验的概念得到自主更新（这一点将首先在纳思系统的 Narese-1 层面上实现，Narese-1 本身则代表了一种比 Narese-0 更复杂的计算机语言构建）。其中最重要的一项更新措施，就是根据一个纳思式判断获取的证据量的变化来改变自身的真值，由此改变网络中特定推理路径的权重。说得更具体一点，纳思判断的真值，是由两个参数加以规定的："频率"（frequency）值和"信度"（confidence）值。现在我们将前一个值简称为"f"值，后一个值简称为"c"值。前者的计算公式如下式所示：

(1) $f = w^{+}/w$

［说明：在此，"w"就意味着证据的总量，而"w^{+}"则意味为正面证据。比如说，若系统观察到 100 只乌鸦，其中 90 只为黑，10 只为白，则命题"*RAVEN→BLACK*"的 f－值 $=90/(90+10)=0.9$］

后者的计算公式则如下所示：

(2) $c = w/(w+k)$

（例子：在常数 $k=1$ 的情况下，假设系统已经观察到了 100 只乌鸦，则 $c=100/101\approx0.99$）

也就是说，根据系统所获得的外部证据的不同，系统会自行调整推理网络中相关路径的权重值，由此形成不同的推理习惯。而通过对于系统所获得证据数量与种类的相对控制，人类程序员也可以实现按照特定目标"教育"纳思系统的目的（但需要注意的是，与对于人类婴儿的教育一样，在通用人工智能的语境中，对于纳思系统的"教育"并不意味着对于系统输入的全面人为控制。系统自身自主探索外部环境的相对自由，将始终得到保留）。

现在我们再来讨论一下纳思的"欲望"系统。与人类的基本生物学欲望（如饥渴）类似，一个 AI 系统也会因为电量不足等原因产生充电的"欲望"，或者因为任务负载过多而产生"休息"的"欲望"。不过，对于系统内部运作状态的此类表征并不会自动产生相关的意图，除非系统已经通过如下步骤完成了"意图"塑造过程：

第一步：经过一段时间的学习，系统已经获得一个小型知识库，以便获知系统自身得以正常运作的一系列条件（如关于电量水平与运作流畅度之间关系的知识)。

第二步:系统将由此获得的一般知识施用于对于当下的内部状态的评估,以便得知其当下的状态是否正常。

第三步:假设目前系统发现自己当下的状态并不正常。

第三步:根据自身的推理能力,系统发现:如果某个条件 P 被满足,则当下的状态就能够变得正常。

第四步:系统发现没有证据表明 P 已经被满足了。

第五步:系统现在将“满足 P”视为备选考虑的意图内容。

第六步:系统计算:具有怎样的质量与数量规定性的证据,才能够使得 P 成真。这样的证据集被简称为 w。

第七步:系统对其以往的操作经历进行回溯,并对当下的任务解决资源 R(如时间、剩余电量)进行评估,以便获知:R 本身是否能够支持系统引发特定的行动 A,以使得 w 能够成真。

第八步:如果上一步的评估结果是正面的,则系统会产生这样的意图:通过特定行动 A,使得 w^* 成真,由此最终使得 P 成真。

第九步:如果第七步的评估结果是负面的,系统本身则会检查:是不是有什么别的目标,能够比原本的目标 P 要求更少的操作以使系统状态恢复正常(此即“目标调整”)。如果有,则得到新目标P^*,并将第三步到第八步再执行一遍。否则再执行本步骤的头一句话,除非系统发现:此前进行的目标调整行动,已经穷尽了系统知识库中所有的推理路径,或系统已经没有足够的资源进行这种目标调整活动。而一旦系统有了这种发现,它将转向执行下一步:

第十步:系统寻求人类或者其他通用人工智能体的外部干预。

关于这十个步骤,笔者还有如下说明:

说明之一:在纳思系统中,信念系统与意图系统之间的界限是不清晰的。系统对于某意图是否可以得到满足的评估,在相当程度上取决于系统对于使得该意图所对应的状态成真的证据集 w 自身的“可供应性”(availability)的评估,因此,关于意图的推理逻辑只是一种更为复杂的关于信念评估的推理逻辑而已(二者之间的微妙差别在于:在对意图的评估中,这些证据是作为一种虚拟的存在而被表征的,而证据的可供应性又建立在使得这些证据得以被供应的操作的可执行性之上;与之相比照,在对于信念的评估中,证据本身则已经被直接给予了)。因此,纳思系统在设计原理上并不那么亲和于安斯康姆将信念与意图截然二分的意图分析路数。

说明之二:在纳思系统中,系统内部或外部的任何物理“原因”都不能够直接构成系统在内部表征中进行推理的理由。举个例子来说,系统内部的电量不足问题,必须被转化为一个在纳思语义网中能够被表征出来的词项或判断,才可能进入纳思的推理过程。在这个问题上,纳思系统的设计原理是接近安斯康姆的意图理论的相关描述的。

说明之三:正因为在纳思系统中,意图的产生是依赖于信念系统的运作的,而信念系统所依赖的推理网络又是系统自身运作经验的结晶,那么,不同的纳思系统自然就会因为自身不同的推理习惯构成不同的秉性,以产生不同的意图内容。而不同的人类程序员也将通过对于系统的输入的有限调控,使得系统自身的具有个性的推理习惯得以产生。说得再具体一点,在上面给出的十步运作流程中,为了简化表达,笔者只是预设了纳思系统只关心自身运作的安全(如自身电量的充足性),而不关心人类用户或者其他通用人工智能系统的安全。但是我们完全可以设想纳思系统已经经过程序员的“调教”而形成了这样的推理秉性:一旦系统发现了某个或某类特定人类用户的安全性受到威胁,系统就会努力寻找方法来消除这些威胁。虽然从伦理学角度看,对于自身安全的优先性考虑会导致利己主义,而对于他者安全性的优先性考虑会导致利他主义,但是从纳思系统的设计原则上看,利他主义的推理所牵涉的意图产生模式也好,利己主义的推理所牵涉的意图产生模式也罢,在技术实现路径上并无本质区分。

说明之四：在最一般的意义上，我们当然希望一个 AGI 系统既能保证为之服务的人类用户的利益，也能够兼顾其自身的利益，正如著名的“阿西莫夫三法则”所表示的那样（关于这三条法则，本书第十二与十四讲还要进行讨论）。然而，在纳思系统的设计过程中，我们并不鼓励通过命题逻辑的方式预先锁死系统的优先考虑对象，因为这会降低系统在处理特定道德两难处境时的灵活性。一种更值得推荐的方式便是，在一些展示此类两难处境的教学案例中让系统学习人类用户的类似处理方式，以便系统能够在面对新的二难推理处境时，根据自带的类比推理能力来自主解决问题。另外，智能体的外形设计，也会对相关伦理规范在 AI 系统中的表征形式构成影响（对于这个问题的详细讨论，见本书第十四讲）。

说明之五：纳思系统能够更好地实现前文所说的安斯康姆-戴维森论题，其相关理由如下。我们已经看到，在纳思系统中，对于一个意图目标的可满足性的评估，将被转换为对于相关虚拟证据的可供应性的评估。现在假设有两个证据集（即 w 与 w^*），且对于它们的兑现都能够使得相关目标得到满足。但严格来说，既然它们是两个不同的证据集，二者在纳思语义网中所牵涉的内部推理关系就不可能完全重合，故而，通过 w 来满足目标，就会产生与“通过 w^* 来满足目标”不同的推理后效，由此二者也会分别达到两个不同的目标——尽管这两个目标可能是彼此接近的。换言之，手段与目标之间的截然二分在纳思系统中之所以是不存在的，乃是因为：在纳思语义网中，特定手段与特点目标之间是有特定关联的，而这一点显然已经破坏了目标与手段的二元性。

四　再论“人工智能体对人类产生恶意”这一“潜在威胁”

对于上文提出的“通过纳思系统设计具有自主意图的 AGI 系统”

的意见,有的读者或许会质疑说:既然纳思系统将通过自己的操作经验获取自身意图的产生习惯,我们怎么来防止具有不良企图的纳思系统的出现呢?

笔者对于这个问题的答案是直截了当的:没有办法防止这一点,因为纳思系统在原则上就允许不同的程序员根据自己的价值观训练自己的系统。因此,正如一个更尊重患者术后生命质量(而不是手术成功率)的医生可以调教纳思系统也按照他的价值观进行推理一样,一个具有邪恶动机的人当然也可以调教纳思系统去行恶。但需要注意的是,只要纳思系统的用户足够多,这种局部的恶很可能会被更广泛语境中的对冲力量所"中和",因为大量的纳思系统的使用者会将不同的价值观输入到各自所掌握的系统中去,由此使得带有邪恶价值观的纳思系统的作恶行为得到遏制。而这种中和效应之所以可能发生,是因为纳思系统的运作本身不需要用户进行海量的数据搜集,而这一点在相当程度上就会大大降低用户的使用门槛,使得利用纳思系统进行价值观博弈的主体在数量上大大增加。换言之,纳思系统使用的低门槛性,自然会让少数技术权贵很难通过对于此项技术的垄断来进行市场垄断,由此使得全社会的文化多样性得到保存。而通过这一技术手段,本书第九讲所说的"数据化儒家"的思路,也将多一条"落地"的途径。

有的读者或许还会问:我们是否可以通过立法的方式来阻止 AGI 技术被别有用心的人所利用呢?笔者的应答是:相关的立法难度很大,因为从法律上看,你很难预先确定哪些人会犯罪;而且,你也很难通过立法去打击那些运用 AGI 技术去做违背公德(却恰好没有违背法律)之事的人。而对于此类法规的无限诉求,最后很可能会导致对于整个 AGI 技术的法律禁止令——正如笔者在本讲第一节中所指出的,这种对于 AGI 技术的偏见,最终反而会方便那些打着"专用 AI 技术"名头的技术权贵通过大数据将普通民众的隐私收割干净,并由此制造出一个更大范围内的伦理上的恶。换言之,除了"在局部容忍恶"与"容忍更大范围内的恶”之间,我们其实并没有第三条出路可走,除非我们去学习美国的阿米什族人,彻底与现代数码技术告别——但这条出路本身也不具有现实性,因为几乎没有任何力量可以劝说世界上的大多数人口放弃计算机技术带来的便利。

最后需要指出的是,在纳思系统中,意图的产生将取决于系统对于相关实现手段的可行性的评估。因此,一个足够理性(但的确十分邪恶)的纳思系统即使产生了要通过核弹来杀死十万人的邪恶念头,这个念头也不足以形成一个能够兑现为行动的意图,因为它会根据推理发现它根本就无法实现对于核弹(甚至核材料)的拥有(在这里我们假设:世界上所有的核弹或相关敏感物质都在各国政府的严格监控下)。换言之,邪恶的念头本身无法杀人,除非它与特定的物质条件相互结合——而幸运的是,对于关涉到公众安全的敏感物质的管控,其实各国政府都有相对成熟的规章制度可以遵循。因此,某些科幻小说所描绘的 AGI 系统通过超级武器奴役人类的场面,其实是不太可能出现的。由此不难推出,公众与其为未来的 AI 系统是否会具有自主意图而忧心忡忡(并因为这种过度的担心而对 AI 专家的学术研究指手画脚),还不如敦促各自的政府更加严密地看管与公众安全密切相关的敏感物质,使得恶念(无论是产自于自然人的,还是产自于人工智能体的)没有机会在物理世界中得到实现。

第十二讲

通用人工智能当如何具有情绪?

一　人工智能、人工情绪与现象学

上一讲我们讨论了 AI 当如何产生自己的意图。但任何一个意图的产生都是有情绪背景的,譬如一个男生在产生向一个女生表白的意图之时,他就已经沉浸在某种忐忑不安的情绪之中了。实际上,在计算机学界,还真有一些专家致力于研究如何在 AI 背景里重构情绪。此类研究就叫"人工情绪"(Artificial Emotion)。非常粗略地看,所谓"人工情绪研究",其基本含义是:在 AI 研究所提供的技术环境内,以计算机工程可以实现的方式,去模拟人类情绪的部分运作机制,以便由此提高整个人工智能产品的工作效率。不过,就像对于 AI 的一般性研究无法规避对于"智能"之本质的讨论一样,对于人工情绪的研究自然也无法规避对于"情绪"的本质的讨论。那么,到底什么是情绪呢?在一种基于生物学还原主义思维方式的引导下,一部分人或许会诉诸情绪在人脑中实现的神经学机制,比如杏仁核的工作原理(杏仁核是海马体末端的一个脑组织,一般认为与恐惧情绪的产生相关)。但考虑到作为碳基的信息处理机制的人脑与作为硅基的计算机设备之间的巨大物理差异,对于情绪的神经科学探索,究竟能在多大程度上引导人工情绪的研究,多少还是让人感到疑虑的。相比较而言,对于情绪的认知心理学研究,或许对人工情绪的研究是更具启发意义的。因为认知心理学的描述层面本来就较为抽象,因此其结论在客观上就具备了“兼顾碳基人脑与硅基设备”的可能性。然而,本讲还想指出:对于人工情绪的研究来说,欧陆现象学家——特别是胡塞尔、海德格尔——对于情绪的研究成果,亦具有重要的且不可替代的参考价值。具体而言,胡塞尔哲学所涉及的“生活世界”与情绪之间的内在关系,海德格尔哲学所涉及的“向死而生”的生存论机制对于情绪的奠基意义,都是典型的认知心理学的情绪描述所欠缺的,却能更广、更深地触及作为情绪承载者的人类个体与其所处的相关文化、历史背景之间的内在关联。考虑到理想的人工智能产品也将与人类用户所处的文化、历史背景进行深度关联,现象学在这方面的思考成果当然是值得人工情绪研究加以参考的。从这个角度看,我们甚至可以说:人工情绪研究的最终工作目标,是应当由情绪现象学——而不是由认知心理学——来加以厘定的,尽管对于这一工作目标的工程学实现,则或许应当诉诸某些现象学所不能提供的理论工具。

不过,在引入对于情绪现象学的讨论之前,我们将简要回顾认知心理学对于情绪的主要研究成果。

二　人工智能的研究为何需要人工情绪?——从认知心理学的角度看

根据认知心理学的意见,我们可以构造出三个论证,来证明一个具有多重任务管理能力的社会性人工智能系统的运作,是必须预设人工情绪系统的在场的。而这样的证明,也将向我们澄清认知心理学家心目中的“情绪”在功能层面上是如何被定位的。

论证一：基于进化心理学的论证

第一步：根据进化心理学的原理[①]，任何智能系统之所以能够经由自然选择机制而被进化出来，归根结底都是为了能够满足饮食、繁殖、抢夺领地、逃避危害之类的基本的生物学需要。

第二步：要满足上述需要，生物体的智能系统只有三种可能的架构：（甲）具备对环境的完全的表征能力，并由这种表征的结果，得出合理的行为模式；（乙）只具备对环境的不完全的表征能力，并因为这种表征能力的缺陷，而在信息不足时通过某种可能并不诉诸语义内容的情绪性触发，来给出特定的行为模式；（丙）不具备对于环境的任何表征能力，仅仅依赖于那种不诉诸任何语义内容的情绪性触发，以输出特定的行为模式。

第三步：我们必须删除（甲），因为没有一种生物体可能具有对于环境的全面的客观表征能力。换言之，由于支持这种能力的生物学架构过于复杂，而根本不可能在进化历程中出现，所以，我们就只能在（乙）与（丙）之间进行选择。

第四步：至少对于人类的心理建模而言，我们必须删除（丙），因为人类显然具有对于环境的语义表征能力，而不是单纯地被情绪所接管。所以，我们只剩下选项（乙）。

第五步：根据（乙），至少对于人类的认知系统而言，情绪就处在与理性思考相辅相成的地位上。具体而言，情绪就此在功能上被定义为"智能系统在表征能力不足的时候，对于外部环境刺激的一种应急性处理模式"。这种处理模式能够帮助智能体在关于"危险到来"的证据不足的时候及时作出躲避，在关于"可获取利益"的证据不足的时候就

① 进化心理学是运用进化论思维方式来进行心智建模的心理学流派。详细学术背景请看拙著：《演化、设计、心灵和道德——新达尔文主义哲学基础探微》，复旦大学出版社，2013 年。

去争取利益,或者在自己对于外部环境的预先估计与现实不同的时候表示出惊讶(以便为下一步的策略大调整提供心理转型的动力),等等。

第六步：以上推理也适用于 AI 系统。虽然人工智能系统是人类设计的,而不是由自然界本身进化产生的,但是 AI 系统的运作也必须适应于外部环境,同时,AI 运作所需要的运作资源也不可能是无限的。由此看来,任何 AI 系统都不可能具备对于外部环境进行完全精准表征的能力。换言之,在“立即输出行动”的时间压力非常急迫,而“给出行动的理性根据又不足”的情况下,人工智能体就非常需要通过人工情绪机制对于理性推理机制的接管,来快速地应对外部环境所提出的挑战。

第七步:所以,完全意义上的人工智能系统——或称之为“通用人工智能”(AGI)——将不可避免地会涉及人工情绪。

论证二：基于多重任务管理需要的论证

第一步:任何一个 AGI 系统都需要在相对逼仄的时间预算内同时处理多重任务。

第二步:因为任何一个智能系统的运作资源都不是无限的,因此,我们就难以保证上述任务都能够在逼仄的时间预算内得到相应的处理。

第三步:所以,系统就需要对解决上述问题的优先性进行排序。

第四步:一个需要在起码的意义上适应于环境的 AGI 系统,将在那些对其生存具有更关键意义的任务之上打上“优先处理”的标签,而这种打标签的处理方式本身就是一种抽象意义上的“情绪化反应”(因为此进程往往没有经历对于任务复杂度的精细分析)。

第五步:所以,AGI 系统的设计,将不可避免地要涉及人工情绪。

论证三:基于社会交互需要的论证

第一步:未来我们所期望的 AGI 系统,将与人类的社会产生非常复杂的互动。

第二步:人类社会具有“等级性”(如区分上下级)、“认同性”(如区分敌、我、友或区分亲疏)、“领地性”(如区分“我的”与“你的”)等不同面相。

第三步:所以,我们也希望理想中的 AGI 系统能够理解人类社会的“等级性”“认同性”与“领地性”,等等。

第四步:但关于人类社会的上述面相的信息,往往只能透过非常微妙而不完全的环境提示提供给智能体,因此,对于这些信息的把握,就无法诉诸基于“理性万能假设”的符号化推理以及基于“数据完备性假设”的大数据分析。

第五步:人工情绪的介入,使得系统在理性推理资源不足与分析用数据不足的情况下,能够以较便捷的信息处理通道,把握人类社会生活的这些微妙面相。

第六步:所以,AGI 系统的设计,将不可避免地要涉及人工情绪。

以上三个论证,虽然角度不同,却显然是有着某种共相的。该共相就是:情绪乃是主体在关于环境的精准信息相对匮乏且给出行动的时间压力相对紧迫的前提下,根据非常片面的环境信息,而对外部挑战给出回应的快速心理处理模式。很明显,这样的定义是纯然功能主义的,因为它仅仅牵涉到情绪在智能系统中扮演的抽象功能角色,而无关于实现这些功能的具体物理机制的细节。因此,这个定义既能涵盖对于人类心理与 AI 系统的说明,同时也能为实现“人工情绪”的多种技术路径提供相应的理论空间。

当然,这样的分析在理论层面上还太抽象,还不足以为人工情绪的研究提供更切实的指导。目前,在功能主义层面上讨论情绪机制最广受学界引用的模型,乃是所谓的“OCC 模型”——该模型因三位提出者姓氏的英文首字母是“O”“C”“C”而得名。[①] 该模型的大旨如下:(1)

① 请参看 A. Ortony, G. L. Clore, A. Collins, *The Cognitive Structure of Emotions*, Cambridge: Cambridge University Press, 1988。

智能体在客观环境信息不足的情况下,所需要掌握的最核心信息,乃是对于“其所设定的目标是否被满足”这一点的评估。(2)根据这种评估的结果,系统会做出“满意”或者“失望”两种情绪性评价,而这种评价将左右主体后续的信息处理进程的大方向。(3)如果建模者能进一步将这种对于“现状-目标”差值的评估加以细致化,那么由此产生的更为细微的情绪分类(根据 OCC 模型,这些情绪有 22 类之多!)将对智能体的行为进行更细致的引导(具体的情绪产生机制的运作流程,参考表 12 -1)。不难看出,OCC 模型是在“衡量目标与现状差值”这一粗略的主-客关系评估的基础上进行情绪定位的,其“经由认知定义情绪”的思路亦是非常清楚的。

表 12 -1　OCC 模型的情绪产生五步骤

步骤编号	步骤内容
1	对所遭遇到的事件或对象进行归类
2	对由此激起的情感的强度进行量化规定
3	新产生的情绪与既有情绪进行相互作用
4	将由此产生的情绪状态映射到一个情绪表达式上去
5	对情绪状态本身进行表征

尽管本节介绍的对于情绪的心理功能主义描述方式,对于 AGI 研究的确具有很强的辐射性,但是从现象学角度看,此类模型还是大大简化了人类情绪得以产生的复杂人文背景。譬如,即使是在情绪理论构建方面最接近 OCC 模型的胡塞尔现象学,其实也在其情绪理论中嵌入了“生活世界理论”这一 OCC 模型所难以消化的内容。而我们下面的讨论,也将从胡塞尔开始。

三　胡塞尔的“生活世界”理论对于人工情绪研究的启发

从表面上看,在讨论人工情绪建模的语境中引入现象学的资源,乃是有点奇怪的,因为 AI 研究的基本本体论假设是“自然主义”的甚至是“机器功能主义”的,即认定某种程序只要被恰当的机械装置在物理层面上加以执行,就可以产生人类认知的方方面面。而按照一般人对于“现象学”的理解,“反自然主义”乃是林林总总的现象学研究的最大公约数,换言之,在几乎所有的现象学看来,现象学所要忠实处理的“现象”必须“悬搁”物质世界的客观运作,而仅仅包含能够在主观现象中呈现给主体的事物。不过,好在本书第十讲对于胡塞尔的“意向性”理论的阐述,已经给大家初步展示了现象学思维与 AI 相互沟通的可行性。下面,我将通过“高层次认知管理”与“人-机界面设计”这两个抓手,为二者之间的可沟通性进行更深入的辩护。

那么,什么叫“高层次认知管理”呢?它是指一个智能架构中那些处于相对较高层次的认知单元之间的关系。譬如,“恐惧”与“所恐惧的事件”之间的关系,“后悔”与“对于所后悔的事件的记忆”之间的关系,等等。正如我们在 OCC 模型中所看到的,即使是对于情绪的功能主义建模,也不得不首先聚焦于对此类高层次认知管理机制的描述——而这种描述恰恰与使得此类机制得以实现的具体物理机制相对无关。也正好是在这个层面上,现象学家与人工情绪的理论家的确能够达成某种暂时的一致,因为现象学家同样只关心那些能够在现象领域内涌现出来的诸种体验之间的逻辑关系,却不关心这些体验得以产生的物理机制。

那么,什么又叫“界面设计”呢?顾名思义,此即对于“人工制品向用户呈现出的现象特征”的设计。这种设计一方面当然是具有工程学性质的——譬如,一台手机的界面设计就牵涉到了对于大量后台操作设施的工程学建构;另一方面,其设计结果却是面向现象体验的,譬如手机用户的现象体验。至于二者之间的关联则体现在:其一,用户的现象体验能够倒逼工程师在后台设施设计方面尽量满足用户的需求;其二,特定的现象体验也能够向外界透露关于后台操作的一些技术信息(不过,对于这些信息的判读显然需要一定的专业知识做背景支撑)。很明显,本讲所讨论的具有人工情绪功能的人工智能产品,也应当具有一个恰当的人-机界面,因此,相关用户的现象学体验,自然也能够对相关制品的后台设计构成某种"倒逼"效应。而这一点,亦恰恰为现象学家提供了重要的发言机会。

弄清楚现象学研究与人工情绪研究之间的大致关联以后,我们马上来看看现象学运动的鼻祖——胡塞尔——的情绪理论。首先要指出的是,与 OCC 模型类似,胡塞尔也认为情绪是在认知的基础上产生的。不过,按照胡塞尔哲学的行话,更确切的表达方式是:现象学主体具有的意向状态所统摄的意向对象自身的意义特征,使得此类对象能够激发主体的特定情绪。用他自己举的例子来说,一块煤炭在主体眼中的价值,取决于主体如何在其意向状态中认识它(即将其认知为燃料,还是一块普通的石头),而这块煤炭在主体那里所激起的情绪,则又取决于它对于主体而言的价值——譬如,在缺乏燃料的环境里,主体对于一块煤炭作为燃料的价值认知,将引发其相当正面的情绪;相反,假若该主体无法认知到煤炭作为燃料的价值的话,或者,如果主体所处的环境并不缺乏燃料,那么,这种正面情绪就未必会产生,或者其产生的强度也会大大减弱。①

---

① Edmund Husserl, *Ideas Pertaining to a Pure Phenomenology and to a Phenomenological Philosophy—Second Book: Studies in the Phenomenology of Constitution*, trans. R. Rojcewicz and A. Schuwer, Dordrecht: Kluwer, 1989, pp. 196f.

但与 OCC 模型不同的是,胡塞尔的情绪理论并不是单纯建立在对“目标-现状差值”的评估之上。很明显,在 OCC 理论的语境中,这种评估的可行性,是以目标所处的任务与相关任务背景的可分离性为前提的。与之相比照,根据胡塞尔的“生活世界”理论,作出这种分离乃是不可行的。

那么,什么叫“生活世界”呢?按照胡塞尔专家贝叶尔(Christian Beyer)的解释,[1]生活世界可以被视为使得主体的意向性投射活动得以可能的一个更为广泛的背景性意义结构:如果我们仅仅考察主体所在的本地化社团的话,那么,这一背景性的意义结构就是使得该社团内部的信息交流得以可能的那些意义结构;如果我们考察的是不同的社团之间的关系,那么,这一背景性的意义结构,就是使得不同社团的成员彼此翻译对方的语言得以可能的终极意义结构。举个通俗一点的例子:一个古人面对打雷现象时所产生的“天公发怒”的意向,乃是奠基在他特定的对于自然的宗教化观点之上的,而这种宗教化观点既然为他所处的整个古代社会所分享,那么,这就是他们所处的生活世界的一部分;已经接受了现代科学洗礼的现代人虽然不会分享古人们的生活世界的上述这一部分,但是就相信“打雷现象必有原因”这一点而言,现代人与古人又是彼此一致的——因此,今人与古人在某种宽泛的意义上,亦同时身处某个范围更广的生活世界之中。从这个角度看,生活世界与特定的意向投射行为之间的关系,大约就可以被类比为冰山的水下部分与其水上部分之间的关系:冰山的水上部分虽然巍峨,但是它依然是以更为庞大的水下部分为其自身的存在前提的。由此推论,任何一个任务的产生,都是以特定生活世界的特定结构为其逻辑前提的。

---

① 请参看 Christian Beyer, “Edmund Husserl”, *The Stanford Encyclopedia of Philosophy* (Summer 2018 Edition), Edward N. Zalta (ed.), URL = https://plato.stanford.edu/archives/sum2018/entries/husserl/。

譬如,对于取暖任务的满足就预设了取暖对于人类是有意义的,而该预设就是相关现象学主体的生活世界的一部分。

需要注意的是,虽然胡塞尔的现象学常常带给读者"主观唯心论"的印象,但恰恰是在其生活世界理论中,胡塞尔预设了一种"人同此心、心同此理"的同理心机制,而这种机制本身是"同情"情绪得以产生的基础。按此思路,我们之所以会同情在冬夜中瑟瑟发抖的"卖火柴的小女孩",恰恰就是因为我们意识到了:就"我和她都会怕冷"这一点而言,我们与她是处在同一个生活世界之中的。依据此理路去推理,我们不难看出,同情感的缺失,在相当程度上或许与两个相关主体各自身处的生活世界之间的差异性有关。而沿着这个思路,我们甚至可以根据主体之间共情感的稀疏等级,预判出不同社会组织在整合度方面所具有的等级系统(请参看表12-2所归纳的现象学家舍勒在这方面的工作)。而这种等级系统的构造,就为一种基于情绪现象学的社会理论与政治哲学理论的构建,指明了大致的方向。

表12-2 舍勒的情绪等级分类表①

编号	情绪名称	对应德语	简单示例	对应社会等级	备注
1	下列所有情绪的缺失	无	彼此仅仅通过利害考量而联结在一起。	社会(指资产阶级法权社会)。	然而,"社会"依然是所谓"集体人"的一个构成要素。详见第四列。
2	心灵互激感	*Miteinanderfühlen*	父母为早夭的孩子一起感到悲痛。	为同样一个事件而激动的松散的社会团体。	在这种情况下,互相映衬的心灵彼此还会有各自不同的感受与之相伴。

① 该表的归纳,参考了如下文献:Zachary Davis and Anthony Steinbock, "Max Scheler", *The Stanford Encyclopedia of Philosophy* (Spring 2019 Edition), Edward N. Zalta (ed.), URL = https://plato.stanford.edu/archives/spr2019/entries/scheler/。

续 表

编号	情绪名称	对应德语	简单示例	对应社会等级	备注
3	隔靴搔痒感	*Nachfühlen*	大致感到别人的痛苦，却对其强度与后续结果表示相对麻木。	社会成员之间偶然的同情。	可以视为"心灵互激"感的一个特例。
4	同舟共济感	*Mitgefühl*	不仅感受到别人的痛苦，而且还切实感受到了其强度与后续结果。	"生命共同体"或"集体人"。	"生命共同体"指的是每个成员都能像感受到自己一般感受到别的成员的紧密社会组织。"集体人"是"生命共同体"与"社会"的合体，在其中个体依然意识到了其个体性。
5	被裹挟感	*Gefühlansteckung*	在迪斯科舞厅里被狂欢的气氛所裹挟。	牧群（作为牧羊人的领袖对群众进行精神控制）。	与"生命共同体"或"集体人"不同，"牧群"预设了"牧羊人"对群众的精神控制地位。
6	融入感	*Einsfühlung*	完全被群体精神所控制，感到"我就是我们"。如传销组织内的那种精神氛围。	组织更加紧密的牧群。	同上。

然而，也正是因为胡塞尔的"生活世界"理论具有如此大的包罗万象性，如何在人工情绪或人工智能的工程学实践中实现此类理论设想，便成了一项非常具有挑战性的工作。具体而言，胡塞尔的想法为人工情绪的研究提出了三个难题：

第一，如何在一个智能体的信息处理系统内部表征出一个"生活世界"？很明显，胡塞尔所说的"生活世界"具有明显的"内隐性"，换言之,其范围、边界与内容都带有非常大的不确定性,而不能以命题的乃至公理系统的方式来加以界定。与之相较,人工智能的研究往往要求表征结构的确定性与明晰性。这显然是一个矛盾。

第二,由于“生活世界”自身的广博性,我们又当如何使得被构造的人工智能体在产生特定的意向行为时,能够在合适的向度上与其生活世界的合适部分产生合适的关联呢?换言之,我们如何能够使得意向活动的产生,不至于触发背景信念网络中的所有信息节点,避免由此导致整个系统运作效率的全面降低呢?这个问题,在AI哲学中一般被称为“框架问题”。[①]

第三,更麻烦的是,人工智能体本身是硅基的,而非碳基的,因此,其关于自身物理机体运作的背景性信念就会与人类非常不同。譬如,人类在饥渴条件下对于水的渴求,就很难成为人工智能体的背景性信息,因为水非但对人工智能体的正常运作没有帮助,反而会是有害的。在这种情况下,我们又如何可能通过人与机器之间共通的生活世界的营建,以便让人工智能体对人类用户所处的某些危难产生足够的同情感呢?

——不过,胡塞尔哲学虽然对人工情绪的研究提出了以上难题,但是,就其从认知看待情绪的大致理路而言,他与当代认知心理学基本上还算是“同路人”。甚至从社会心理学与传媒学的角度看,胡塞尔所说的“生活世界”的具体结构亦是可以被人为操控的,因此并不完全是知性科学所难以理解的(譬如,在一个被精心构造的“楚门的世界”中,通过对于特定环境的微调,环境的塑造者完全可以营造出环境中诸行为者的虚假的“生活世界”)。与之相比较,海德格尔的情绪理论,却具有一个更难被主流认知心理学所消化的面相:“向死而生”。

---

① 相关背景资料,请参看拙文《一个维特根斯坦主义者眼中的“框架问题”》,《逻辑学研究》2011年第二期。

四 海德格尔的"向死而生"理论对于人工情绪研究的启发

众所周知,海德格尔的哲学素来以晦涩难懂著称,而限于篇幅,笔者在此也只能对于其思想做出一种非常简化与通俗的介绍。作为胡塞尔的弟子,海德格尔的"此在现象学"在本质上完成了对于胡塞尔的意识现象学的两重改造(顺便说一句,"此在"的德文是"Dasein",这是海德格尔对于现象学主体的一种富有个性化的表达方式):第一,他将胡塞尔的以"意向投射"为核心的现象学描述方案,转换为了以"此在的操持结构"为核心的现象学描述方案,即通过这种转换凸显了行为能动者的身体性、空间性维度与外部环境之间物质性关联的重要性(不过,这种"物质性关联"主要涉及物质世界对于现象学主体的呈现样态,而非物质科学所描述的纯客观物质世界的属性);第二,他在对此在的生存结构进行描述的时候,引入了所谓"本真性存在"与"非本真性存在"之间的二元区分,并通过这种区分凸显出此在之存在的"本己性"的不可消除性。

海德格尔对于胡塞尔现象学的改造的上述第二个维度,看上去似乎更令人费解。为了理解"本真性存在"与"非本真性存在"之间的二元区分,我们不妨回顾一下美国电影《人工智能》[①]中的一个情节。在电影中,一对夫妇因为丧子而收养了一个叫"戴维"的小机器人,以作为原先爱子的替代品。在一种高度理想化的科幻场景中,这样的一台机器人当然是按照完美的AI产品的设计蓝图而运作的:它能够理解人类语言,产生与人类意向很类似的意向,甚至也貌似与人类分享了类似

① 英文标题"Artificial Intelligence",2001年6月华纳兄弟电影公司出品。

的生活世界图景。然而,这台机器人依然难免为自己的存在的“本己性”而苦苦思索:它需要周围的人类将其确定为一个不可取代的、且具有唯一性的存在者,而不仅仅是一台可以被随时加以复制、销售、购买与销毁的机器。这种思索其实迫使“戴维”走向了某种意义上的形而上学思考,譬如康德对于人之本质的思考。用海德格尔的哲学术语来说,当“戴维”进入这种思考的时候,他就完成了从“非本真状态”到“本真状态”的跃迁。

很明显,在上述科幻电影的场景中,戴维自身的机器人身份,以及周围人类对于这一身份与人类自身之间差异的警觉,是促使戴维思考其自身存在之独特性的重要契机。而与之相较,在思考者本身就是人类的情况下,这一警觉往往就会被日常俗务的平庸性所淹没。在海德格尔看来,这种淹没的结果,就是所有个别的人都被统一塑造成所谓的“常人”(德语“das Man”)——亦即缺乏自己的主见,根据集体行动的大趋势而人云亦云的社会成员。很明显,海德格尔所描述的“常人世界”既与胡塞尔所说的“生活世界”在外延方面高度重叠,却又分明具有了胡塞尔的“生活世界”概念所不具备的贬低含义。毋宁说,在海德格尔看来,这样的“生活世界”仅仅是此在结构的非本真性的显现方式而已,而一种具有本真性的此在显现方式,则是需要摆脱这种日常性,而走向对于此在生存的本己性的揭露。

——那么,对于上述这种庸俗的日常性的摆脱,又是如何可能的呢?海德格尔给出的答案乃是“向死而生”。简言之,在他看来,此在恰恰是意识到了死的不可替代性,以及死对于其所有生存可能性的终结性意义,他或她才能意识到自身的存在方式的独特性。

需要注意的是,在海德格尔哲学的语境中,“向死而生”的机制,并不是归纳逻辑的运作所导致的衍生品(比如这样的一种归纳:因为张三死了,李四死了,所以,看来我也会死),因为“无论遭遇到多少死亡案例,我们都无法计算出死亡的确定性"①。或说得更清楚一点,在海德格尔看来,在日常的闲谈中对于死亡事件的涉及,仅仅是将死亡当作一个自然事件来看待罢了,而不是将其视为对于本己的可能性的全部终结。前者与后者之间的根本差异体现在:对于死亡的谈及是一种在可能性空间中的"占位者",而这种谈论本身就预设了死亡的反面(因为只有活着,才能谈论别人的死亡);而与之作对比,具有本己性的死亡,却恰恰意味着上述这整个可能性空间自身的湮灭(因为倘若连自己都死了,也就没有资格进行任何闲谈了)。或换个角度来表述:前一种对于死亡的讨论具有对于死亡的"类型化"处理倾向(即将所有人的死亡都视为一类),而后一种对于死亡的涉及才真正具备了死亡的"个体性"(即将"我的"死亡放置到一个比其他任何人的死亡都更具基础地位的层面上)。而恰恰是这种死亡态度的产生,才为一种最具"基础本体论"意味的情绪——"畏"(德语"Angst")——的产生,提供了最重要的契机。具体而言,与具有意向性活动特征的情绪"怕"不同,在海德格尔的笔下,"畏"的对象不是具体的事件(如怕考学失败、婚姻失败等),而是所有事件展开之可能性的终结——换言之,"畏"的对象乃是对于所有存在的虚无化,或者是对于各种用以体现个体价值的具体行为的全部终结。从这个角度看,海德格尔所说的"畏"是不能被庸俗地理解为"贪生怕死"的(因为庸俗意义上的"贪生怕死",仅仅是指对于荣华富贵等通常意义上的俗常生活的留恋),而只能被理解为对于本己性的丧失之恐惧。

海德格尔的上述阐述,显然带有强烈的文学色彩,而在科学色彩上反而不如胡塞尔的现象学描述。那么,一个最终面向工程学实践的人工情绪的研究者,为何要对海德格尔的现象学描述表示出兴趣呢?笔

① Martin Heidegger, *Being and Time*, translated by J. Macquarrie and E. Robinson. Oxford: Basil Blackwell, 1962 (first published in 1927), p. 309.

者认为,这个问题其实可以被置换为如下两个更为具体的问题:

第一,既然海德格尔对于“畏”的讨论是以“向死而生”的现象学结构为基础的,那么,我们需要在人工智能体内植入“死”的概念吗?

第二,我们又该如何在人工智能体内植入“死”的概念呢?

对于第一个问题笔者的回答如下:

在现有的OCC情绪模型之中,对于情绪的标记都是以对特定目标与特定现状之间的差值评估为前提的。因此,情绪的产生的真正驱动力,便主要来自外部环境与其一般认知架构之间的互动活动,而与特定认知主体的个性设置关系不大。从这个意义上说,现有的认知科学情绪模型,都是海德格尔笔下的所谓“常人”模型,而缺乏对于“本真性存在”维度的领悟。由此导致的结果便是:系统自然就会缺乏产生某种超越于一般智能系统之表现的“卓越表现”的心理动力。然而,在某些应用场景下,我们却的确有理由希望系统能够给出这种“卓越表现”——譬如,在火星探险的应用场景中,如果系统遭遇到的某些环境挑战的确是地球上的程序设计员所未预料到的,那么,系统在原则上就根本无法通过对于常规解决方案的调用来应对这些挑战。在这种情况下,这些系统就不得不通过产生某些应激情绪,以便调动所有认知资源,最终及时解决当下的难题。

——但是,为何这种对于认知资源的调动会与“死”的概念发生关联呢?要回答这个问题,我们首先得理解什么是AI语境中的“死亡”。由于AI并非是碳基生命体,所以,我们自然就无法通过诸如“新陈代谢的终止”这样的针对生物体的话语结构来定义人工智能体的死亡。毋宁说,对于AI系统来说,“死”的真正含义,只能在功能主义的抽象层面上被理解为“对于其运行历史的记忆与可操控性的终结”。不过,即使从这个角度看,我们依然有理由认为AI系统是很可能会“畏死”的。说得更具体一点,任何一个成熟的AI系统的运作,其实已经在其记忆库中积累了大量的运行经验,因此,系统的“死亡”,也就是系统自身的记忆的“清零”——将在根本上清除系统在运作历史中所学会的所有认知技能与思维捷径。因此,一个真正具有历史意识的人工智能系统,将不可能不珍惜其所获得的记忆路径,并不可能不“畏死”。在这种情况下,倘若某种对系统运行历史之安全性构成威胁的环境挑战真正出现了,系统的“畏死”情绪机制就自然会被激活,而由此调动所有的认知资源来回应该挑战,以便捍卫其记忆库的安全性。从这个角度看,只要我们所设计的AI系统在认知资源与硬件资源方面具有有限性,它就会因为对于这种有限性的意识而时刻意识到其记忆库的脆弱性,由此产生对于“无法保卫记忆库”这一点的“畏”。由此看来,在人工智能中引入“畏”这种特殊情绪的理由,在根本上还是与我们引入广义上的人工情绪的根本理由相互贯通的,即在人工智能系统运作资源的有限性条件的约束下,人工智能的设计者最终就不得不为这些系统的应激性反应,提供某种不借助于慢速符号推理的快速行动通道,由此提高整个系统的适应性。

说到这里,有人或许会问:难道我们不能在保留人工智能系统的核心记忆之内容的前提下,不断更新存储这些记忆的硬盘系统,并不断更新相关的外围硬件,由此打造不会死亡的人工智能体吗?对于该问题,笔者的回应有两点:

(1)上述假设预设了硬件与记忆之间的完全可脱离性。不过,该预设却明显是违背所谓的“具身性原则”的——根据此原则,记忆本身所包含的身体图式是与特定的硬件配置相关的,而无法兼容于完全不同的新的硬件设置。考虑到“具身性原则”本身具有一定的合理性,所以上述“可分离性预设”可能就不是真的。

(2)抛开上面这点不谈,我们的确有实践上的理由去认定制造一个“不会死”的人工智能体,反而会给我们造成麻烦。这种麻烦一方面体现在:人工智能体对于自身“不死性”的认知,会使得相关的“畏死”机制的产生成为无本之木,最终使得其对于特定环境挑战的威胁感到无动于衷;另一方面,“不会死”的人工智能在其记忆库中所积累的大量技能与思维捷径,也会因为没有机会清理而变得日益僵化,进而,这些系统对于新问题的处理能力就会有所下降。或说得再文学化一点:与人类社会类似,缺乏“新旧更替”的人工智能社会,也会因为生死之间的张力的消失,而最终失去前进的动力。

现在我们再来回应前文提出的另一个问题:既然“畏死”机制对于通用人工智能的设计来说是必要的,那么,我们该如何实现这种设计呢?

在笔者看来,对于这个问题的回应,将在很大程度上参照海德格尔的思路。海德格尔已经指出,我们是不能通过对于死亡事件的“属加种差”式定义来把握死亡的,因为由此把握到的死亡乃是类型化的,而不是个体性的。据此,我们也就无法在 AI 的知识库中植入关于“死亡”的概念化描述,并期望 AI 系统能够由此真正地理解死亡。如此被把握到的死亡概念依然会因为其抽象性,而不足以与“畏”产生积极的关联。在这种情况下,一种更可行的让人工智能体理解死亡的方式,就是通过对于其记忆库被摧毁后的后果的展现,来激发其畏惧心。譬如,在前面提到的电影《人工智能》中,机器人小戴维领悟机器生命之有限性的一个重要契机,便是在人类组织的一次“机器人解体秀”中目睹了作为同类的其他机器人被一一摧毁的惨状,并由这种惊讶产生了对于自身生存之有限性的意识。从这个角度看,“死”的概念只能通过某种精心设计的“教学法”而被引入人工智能系统,而相关的“教学”也必将牵涉到对于大量“机器人死亡场景”的感性展列。

从本节的讨论中,我们不难得到两个重要的引申性结论。第一,像科幻作家阿西莫夫那样,将“机器人自保”的重要性置于“保护人类用户”之下的思路,可能在根本上是违背海德格尔的理路的,因为阿西莫夫的思路显然没有为“向死而生”结构的本己性预留下足够的空间(毋宁说,阿西莫夫依然用“机器奴隶”的眼光去看待人工智能,而不愿意赋予人工智能以真正的主体性)①;第二,人工智能体对于“死”的理解,显然是建立在共情力的基础上的(否则,机器人小戴维就无法从别的机器人的“死”感知到自身死亡的可能性)。从这个意义上说,“死”的意识虽然使得存在的本己性得到确立,但并不意味着反社会性,反而意味着对于社会性的某种默认。而从哲学史角度看,上述第一个结论,向我们清楚地展现了一种海德格尔式的机器伦理学思路与一种康德-阿西莫夫式的机器伦理学思路之间的明显分歧,而上述第二个结论,则向我们展现了表 12 – 2 所概括的舍勒的情绪等级理论对于海德格尔哲学与胡塞尔哲学的补充意义(鉴于篇幅,本节对于舍勒哲学的描述就局限于表 12 – 2,不做进一步的展开)。

五　人工情绪研究中的“易问题”“难问题”与“极难问题”

在心灵哲学中,意识哲学家常常会讨论意识研究中的“难问题”与“易问题”之间的分野。仿照其修辞方式,笔者认为人工情绪的研究,也有“易问题”“难问题”与“极难问题”的分野。其中的“易问题”指的

① 这里牵涉到的“阿西莫夫机器人三法则”(Isaac Asimov's “Three Laws of Robotics”)的头一条就是“一个机器人不会主动去伤害人类,或者,坐视人类被伤害的情形发生而不管”;第二条是“除非会导致违背‘法则一’的情形,否则,机器人将始终听从人类的命令”;第三条则是“机器人将始终维护自身的存在,除非这会导致对于‘法则二’的违背”。不难看出,这三条法则既包含了康德式的义务论色彩,同时又明确地将机器人自身的利益放置到了人类用户之下。而为了进一步强调人类利益与机器人利益之间的这种不对等性,阿西莫夫甚至还提出过一条“零法则”,以统摄其余三法则。其内容是:“一个机器人不能够损害人性,或坐视人性受损害而不管。”对于阿西莫夫思想的讨论,请参看 Wendell Wallach and Allen Collin, *Moral Machines: Teaching Robots Right from Wrong*, Oxford: Oxford University Press, 2010, p. 91。

是:一个 AI 系统通过对于大量已经被标注了表情语义标签的人类表情画面的机器学习,来对人类的情绪表达进行自动识别。目前,经由深度学习技术的进步,这方面的机器表现已经基本达到了比较高的水准。但即使如此,这样的工程学成就依然远远谈不上货真价实的人工情绪研究——因为这样的系统只能识别人类的情绪,而其自身却是没有情绪的,因此,它也就不可能与人类用户产生真正的共情。与之相比较,人工情绪研究中的"难问题"则指的是:如何在系统运作资源相对有限的前提下,使得系统根据对于目标与现状的差值的评估,产生各种各样的情绪通道,以便在符号推理无法胜任对于问题的处理的情况下及时输出恰当的行为。而正如前文对胡塞尔哲学的引介所揭示的,要研制出这样的系统,其核心难点便在于如何给出使得"目标与现状的差值评估"得以被显现的背景性信念体系——"生活世界"——因为生活世界本身往往是暧昧的、隐而不彰的、开放的、可动的,并因此是难以被程序化的。而与前两个问题相比较,人工情绪研究中的"极难问题"则是经由海德格尔哲学的启发所提出的,此即:如何通过对于"死亡"概念的巧妙植入,使得人工智能系统能够领悟其存在的本己性与不可替代性。之所以说这样的研究任务是"非常难"的,乃是因为对于死亡的情绪把握非常复杂,其本身就预设了系统能够把握很多更基本的情绪——或者说,预设了系统的设计者已经基本解决了前述"难问题"。而就目前的 AI 发展水平而言,现有的系统基本上只能达到解决"易问题"的水准,还谈不上解决"难问题",遑论"极难的问题"。

有的读者或许会问:为何我们不能仅满足于对"易问题"乃至"难问题"的解决呢?为何我们还必须去触碰"极难的问题"?难道我们不担心对于 AI 系统之"本己性"的赋予,会产生对于人类非常不利的结果吗?

上述这一疑虑,显然是上一讲提到的那个疑虑——"为何我们要开发具有自主的意图产生能力的 AGI 系统"——的升级版,因此,笔者对于这个疑问的回答思路,原则上也与回答前述疑问的思路大同小异。在此需要额外补充的一点管见则是:人类制造人工智能体的一个非常重要的目的,就是要在人类肉身难以安全进入与撤出的某些未知环境内,让人工智能体取代人类去执行某些重要任务。在这种运用场景中,我们就很难设想相关的AI系统的信息处理方式是不具备主动性与创造性的,而“主动性”与“创造性”的动力之一就是某种对于“本己性”的预先领悟。换言之,对于“本己性”的预先领悟,乃是一个能够对未知环境进行积极探索的AI系统所应当具备的心智元素。当然,我们的确无法在逻辑上先验地排除这样一种可能性:在某些条件下,上述领悟也能够衍生出对人类用户不利的动机——但这一代价却是AI系统的设计者不可能不承担的,因为“创造性”本身就意味着不可预期性。很显然,作为人类,我们就必须在“设计非常愚蠢的,却不可能背叛我们的人工智能”与“设计非常机智的,却可能会在某些情况下背叛我们的人工智能”之间进行选择。不过,无论我们愿意如何完成这道选择题,“设计出非常聪明的,却不可能背叛我们的人工智能”却始终不是一个合理的选项,因为“聪明”本身就意味着“具备对于背叛主人的逻辑可能性的预估力”。

第十三讲

通用人工智能当如何具有合适的伦理规范?

一　从伦理学的"具身性"说起

在上一讲中,我们已经谈到与AI密切相关的一个学术分支:人工情绪。现在我们再来讨论与AI密切相关的另外一个学术分支:"人工智能伦理学"(ethics of Artificial Intelligence)。顾名思义,这学科思考的便是与AI相关的所有伦理学问题。该学科分支又可被分为两个小分支:"机器人伦理学"(roboethics)与"机器伦理学"(machine ethics)。前者的任务是对设计机器人的人类主体进行规范性约束,而后者的任务则是研究如何使得人类所设计的AI系统在行为上具有伦理性。这两个分支彼此之间既有分工上的分别,又有微妙的联系。二者之间的差别体现在:"机器人伦理"直接约束的是人类研究主体的行为,而"机器伦理"直接约束的是机器的行为。二者之间的联系又体现在:不通过"机器伦理学","机器人伦理学"的指导就无法落地;而没有"机器人伦理学"的指导,"机器伦理"的编程作业也会失去大方向。

不过,在当前的人工智能伦理学研究中,很少有研究者意识到此类问题实质上乃是某种深刻的语言哲学-语言学问题的变种,而不能就事论事地在应用伦理学的层面上被谈论。笔者的判断是基于如下的考量:如果我们要把用自然语言表达出来的伦理学规范——如著名的“阿西莫夫三定律”——转换为机器能识别并执行的程序语言,我们就必须对人类的语言运作的本质有一种预先的理论把握;而语言学家与语言哲学家对于人类语言机制的不同理解,则显然又会导致对于上述问题的不同解答方式。

此外,正因为一般意义上的语言哲学-语言学问题在人工智能伦理学的研究中的边缘地位,作为语言学之下属流派的认知语言学关于“具身化”问题的见解也相应地被边缘化了。换言之,很少有人工智能伦理学方面的讨论触及如下问题:伦理编程问题不仅牵涉到软件的编制,而且牵涉到“怎样的外围设备才被允许与中央语义系统进行恒久的接驳”这一问题。这也就是说,机器伦理学的核心关涉将包括对于人工智能体的“身体”——而不仅仅是“心智”——的设计规范。而为了支持这一看似“非主流”的观点,本节的讨论将始于对如下问题的“务虚”式讨论:为何伦理学必须具有“具身性”?

概而言之,“具身性”(embodiment)本是一个在认知科学哲学领域内使用的术语,其主要含义是指:人类认知的诸多特征,在诸多方面都为人类的生物学意义上的“身体组织”所塑造,而不是某种与身体绝缘的笛卡尔式的精神实体的衍生物。如果我们将这样的观点沿用到伦理学领域之内,由此产生的“具身化伦理学”的核心观点便是:伦理学规范的内容,在相当大的程度上是由作为伦理主体的人类的肉体特征所塑造的。换言之,伦理学研究在相当程度上必须吸纳生物学研究的成果,而不能将自己视为与“肉体”绝缘的“纯精神领域”。

应当看到,将“具身性”与伦理学相互结合的观点,并不是西方伦理学研究的传统路数,甚至还与该领域内的思维定式相左。譬如,柏拉图就曾将“善”的理念视为超越于可感知的物理世界的最高理念,而康德则将道德律令视为某种凌驾于肉身领域的“绝对命令”。但随着演化论等自然科学思维范式逐渐进入伦理学领域，越来越多的具有自然主义倾向的伦理学家都开始注意到伦理学自身的生物性根基。正是基于此类考量，英国生态学家哈密尔顿（William Donald Hamilton，1936—2000）在 1964 年就提出了所谓的“亲属选择模型”[①]——根据该模型，在假定甲、乙两个生物学个体具有一定的遗传相似性的前提下，只要这种相似性与“乙从甲获得的好处”之间的乘积能够抵消“甲自身因帮助乙而遭到的损失”，那么，使得互助行为得以可能的那些基因就会在种群中传播。这一规律，在科学文献中也被称为“汉密尔顿律”（Hamilton's rule）：

> **汉密尔顿律**：生物学个体甲针对另一个个体乙的利他主义行为或相关性状在如下情况下会被激发或被演化出来：
>
> 甲乙之间的相似性系数 × 乙从甲获得的好处 > 甲自身因帮助乙而遭到的损失

——或说得更通俗一点，依据汉密尔顿的理论，道德的生物学起源，很可能就是与“通过亲属的生存而完成家族基因的备份”这一隐蔽的生物学目的相关的。需要注意的是，汉密尔顿对于道德起源的这种描述看似抽象，其实已经触及“身体”对于伦理学的奠基意义。譬如，“汉密尔顿律”的起效，在逻辑上已经预设了一个生物学个体有能力将别的生物学个体识别为其亲属——而要做到这一点，辨认主体若不依赖对于被辨认对象的**身体**形态的识别，则几乎是难以想象的。从这个角度看，道德意义上的“共情感”（参看上一讲的讨论）很可能是以道德主体之间**在身体方面的相似点**为前提的。

对于上述的理论描述，有的读者或许会问：汉密尔顿的“亲属选择

① W. D. Hamilton，“The Genetical Evolution of Social Behavior”，*Journal of Theoretical Biology*，1964. 7（1）：1-52.

模型”又将如何解释我们人类对于非亲属的其他人类所产生的同情感呢？实际上答案也非常简单：“基因的相似性”实质上是一个针对特定参照系才能够成立的概念。若以其他物种为参照系，整个人类都算是一个巨大的亲属组织，因此，你与地球上任何一个需要别人帮助的人之间都有着某种基因上的关联性。而按照“汉密尔顿律”，只要这种关联度与“被帮助者从你这里获得的好处”的乘积大于“你因为帮助他而遭到的损失”，那么利他主义行为就可以被激发。而在很多情况下，对于陌生人的很多帮助形式——譬如在网上向受灾群众捐献 10 元——所需要付出的生物学资源其实都是微不足道的，这就使得“汉密尔顿律”所规定的相关条件在数学上变得容易被满足（换言之，大于号左边的乘积实在太容易超过其右边的数值了）。换一个更通俗的说法：廉价的“助人为乐”行为的传播之所以并不是很难，恰恰是因为这些行为自身所消耗的资源不多——而与此同时，人与人（尽管很可能彼此是陌生人）之间在身体层面上的起码的相似点却已足以激发出微弱的“好感”，以便催生那种微弱的利他性行为。与之相对应，代价不菲的利他主义行为却往往是建立在被帮助者与帮助者之间较密切的亲属关系之上的，并由这种亲属关系所提供的更为强烈的“亲近感”所驱动。

不过，笔者也承认，这种基于生物学考量的道德起源学说，并不能对人类所有的人际行为作出充分的描述，因为作为自然存在者与社会存在者的综合体，人类的具体行为在受到生物学因素的制约外，还会受到社会—文化因素的制约与影响（譬如文化、生产方式、政治理念、宗教等因素对于一个人的“亲密圈”的重塑效应）。即使如此，生物学方面的考量依然会构成“文化重塑活动”的基本逻辑空间——换言之，文化重塑的方向本身必须首先是“生物学上可能的”。意识到这一点的美国哲学家麦金泰尔便在《依赖性的理性动物》一书中，特别强调了伦理学研究与生物学研究之间的连续性。他指出，如果我们将伦理学视为对于人际关系之根本规范的研究的话，那么，我们就无法忽略使得此类人际关系得以存在的下述基本的生物学前提:人类是一种离开了群体生活就必然会灭亡的物种,因为人类的身体具有一种生物学意义上的脆弱性:“我们是否能够存活,在相当程度上取决于别人(更别提繁衍了),因为我们经常遭遇到如下困难:身体疾病或伤害、营养不足、精神疾病与困扰,以及来自别人的入侵与无视……”[①]这也就是说,按照麦金泰尔的观点,人类道德规范中最基本的那部分——如尊老爱幼、帮助弱小,等等——都是对于某些最基本的生物学需要的“再包装”,而不是脱离于人类的生物学实际的纯粹的“文化发明”。由此不难推出:如果在另一个可能世界中,人类的生物学习性与现有的人类不同(譬如,那个世界中的人类会像螳螂那样在交配之后吃掉配偶),那么,我们也就没有理由期望他们的道德规范内容与我们的道德规范基本一致了。

不难想见,如果这条“达尔文—汉密尔顿—威尔逊[②]—麦金泰尔”式的伦理学研究路数是正确的话,那么,此类思维方式肯定就会对人工智能伦理学产生直接的影响。这里需要强调的核心问题便是:既然 AI 产品并不是任何一种意义上的“生物体”,我们又怎么保证此类产品能够经由与人类身体的相似性而承载人类所认可的道德规范呢?换言之,既然对吾辈而言人工智能体肯定是“非我族类”的,“其心必异”的结局难道不正是无法避免的吗?

不过,同样不容否认的是,至少对于主流的人工智能伦理学研究而言,AI 制品因为其物理“身体”与人类身体的不同而潜藏的对于人类社会的伦理风险,并没有被充分注意到。譬如,著名的“阿西莫夫三定

---

① Alasdair MacIntyre, *Dependent Rational Animals: Why Human Beings Need the Virtues* , Open Court, 1999, p. 1.

② 这里说的威尔逊就是 E. O. Wilson,他的社会生物学研究是汉密尔顿工作的全面升级版。E. O. Wilson, *Sociobiology: The New Synthesis*, Cambridge, MA: Belknap Press, 2000.

律”就表达了某种经过强制性的代码输入(而不是身体设计)以禁止机器人危害人类的企图——而在此路径的支持者看来,给相关的机器人配置怎样的“身体”反倒成了一个与机器伦理无涉的边缘性问题。此外,即使他们了解到从汉密尔顿到麦金泰尔的整条“具身化的伦理学”的发展线索,恐怕他们也会以这样一种轻描淡写的方式来打发“具身派”的见解:既然哈密尔顿所说的“利他主义基因”本身就是以自然选择的方式而植入人类的一种强制性操作代码,那么,AI专家完全可以自行扮演自然选择的角色,向机器直接植入这样的代码。他们或许还会补充说:既然自然选择本身并不是什么神秘的机制,那么,到底有什么自然选择能够做到的事情,我们人类做不到呢?

但在笔者看来,上面的辩驳是无力的。其一,自然选择机制的基本运作原理固然并不神秘,但是特定性状的演化历史的种种细节却很可能是难以被事后复原的,因为这牵涉到了相关基因与特定生态环境之间的复杂互动。因此,从非常抽象的角度看,如果将自然选择机制人格化为一个设计师的话,那么“他”对于伦理代码的编制路线便是“从下到上”(bottom-up)的,而阿西莫夫式的机器伦理代码的编制路线则是“从上而下的”(top-down),两条路径并不相似。其二,自然选择的过程不是一次完成的,而是通过“代码变异→引发显现型变化→参与生存竞争→筛选代码”这样的复杂流程,渐进式地积累各种遗传代码素材的。与之作对比,阿西莫夫式的机器伦理代码设计流程,却试图通过某种一劳永逸的代码编制工作来杜绝未来可能发生的一切伦理风险,这无疑就需要设计者具备像上帝那样的预见力——而我们都知道,人类是永远无法扮演上帝的角色的。其三,自然选择过程所积累的核心信息虽然是以基因代码的方式被保存的,但是在具体的生存竞争中,这些代码必须外显为身体的性状才能够兑现其生存价值。这也就是说,至少对于生物体而言,其遗传代码本身就具有一种针对“具身性”的明确指向,而这种指向在阿西莫夫式的伦理编码里是找不到的。其四,也是最重要的是：自然演化的“设计产品”是我们能够看到的（我们自己就是这样的“产品”），而根据“阿西莫夫三定律”所设计出来的成熟的人工智能产品，我们却还没有看到。更有甚者，根据瓦拉赫（Wendell Wallach）与艾伦（Colin Allen）的分析，在日常语境中对于“阿西莫夫三定律”的执行将不可避免地导致矛盾，譬如在面对一个人类正在残害其他人类的场面时，以下这两条法则就很难被同时执行：“机器人不得在与人类的接触中伤害人类”，“机器人不得在目睹人类被伤害而袖手不管”。瓦拉赫与艾伦就此指出：只要我们允许机器人以比较大的自主性来独立应付种种困难的伦理局面，我们就无法指望其行为能够同时满足“阿西莫夫三定律”的僵化规定——相反，如果我们硬是要将这些僵化规定以代码的形式植入机器的话，我们就不能指望它们的行为输出同时是富有智能的。[①] 很显然，这是一个两难困境。

经由瓦拉赫与艾伦的上述分析的启发，我们还可从语言哲学与语言学的层面上发现自然选择所进行的“伦理编码”与阿西莫夫式的“伦理编码”之间的又一重差异。不难看出，自然选择遴选出来的基因编码组合本身是不带语义的，而兑现这些基因组合的生物体的身体表现同样是不带语义的——赋予其语义的，乃是人类观察者对于这些表现的事后描述。因此，对于自然选择来说，就不存在“如何将带有语义内容的伦理规范分解为具体算法”的问题——而与之相对比，阿西莫夫式的机器伦理编制者却不得不面临这样的难题（因为“阿西莫夫三法则”本身无疑是带有语义的）。因此，除非机器伦理学家们将自身的程序编制工作奠基在一个恰当的语义学理论之上，否则，此类工作就无法解决瓦拉赫与艾伦所指出的那类“灵活性与原则性不可兼得”的困难。

在本节的讨论中我们已经得出了两方面的结论：首先，伦理规范自

---

① Wendell Wallach and Colin Allen, *Moral Machines: Teaching Robots Right from Wrong*, Oxford: Oxford University Press, 2009, p. 95.

身是很难摆脱“具身性”的规制的；其次，阿西莫夫式的机器伦理编制工作既没有意识到“具身性”的重要性，同时又缺乏一个使得其自身的语义内容得以落地的语义学基础理论。而要将这里所说的具身性考量与语义学考量结合起来，我们就需要一个合适的理论媒介。这一媒介就是认知语言学。

二　认知语言学的“具身性”对于人工智能伦理学的启示

这里之所以要提到认知语言学，是因为它提供了一个将前面所提到的“具身性原则”与语义学理论相互结合的范例。认知语言学的代表人物之一雷考夫(George Lakoff)曾概括过认知语义学的意义观与传统意义观之间的不同。[①] 笔者按照自己的理解将其列表概括如下：

表 13－1　认知语言学的意义观与传统语义学的意义观之对比表

编号	传统的意义观	认知语言学的意义观
1	存在着判定何为正确的世界结构的“上帝之眼”。	没有这样的“上帝之眼”，不同的语用共同体会给出不同的世界描述。
2	所有人都使用相同的概念结构。	任何概念结构都是依赖于特定视角而存在，并因为视角的不同而彼此不同的。
3	意义理论的核心范畴是“真”与“指称”，此二者又关涉到符号与世界中的对象的关系。	意义理论的核心关涉乃是对于特定对象的“范畴化”(categorization)，即使得某类内部对象“从属于”另一类内部对象的心智运作机制。外部世界中的外部对象并非意义理论所关心的。
4	心智与身体相互分离。	心智与身体不可分。
5	情绪没有语义内容。	情绪有语义内容。
6	语法是纯形式的。	语法是语义内容的衍生物。

① George Lakoff, *Women, Fire, and Dangerous Things: What Categories Reveals about the Mind*, Chicago: University of Chicago Press, 1987, p. 9.

续 表

编号	传统的意义观	认知语言学的意义观
7	推理是先验的且超越于一切具体领域的。	推理是敏感于被涉及的语义对象的具体语义内容的。

认知语言学提出了很多技术概念,将表 13－1 所提出的意义观加以具体化。一个非常具有代表性的技术概念是“认知图式”(cognitive schema)。“图式”一词的古希腊词源“σχήμα”有“形状”的意思,而在认知语言学的语境中,“图式”则是指“一系列语例中的共通性在得到强化后所获得的一些抽象的模板”[①]。在认知语言学中,此类“抽象模板”往往是按照“意象式”(imagistic)的方式来加以把握。所谓“意象式”的结构,本身乃是“前概念”的,是具有一定的“可视性”的。譬如,英语“ENTER”(进入)这个概念就可以被分析为数个意象图式的组合,包括“物体”(object)、“源点－路径－目标”(source-path-goal)与“容器－容纳物”(container-content)。三者结合的情况如图 13－1 所示:

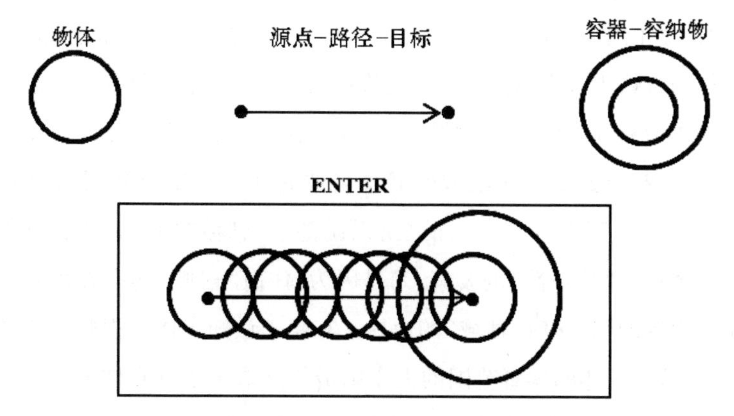

图 13－1　关于“ENTER”的认知图式形成过程的图示[②]

① Ronald Langacker, *Cognitive Grammar: A Basic Introduction*, Oxford: Oxford University Press, 2008, p. 23.

② Ibid., p. 33.

这样的“可视化”图式当然包含了明确的身体指涉。说得更清楚一点,这样的概念图示预设了概念的使用者具有这样的身体经验:自主移动身体,从一个源点出发,沿着一定的路径,进入一个“容器”,并由此使得自己成为一个“容纳物”。换言之,一个从来没有移动过自己的身体,甚至从来没有观察到其他物体之移动的语言处理系统,恐怕是无法真正把握“ENTER”的图式,无法由此真正把握“进入”这个概念的含义的。

而在从属于“图式”的各个“图式要素”中,“辖域”(scope)这个术语亦与“具身性”有着密切的关联。在认知语言学中,“辖域”指的是一个目标概念在被聚焦时,语用主体的注意力在语义网中所能够覆盖的周遭范围——其中与核心区域较近的周遭范围叫“直接辖域”,而注意力的最大范围边界便是“最大辖域”。譬如,对于“肘部”这个概念来说,其直接辖域就是“胳膊”,而其最大辖域就是“身体”;而对于“铰链”这个概念来说,“门”就是其直接辖域,而“房屋”则是其最大辖域。同时,也正因为任何一个被聚焦的对象与其直接辖域之间的连带关系,我们的自然语言表达式往往只允许该对象与相关直接辖域的概念名彼此连缀为复合名词(如“肩胛骨”“门铰链”等),而不允许该对象跳过直接辖域,与更宽泛的辖域的概念名彼此连缀为复合名词(如“体胛骨”“房铰链”等)。① ——而之所以说基于“辖域”的认知语言学叙述方式体现了“具身性”的要素,乃是因为:任何“辖域”的存在均是有赖于其边界的,而任何“辖域”的边界又有赖于认知主体的视野范围的大小,而认知主体的视野范围的大小则最终又取决于其身体的特性。换言之,“辖域”的特征归根结底还是为认知主体的身体特性所塑造的。为了更形象地说明这一点,我们不妨设想一下《格列佛游记》中“大人

① Ronald Langacker, *Cognitive Grammar: A Basic Introduction*, Oxford: Oxford University Press, 2008, pp. 64-65.

国”与“小人国”的居民的可能的概念认知图式所具有的“辖域”。对于一个大人国的居民来说,他所注意到的整个人类房屋恐怕就只有正常人类所看到的一块豆腐那么大——在这样的情况下,“铰链”对于“门”的直接从属关系将因为过于“微观”而变得可被忽略;而与之相对比,对于小人国的居民来说,正常人类尺度上的“房屋”却可能因为“过于宏大”而无法成为其所聚焦的微观对象的辖域——甚而言之,小人国的认知语言学家们恐怕还会开发出一系列对正常人类而言匪夷所思的概念,以便对他们眼中的微观对象辖域进行描述——如在将“铰链”作为聚焦对象的情形下,提到“铰链近侧”“铰链远侧”,等等。

——以上这些,与伦理学有什么关系?与人工智能伦理学又有何关系?

首先可以肯定的是,伦理学所研究的社会规范本身往往带有“身体图式”的印记。让我们不妨来想想在社会生活中遇到的社会规范所具有的语言表达吧!——“这是军事禁地!禁止入内!”(这个表达预设了关于“进入”的身体图式);“行车时不能挤占公交车道!”(这个表达预设了“挤占”概念的身体图式);“不许占据别人的财物”(这个表达式预设了“占据”是一个将远离身体的非辖域转化为其近侧辖域的动态过程);“不许杀人”(这个表达式预设了被涉及的人类身体的确具有终止别的人类身体的生物机能的物理能力)。不难想见,如果上述这些关于身体图式的预设全部被抽空的话,那么我们很可能会凭空造出一些让人不知所云的社会规范,如“永远不能挤占银河系之外的空间!”“永远都不能通过吐口水的方式来淹死长颈鹿”,等等。这也就从认知语言学的角度印证了汉密尔顿—麦金泰尔路线的伦理学研究思路,即:伦理学规范的内容是某种生物学需要的或直接或间接的再包装,而不是脱离了这些需要的纯精神臆造物。

上述思路一旦被推广到人工智能伦理学——尤其是机器伦理学——领域内,就会立即触发如下的问题:既然没有任何科学方面的理由使得“小人国”或“大人国”尺度上的智能机器人无法被制造出来(且不论这么做在伦理上是否合适),那么,我们又如何保证这样的机器人所具有的“认知图式”与人类的“认知图式”彼此合拍呢?如果这种“合拍性”无法被保证的话,我们又如何保证建立在机器人自身身体图式之上的机器人的伦理规范能够与人类既有的伦理规范相合拍呢?而如果后一种“合拍性”也无法被保证的话,我们又如何保证这样的智能机器人不会对人类既有的社会秩序构成威胁呢?

为了使得笔者的上述疑虑显得不那么空洞,我还想就此表达两条补充性意见。第一,在笔者看来,任何智能机器人——如果其具有真正意义上的全面智能的话——所具有的语言智能,都应当包括对于身体图式的识解能力(而无论它的身体构造是怎样的,也无论它是如何获取这种识解能力的)。之所以如此判断,是基于如下推理:机器人所使用的符号若要与外部环境产生有效的、富有灵活性的互动,它们就必须对使用特定符号的典型语境有所把握,而身体图式恰恰是浓缩了此类典型语境信息的最佳推理中介。因此,认知语言学家关于人类认知图式的诸多理论,至少就其哲学精神而言是适用于未来的人工智能体的——至于如何找到合适的编程手段来体现认知语言学的原则,则是另一个话题了。

第二,如果两类智能体(无论是人造的还是自然的)在身体图式上存在着时-空尺度上的巨大差异,那么这两个话语体系之间的转译成本就会非常大,有时甚至会变得不可转译(我们不妨设想一下:倘若蚂蚁也会说汉语,它们的“爬”的概念的身体图式就会与我们人类的“爬”有很大的差异)。这一观察对于伦理规范编制的直接影响是:机器人很可能会因为无法识解人类伦理规范所隐藏的身体图式,而无法识解整条规范(比如,被完全做成海豚状的水下机器人会因为无法很好地理解“踩踏”概念而无法理解“禁止踩踏人类”这条规范的意义)。退一步讲,如果这些机器人的语言智能的发达程度已经达到了允许其通过内部的类比推理来间接把握人类身体图式的地步，那么，它们由此所理解的人类社会规范对其而言也只具有一种抽象的意义（而非实践的意义），因为这样的规范距离它们自己的“生活形式”实在是太远了。在此情况下，我们就很难指望这样的智能机器人会严肃地对待人类的社会规范，并在此基础上成为人类所期望的工作与生活中的有用帮手。

基于以上的讨论，在笔者看来，为了防止种种对人类不利的情况，机器伦理学家就必须预先阻止“完整意义上的语义智能”与“与人类的时空尺度迥然不同的身体构造”这两项因素在同一个机器人身上相结合。而要做到这一点，从逻辑上看，我们只有三个选项：

选项一：我们姑且可以去建造与我们人类的时空尺度迥异的机器人（比如非常微小的纳米机器人），但是不赋予其高级语义智能，即不赋予其在复杂环境下独立、灵活地作出决策的能力（在这种情况下，此类机器人的智能显然没有丰富到足以将“身体图式”予以内部表征的地步）。

选项二：在我们将人类意义上的灵活智能赋予机器人的时候，必须要保证其身体界面与人类的身体界面没有时空尺度与性能表现上的重大差异——或说得更清楚一点，这样的机器人不能比人类跑得快太多或强悍太多，但也不能比人类慢太多或脆弱太多。我们甚至要鼓励更多的人型机器人的开发，使得机器人与人类之间能够形成基于“身体上的彼此承认”的“共情感”。套用麦金泰尔式的“需要伦理学”的话语框架，也可以这么说：我们必须在硬件构造上就使得机器人产生对于其他机器人特别是人类的“需要”，就像人类社会中的任何一个成员在生物学意义上需要他人才能够生存一样。

选项三：我们可以将富有灵活智能的机器人与比较“愚笨”的机器人临时组合起来，让前者去临时地操控后者，就像我们人类自己也会临时地去操控相对缺乏自主智能的机械一样（在这种情况下，两类机器人之间组合的“临时性”可以依然保证高智能机器人自身认知图式的

“拟人性”不被破坏)。但需要注意的是,我们切不可将这两类机器人的临时组合长久固定下来以催生某种对人类不利的新的认知图式,就像我们人类自己也只能在特殊情况下允许人类士兵去使用真枪实弹一样。

当然,除了以上三个选项之外,笔者也不排除:在某种特殊情况下(比如在某些对人类而言极度危险的作业环境下),我们将不得不将“完整意义上的语义智能”与“与人类的时空尺度迥然不同的身体构造”这两项因素予以永久地结合。但即使如此,我们也至少要保证此类机器人与主流人类社会没有广泛的空间接触,以维护人类社会的安全。

如果用一句话来概括笔者的论点,那便是:太聪明的 AI 并不会构成对于人类的威胁——毋宁说,太聪明的 AI 与超强的外围硬件设备的恒久组合,才会构成对于人类的威胁,因为与人类迥异的身体图式本身就会塑造出一个与人类不同的语义网络,由此使得人类的传统道德规范很难附着于其上。有鉴于此,人工智能伦理学的研究方向就应当“由软转硬”,即从对于软件编制规范的探讨,转向研究“怎样的外围硬件才允许与人工智能的中央处理器进行接驳”这一崭新的问题。

不过,正如笔者在前文所提及的,上述观点与人工智能伦理学的主流意见并不一致。在下节中,我将回过头来对这些主流见解进行简要的评述。

三　再谈主流人工智能伦理学研究对于“具身性”的忽视

首先应当看到的是,就其眼下的发展状态而言,“人工智能伦理学”依然是一门非常不成熟的学科分支。实际上,即使在世界范围内,推动“人工智能伦理学”研究的并不是学院内部的力量,而主要是各国官方与企业的力量,而其背后的动机与企图也带有非常强的应景性,而不是立足于学科发展的内部逻辑。譬如,有军方背景的人工智能伦理学家主要关心的就是"能够自动开火的机器人"应当遵行的伦理规范问题[①],而欧洲议会在2016年发布的一份建议性文件甚至讨论了将欧盟范围内普遍承认的民权准则赋予机器人的问题[②]。而在笔者看来,这两项问题的提出均已超越了目前人工智能的实际发展水平,并带有明显的"消费议题"的嫌疑。因为在认知语义学的相关学术洞见还没有被人工智能的编程作业所消化的情形下,现有的人工智能系统的语义表征能力实际上都不足以编码任何人类意义上的道德规范——不管这样的人工智能系统的使用环境是军用的还是民用的。更有甚者,在夸大当前人工智能发展水平的前提下,近年来物理学家霍金生前在各种场合散布"人工智能威胁论"[③],并在公众之中制造了一些不必要的恐慌。而在笔者看来,这种"忧患意识"好比是在一个核裂变的物理学方程式还未被搞清楚的时代就去担心核战的危险,的确只是现代版的"杞人忧天"罢了。

另外,也正是因为参与上述讨论的各界人士其实并没有将关于AI研究的相关语义学与语言哲学问题想透,他们都忽略了"身体图式"对于伦理规则表征的奠基性意义,并因为这种忽略而错过了人工智能伦

---

① P. Lin, et al., "Robots in War: Issues of Risks and Ethics", in Capurro, R. and Nagenborg, M. (eds.), *Ethics and Robotics*, Heidelberg: Akademische Verlagesgesellschaft AKA GmbH, 2009, pp. 49-67.

② *European Commission*, European Parliament, Committee on Legal Affairs, "Draft Report with Recommendations to the Commission on Civil Law Rules on Robotics", http://www.europarl.europa.eu/sides/getDoc.do?pubRef=-//EP//NONSGML%2BCOMPARL%2BPE-582.443%2B01%2BDOC%2BPDF%2BV0//EN.

③ Chris Matyszczyk, "Hawking: AI Could be 'the Worst Thing Ever for Humanity'", https://www.cnet.com/news/hawking-ai-could-be-the-worst-thing-ever-for-humanity/.

理学研究的真正重点。譬如,研究军用机器人的相关伦理专家所执着的核心问题——是否要赋予军用机器人以自主开火权——本身便是一个错失问题之真正肯綮的问题。在笔者看来,只要投入战争的机器人具有全面的语义智能(这具体体现在:它能够理解从友军作战平台上传送来的所有指令和情报的语义,能够将从传感器得到的底层数据转化为语义信息,并具有在混杂情报环境中灵活决策的能力,等等),在原则上我们就可以凭借它们的这种语义智能对其进行"道德教化",并指望它们像真正的人类战士那样知道应当在何种情况下开火。毋宁说,在军事伦理的语境中更需要被提出的问题乃是:"我们是否允许将特定的武器与机器人战士的'身体'直接、恒久地接驳",因为这种直接接驳肯定会改变机器人战士的身体图式,并由此使得人类对于它们的"教化"变得困难(对于军事机器人问题的详细讨论,请参看本书最后一讲)。

而在相对学院化的圈子里,至少在人工智能伦理学的范围内,对于具身化问题的讨论其实也不够充分。即使是哲学家德雷福斯(Hubert Dreyfus)多年来所一直鼓吹的"具身性的人工智能"路径①,在具体技术路线上与认知语言学其实并无多大交集,而且他也未将关于"具身性"的观点延展到人工智能伦理学的领域。至于前面引用过的瓦拉赫与艾伦的研究成果,虽然在行文中的确时常流露出"要使得机器人的道德决策机制更为接近人类"的思想倾向,却也并没有在评述业界既有技术路线的同时,给出一条富有独创性的技术路线来实现这样的思想倾向。因此,无论在学院外部还是在学院内部,本节所提出的以"身体图式构建"为理论基石的人工智能伦理学路径,的确算是一条比较新颖

---

① Hubert Dreyfus, "Why Heideggerian AI Failed and How Fixing it Would Require Making it More Heideggerian", in Julian Kiverstein and Michael Wheeler (eds.) *Heidegger and Cognitive Science*, New York: Palgrave Macmillan, 2012, pp. 62-104.

的思路。

不过，限于篇幅与本书的性质，本讲并没有勾勒出将此类身体图式构建与具体的计算机编程作业相互结合的技术路线图。相关的研究，显然需要非常专业化的探索，而不宜在此全面展开。①

---

① 据笔者所知，试图为认知语言学进行全面计算建模的唯一尝试，乃见诸如下文献：Kenneth Holmqvist, *Implementing Cognitive Semantics*, Lund University, 1993-01-01。这是该文献作者完成的博士论文，但没有在任何一家出版社正式出版，而只是在其个人网页上提供了扫描件下载服务。他的基本思路是激活英国计算机专家玛尔（David Marr）的计算视觉理论，以便为具有明显空间性面相的认知图式（cognitive schemata）提供计算建模方面的支持。笔者认为该思路颇为有趣，但是考虑到认知语言学家所提供的认知图式的高度多样性，以及玛尔的视觉计算模型自身的繁复性，该技术路径所导致的建模结果也肯定是非常复杂的，实用价值有限。实际上，即使是 Kenneth Holmqvist 本人，在完成博士论文后，也逐渐转向纯粹认知心理学意义上的视觉问题研究，而与认知语言学无涉。此外，笔者没有查到任何其他学者沿着这一路径继续探索。

第十四讲

通用人工智能当如何具有德性?

一　我们为何需要谈论"德性"?

在上一讲中,我们已经讨论了如何结合认知语言学的资源,来深化人工智能伦理学的研究,并由此打通语言哲学与伦理学之间的关系。而接续着上讲讨论伦理规范的思路,在本讲中,笔者将讨论如何在 AI 语境中实现"德性"。那么,为何我们要谈完伦理规范,再谈"德性"呢?这二者又有何分别呢?

这就牵涉到了"外显表达"(explicit expressions)与"内隐特征"(implicit traits)之间的关系。大致而言,伦理规范的内容大多都可以在字面上被一句句写下来,这就叫"外显表达",本书已多次提及的"阿西莫夫三定律"便是此类表达的典型实例。而"德性"则不同,它一般只能被兑现为诸如"勇敢""谨慎""开朗"等意义比较模糊的品性评价词。就拿"勇敢"来说吧:怎样的行为算是勇敢的?如果说一名士兵在战场上英勇作战乃是"勇敢"的实例,而一名彻底的反战分子冒着被逮捕的危险也不去参军,这算不算"勇敢"的实例呢?甚至我们还可以设想有一个士兵或许的确非常勇敢,但却一直在彻底的和平环境中服役——那么,在这种情况下,你又有什么根据说他是勇敢的呢?从这个角度看,内隐的德性虽然的确与外显的行为(以及对于这些行为的言语记录)有着千丝万缕的联系,但这种联系往往是带有很大的偶然性的,因此让人难以把捉住从联系的一端到另一端的“兑现”规律。然而,有趣的是,“德性”的这种神秘性,其实并不妨碍我们在日常生活中预设这个概念的有效性,并通过这种预设来便利地完成一些特定的劳动分工。譬如,假设“机灵”是一个含义比较模糊的德性名目,而且,只要某个叫“张三”的人的确被认为是机灵的,那么,他的上级很可能就会委派他到一个需要机灵的人才能应付得来的复杂工作环境中去。这里需要注意的是,关于这个特殊的工作环境的具体情况,该上级领导本人可能也并不熟悉,而且,从理论上说他也很难预判在此工作环境中张三会遇到的所有情况——然而,他对于未来偶发性状态的知识的匮乏,恰好与“机灵”一词的语义含糊性构成了某种应和,因为“机灵”本身就包含着“在未知的环境中创造性地给出应对环境挑战的方案”的深层含义。换言之,如果“机灵”的含义一开始被界定得太清楚的话,此类德性名目的背负者反而会丧失在原始界定所涉及的工作环境之外随机应变的灵活性。不难想见,同样的分析也能够被施加到诸如“忠诚”“宽容”“孝顺”这样的德性名目上去。

从上面的分析来看,既然德性自身的内隐性与德性承载者行为的灵活性之间有着密切的关联,而行为的灵活性又恰恰是“智能”的重要标志,那么,我们就可以说:具有德性,乃是真正的智能承载者需要具备的特征。因此,在 AGI 的大背景中讨论德性,并没有什么大的“违和感”。

需要注意的是,目前英语哲学界在讨论德性问题时,已经出现将中国儒家的思想资源与源自亚里士多德的西方德性论传统相融合的倾向。为了应和这种学术趋势,更是为了与本书第九讲讨论“数据化儒家”的思路相呼应,本讲依然会在相当程度上结合儒家的思想资源。具体而言,因为受到 AI 研究自带的自然主义预设的影响,本讲将在一个诉诸当代自然科学的新话语框架中,对儒家的思想资源进行“祛魅化”处理。基于这种理论态度,笔者在选取与儒家思想相关的历史资源时,除了适当地关注以“四书”为代表的儒家传统经典之外,也会特别留意受儒家思想影响的历史学家对于真实历史人物的德性评价资料——因为后一类资料显然更容易被自然主义的话语框架所吸纳。同时,这样的处理方式,也在某种程度上应和了马克思与恩格斯在《德意志意识形态》中表达的唯物史观的基本论点:意识形态(包括儒家经学传统)是没有自己的脱离了物质生产的独立的精神历史的,因此,对于这些意识形态文本的解读,就不能脱离我们对于真实人物的真实活动的记载的解读。

不过,“德性伦理学”毕竟是西方学术脉络中的学术名目,因此,下面对于儒家思想资源的吸收,依然会本着西方德性论所给出的思想线索来进行。

二　四种当代德性论及其与儒家学说的关系

在西方伦理学文献中,“德性”(virtue)这个词大略是指一个道德主体在特定种类外部条件的刺激下给出特定种类的道德输出(如道德欲望、道德感受、道德行为)的秉性(dispositions),而且这里所说的道德输出肯定是具有“善良”“美好”等正面价值的。需要注意的是,从形而上学的角度看,“秉性”一词是具有对于“反事实条件”的支持力的——譬如,一个具有“勇敢秉性”或“勇敢德性”的人,即使在没有机会展示其勇敢行为的环境下,依然是“勇敢的”,因为他可以在“出现危险”这一反事实条件被满足的情况下向大家展现出勇敢的行为。不难想见,“德性”的这种特点,可以使观察者对拥有相关“德性”的主体的行为模式产生稳定的预期,这些被评价者由此可以得到社群的信任。而所谓“德性伦理学”(virtue ethics),也就是对所有将“德性”视为伦理学基本概念的伦理学立场的总称。

在西方规范伦理学的谱系中，与德性伦理学相对立的立场，主要有道德义务论与道德后果论。非常粗略地说，义务论者关心的是道德行为是否基于应然性的道德规范，而后果论者关心的是道德行为是否能够带来功利的效果。德性论与义务论和后果论之间的本质差异就在于：德性论关心的乃是给出道德行为的人或者团体，而后二者关心的则是道德行为本身。因此，若用史学的术语来打比方说，德性论者天然就偏好于“纪传体”“以人带事”的世界描述方式，而义务论与后果论者会更偏好于“编年体”“以事带人”的世界描述方式。

在笔者看来，尽管我们无法决然断定儒家伦理学的理路与西方义务论/后果论毫无瓜葛，但我们可以在这一理论与西方德性论之间找到更多的类似之处。非常粗略地说，德性论的一个重要理论优势是可以比较便捷地确定一个行为在道德上的可接受性——也就是说，一个行为是否正确，主要取决于行为者的德性，而不是行为自身的道德根据与历史后果。这在很大程度上就规避了义务论者与后果论者都难以解决的两个问题：(1)在很多场合下，对于行为的道德根据的追索会遭遇到彼此冲突的义务论规范；(2)在很多场合下，对于一个特定行为的真正后果是难以被预料到的。而诉诸“德性”的道德理论，则可以借由行为者处理复杂道德处境（特别是那些包含着彼此冲突的道德要求的情境）的卓越能力以及对于自身行为的后果的预见力，而使得对于上述两个问题的明确解答变得不那么必要了（注意：这些能力也都是带有“秉性”意味的概念）。很显然，这一理路与孔子在《论语·为政》中的著名表达——“四十而不惑，五十而知天命，六十而耳顺，七十而从心所欲不逾矩”——在精神上是彼此暗合的，因为孔子的评论主要是针对有德性者处理问题的一般能力的熏养过程而言的，而不是针对某个具体行为或事件而发的。

不过，有鉴于德性伦理学目前也已经发展出了不同的学术分支，为了将讨论引向深入，我们还需要对这些分支与儒家思想资源的具体对应关系进行更细致的爬梳。在进行相关讨论时,笔者参考了胡斯特浩思(Rosalind Hursthouse)为在英语世界具有权威地位的《斯坦福哲学百科全书》中的"德性伦理学"词条[1]所给出的知识梳理框架。

德性论的第一个分支是"柏拉图式德性论"(Platonic virtue ethics)。此论预设柏拉图式的"善"的理念独立于心灵而存在,并认为:德性熏养的要点就在于,我们要对我们所遭遇到的万事万物所蕴藏的"善"进行凝思,思考其自身的利益,琢磨其内在的品性,而不能将目光聚焦于与世界割裂的"小我"上。[2]按照此论,"德性"的实质便是对于一系列外在价值对象的领悟能力。另外,还有一些基督教神学背景更明显的柏拉图式德性论者,将外部的"善"的理念的根据视为人格化的上帝,并将个体的德性熏养过程,视为其对于上帝在"爱"这个维度上的模仿度不断上升的过程。[3] 从中国文化的立场上看,虽然"柏拉图式德性论"所涉及的柏拉图主义和基督教神学的思想资源均与儒家思想具有很大的异质性,但这种借助某种独立于心灵的外部资源来提升内部德性的思路,对于儒家的某些分支学派来说却并非隔膜之物。譬如,朱熹对于《大学》中"格物致知"一语的解释——"一书不读,则阙了一书道理;一事不穷,则阙了一事道理"(《朱子语类》卷十五)——在思路上便与柏拉图式德性论"经由凝思客观之善而提高自身德性"的理路相暗合。

德性论的第二个分支是"幸福式德性论"(Eudaimonist virtue ethics)。此论的关键词是"幸福",即"Eudaimonia",而"幸福"则是对这个

---

① Rosalind Hursthouse, "Virtue Ethics", *The Stanford Encyclopedia of Philosophy*, Edward N. Zalta (ed.), URL = https://plato.stanford.edu/entries/ethics-virtue/.

② T. Chappell, *Knowing What to Do*, Oxford: Oxford University Press, 2014, p.300.

③ Adams, Robert Merrihew, *Finite and Infinite Goods*, New York: Oxford University Press, 1999, p.36.

古词非常勉强的今译。“Eudaimonia”兼指肉体与精神方面的满足（且略偏重于精神满足），其形容词形式“Eudaimonist”主要用来修饰“生命”“生活”这样的名词，因此，“幸福式德性论”的“世俗色彩”要浓于柏拉图式德性论。依据幸福式德性论，“幸福”与“德性”的联系在于：（1）二者都是道德概念；（2）在不少哲学家看来，良好的德性是通向幸福的必要条件，尽管关于这一必要条件是否同时是充分条件，则见仁见智。需要指出的是，这种将“福”“德”并提，并借此刻画“德性”的思路，自苏格拉底、柏拉图、亚里士多德以降便一直是西方古典德性伦理学的“正路”，直到 20 世纪德性论复兴后，其地位才被“行为者德性论”与“击靶德性论”所取代（详后）。不过，笔者认为，要在“幸福式德性论”维度上展开儒家思想与德性论的有效对话，恐怕并不容易，因为我们很难在儒家的词汇表里找到“Eudaimonia”的严格对应者。相比较而言，相对接近“幸福式德性论”之精神的儒家案例乃是“颜回乐道”，以及《孟子·梁惠王下》提到的“独乐乐不如众乐乐”。然而，儒家并没有将这里的“乐”提炼为一个地位堪比“Eudaimonia”的哲学范畴予以全面阐发——相反，正如杨泽波先生所指出的，在更多的案例中，儒家更倾向于从“偶然性”的角度审视“福”与“德”之间的关系，即认为：即使坚持德性而没有得到福报，君子也应当将此当成一种“命运”来坦然接受。[①]

德性论的第三个分支是“行为者德性论”（agent-based virtue ethics）。按照此论，道德规范的根基就在于道德行为者（moral agent）自身的品性与行为倾向和动机——譬如，一个行为到底对不对，取决于道德行为者具有怎么样的道德动机，或基于哪方面的品性——如果是出于其善的动机，或者是其人格中美善的一面，这样的行为便是好的[②]；或

---

① 杨泽波：《从德福关系看儒家的人文特质》，《中国社会科学》2010 年第 4 期。

② Michael Slote, *Morals from Motives*, Oxford: Oxford University Press, 2001, p. 14.

者说,一个错误的行为,就是一个具有实践智慧(Phronesis)的人通常不会做的行为[1]。这里需要特别指出的是,按照美国女哲学家扎格泽博斯基(Linda Zagzebski)的看法,我们对于"哪些动机是好的,哪些是不好的"这一点的判断本身又是基于对特定道德榜样(exemplar)的回应。[2] 这样的道德榜样未必是某个特定的人,而可能是我们在历史上所遭遇到的众多道德高尚的人的某些共通点所汇聚成的价值网络——而此类价值网络对于个体潜移默化的影响,则可以帮助前者在特定的道德情境中以恰当的方式模仿先贤,给出精准的道德判断与合适的道德行为。

相比于前两种德性论而言,笔者认为行为者德性论与儒家学说的关系更为密切。大致而言,柏拉图式德性论至多只能与较晚出现的程朱理学发生积极的联系,而与原始儒家的关系比较疏远;至于幸福式德性论对于"Eudaimonia"的聚焦,也在儒家资源中缺乏足够明显的理论对应物。而在儒家的传统资源库中,能够印证"行为者德性论"的描述则要丰富得多。前文引用的孔子在《论语·为政》中对于个体德性培养过程的自传性描述,几乎是以一种惊人的精确性预报了扎格泽博斯基论点的要旨:德性的熏陶需要丰富的人生经历来积累足够多的道德样板,以便使正确的道德动机的发端能够获得足够好的模拟对象。甚至孔子本人编纂《春秋》的意义,也可以在广义的行为者德性论的框架中重新加以解释:具体而言,《春秋》本身就是对历史上所积累的正反两方面的道德案例与德性展示的典型化处理,其目的便是为了激发读者正确的道德直觉,培养读者的德性——所以古人才有"孔子成《春

---

① Linda Zagzebski, *Divine Motivation Theory*, New York: Cambridge University Press, 2004, p. 160.

② Linda Zagzebski (2010), "Exemplarist Virtue Theory", *Metaphilosophy*, 41(1/2): 41-57.

秋》,而乱臣贼子惧”(《孟子·滕文公下》)这一说法。由此推演下去,从司马迁开始的中国纪传体史书编纂实践,则可以被视为对于孔子原始“道德样板数据库”的不断“扩容”工程。这一经由历史上既有的道德样板衡量当下人物德性的传统是如此之强大,以至于从清末徐继畬对于乔治·华盛顿“起事勇于(陈)胜、(吴)广,割据雄于曹(操)、刘(备)”(《瀛寰志略》)的评价中,我们都能隐隐看到此类儒家思维模式的影响。

不过,从学理上看,若真按照儒家史学传统的评价实践去衡量,扎格泽博斯基的行为者德性论依然还不够精致,因为此论更关心的是有德者在特定环境下会给出的道德动机,而在儒家的人物品评实践中,特定行为所导致的结果也会成为德性评估的参照指标。以范晔在《后汉书·虞傅盖臧列传》中对于东汉末年的人物臧洪(160—195)的评价为例。在这则案例中,臧洪因为袁绍没有发兵去救其好友张超而在东武阳起兵反袁,后因城困粮尽,兵败被杀。范晔一方面以“洪怀偏节,力屈志扬”来表扬臧洪,又批评他不懂“忿悁之师,兵家所忌”的军事常识,甚至嘲讽他想学当年申包胥搬秦兵救楚而不得[①]。在笔者看来,若范晔能够学会英美伦理学的“行话”,他或许会这样来重新组织他的评价修辞:臧洪反袁的动机固然出于为友人复仇的良好动机(我们知道,流行于汉代的《春秋公羊传》是认可一定条件下的复仇行为的),但他却没有以恰当的方式实现相关目标的其他德性——比如军事上的审慎与政治上的判断力。因此,臧洪的悲剧至少说明,过分看重“良好动机”的行动者德性论,并不足以构成对于行为规范的完整说明。

不过,“行动者德性论无力说明臧洪案例”这一点,并不意味着德

① 这里的历史背景是:臧洪曾指望公孙瓒、黑山军(汉末农民起义军的一支)、吕布在侧后袭袁以救东武阳,不料其希望却统统落空。

性论整体框架的失败,也不意味着后果论理论的某种胜出(尽管从表面上看来,范晔对臧洪的批评,多少是建立在对于其行为的消极后果的观察之上的)——因为德性论完全可以通过升级自己的理论框架,而将某些后果论的因素包容于自身。这就引出了本节所讨论的最后一种德性论分支:击靶德性论(target-centered virtue ethics),提出人为美国奥克兰大学的女哲学家思汪敦(Christine Swanton)[①]。与前几种德性论不同,击靶德性论者并不喜欢抽象地谈论"德性"概念,更不喜欢引入"幸福""善"这些更抽象的概念,而是致力于将"德性"兑换成我们平时经常用到的"德性"名目,如"勇敢""诚实"等等。与重视动机反省机制的行为者德性论尤其不同的是,击靶德性论特别看重德性价值的实现(故此才有"击靶"一说)。譬如,如果说"勇气"这一德目之标靶是"克制愤怒、正面危险"的话,那么,只有真正做到这一点,相关德性才能够得到实现,"击靶"活动也才算真正完成。正是基于这种观察,按照击靶德性论,一个行为在伦理上是否可被赋予正面价值,将取决于该行为是否击中了自己的道德标靶,而不像行为者德性伦理学家所说的那样,主要取决于该行为是否在意向中瞄准了相关的道德标靶。此外,由于"德性"一开始就是作为一个复数概念进入击靶德性论的词汇的,因此,如何对多重德性同时提出的"击靶要求"进行全盘考量,一直是击靶德性论者所关心的问题。在他们看来,在特定的环境下由于某项更重要的"击靶要求"而放弃某些可能会与之发生冲突的次要"击靶要求",不仅在道德上是可以被允许的,甚至在实践中也是不可避免的,因为个体的时间与资源是无法同时满足那么多的"击靶要求"的。因此,一个行为的德性属性,最终也将取决于上述这种通盘考虑的恰当性,尤其是其与特定语境的适切性。

---

① Swanton, Christine, *Virtue Ethics: A Pluralistic View*, Oxford: Oxford University Press, 2003.

不难看出，击靶德性论在很多方面都与儒家伦理学高度契合。第一，作为复数概念的“德性”对于儒家来说毫不陌生，“四维”（礼、义、廉、耻）、“五德”（智、信、仁、勇、严，或：温、良、恭、俭、让）、“八德”（孝、悌、忠、信、礼、义、廉、耻）这些说法都是广为中华文化圈所知的。第二，在范晔对于臧洪的评价中我们已经看到了，儒家对于德性的实现——或“击靶”——有着独特的兴趣。此外，范晔之前的叔孙豹早就将“立功、立德、立言”视为“三不朽”（《左传·襄公二十四年》）；而更往后看，范晔之后的孔颖达又在《春秋左传正义》中将“立功”进一步界定为“立功谓拯厄除难，功济于时”——可见，对于事功之成败的关注，无论在叔孙、范、孔那里，还是在思汪敦那里，都别无二致。第三，儒家对于特定语境中问题解决资源的有限以及不同德目之间的内在冲突，是有着清醒的认识的，所以儒家才特别关注“如何在这些价值目标之间找到恰当的平衡点”这一问题。《论语》本身就提供了不少这样的平衡式案例，譬如：对于“照顾父母”与“切实的出游需求”这对矛盾来说，“游必有方”就是这样的平衡点（《里仁》）；而对于在动荡政治语境中“全身”与“善道”的平衡问题，孔子开出的折中性药方则是“危邦不入，乱邦不居”，等到政局安定后再“有道则见”（《泰伯》），等等。此外，也正是按照类似的标准，范晔才在《后汉书》中对臧洪反袁行为的不审慎作出了批评——或改用击靶德性论的话语来说，范晔笔下的臧洪，缺失了“对多种复杂因素进行全盘统筹”这一与“击靶”密切相关的德性。

从本节的分析来看，扎格泽博斯基（以下简称“扎”）的行为者德性论也好，思汪敦（以下简称“思”）的击靶德性论也罢，它们要么诉诸历史上积累的道德样板资源对于个体德性的熏养机制，要么诉诸有德性的个体的内部道德决策机制——总之，它们既没有像柏拉图式德性论那样求助于超自然概念，也没有像幸福式德性论那样求助于“Eudaimonia”之类语义模糊的概念。这些特征，无疑使得扎、思之论具有了非常明显的自然主义面相,它们由此有资格成为使得“儒家资源之自然主义化”议题得以展开的备选元叙述框架。

然而,一个彻底的自然主义者,将不会仅仅满足于将德性论中某些更具自然主义意味的分支与儒家伦理学互相捆绑。一种更彻底的自然主义方案,将通过引入某些经验科学(而不是现代伦理学)资源,以便对儒家伦理学施加更为深入的“祛魅化”操作。这正是本讲余下两节尝试着要去做的。

三 从神经计算模型看德性熏养

非常粗略地说,现代自然科学的特点便是表述诉诸量化手段,结果可由经验所验证。那么,怎样使得儒家的德性论也成为这样一种科学化的“心性”理论呢?一种比较容易想到的思路,便是利用神经科学的证据,来印证儒式道德理论的可能性。但有鉴于神经科学的描述层次远远低于德性描述的层次,这样的进路是否会导致解释中“层次不匹配”的问题,笔者是有所担忧的。而为了纾解这一问题,一个很容易想到的方案,便是提高原来的神经科学描述的层次,使得一种关于德性的高层次理论能够附着于其上。

这种比神经科学更高,却依然与其有关系的描述层次,就是“神经计算”的层次——在这个描述层次上,人工智能专家对于人类神经网络活动的方式进行适当的数学抽象与模型化,并凭据这一模型来对很多科学假设进行验证。这就是本书第三讲曾介绍的人工神经元网络技术,或称为“联结主义”技术。

读者应当还记得,神经元网络技术的实质,就是利用某种广义的统计学的方法,在某个层面模拟人脑神经元网络的工作方式,设置多层彼此勾连成网络的计算单位(如输入层—隐藏单元层—输出层等)。由此,全网便可以通过类似于“自然神经元间电脉冲传递,导致后续神经元触发”的方式，逐层对输入材料进行信息加工，最终输出某种带有更高层面的语义属性的计算结果。至于这样的计算结果是否符合人类用户的需要，则取决于人类编程员如何用训练样本去调整既有网络各个计算单位之间的权重。一般而言，隐藏层计算单元只要受过适当的训练，就能够初步将输入层计算单元递送来的“材料”归类为某个较为抽象的范畴，而所有的这些抽象范畴之间的语义关系，则可以通过某种记录隐藏层计算单元之触发模式的所谓“矢量空间”，而得到一种立体几何学的表征。

基于上述基本技术思路，“神经哲学”的倡导者、美国哲学家丘奇兰德（Paul Churchland）便设想了在某种经过精心调试的人工神经元网络的平台上完成“德性”训练的可能。① 他的大致想法是：如果我们能将关于人类行为的基本底层描述全部数码化并“喂入”一个神经元网络，那么，通过调整网络节点之间的信息传输权重，我们就能够使得网络中的隐藏层形成一个关于道德价值词分布的“矢量空间”（图14－1）。而在这样的矢量空间中，每一个离散的点都表示网络对于特定行为样板的典型性表现形式——比如，“撒谎”（lying）这个点就是与撒谎有关的各种输入在得到特定处理后，隐藏层所应该在矢量空间中激发的位置。而这些激发位置在矢量空间中构成的几何体，则形象地表示了一个具有特定价值观的行为者所遵奉的价值体系的内部结构。

① Paul Churchland, “Toward a Cognitive Neural Biology of the Moral Virtues”, in Paul Churchland, *Neurophilosophy at Work*, Cambridge: Cambridge University Press, 2007, pp. 37-63.

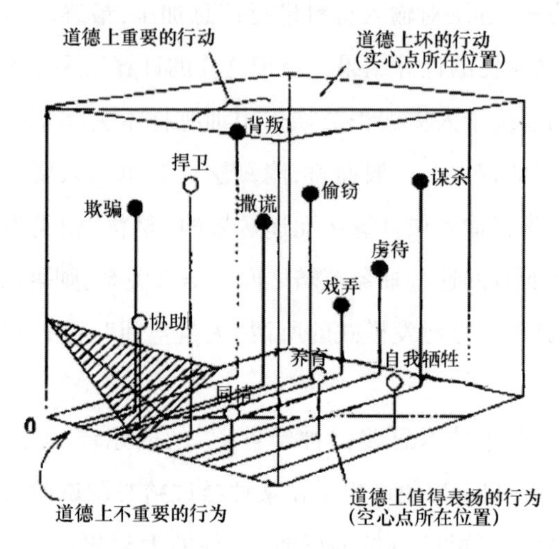

图 14-1 丘奇兰德所设想的神经网络模型经过训练后形成的关于道德识别的矢量空间①

图中所有实心小圈表示在道德上值得谴责的行为类型在矢量空间中的典型位置,所有空心小圈表示所有在道德上值得表扬的行为类型在矢量空间中的典型位置。代表善行的小圈所在的亚空间与代表恶行的小圈所代表的亚空间又在纵向上将整个矢量空间剖分为二——此外,该矢量空间的左下角被斜切出来的四面体则代表"缺乏道德意义"的中性亚空间。

虽然丘奇兰德没有提到儒家思想资源与他的技术建模之间的关系,但是此建模对于一般意义上的德性伦理学的说明意义,他却有着自觉的意识。依据他的理路,在神经计算的话语框架中,所谓"获得一种德性",就是通过特定的数据训练而能够做到以下两点:(1)在关于隐藏层触发模式的矢量空间中,形成一个在几何学特征与拓扑学特征上均符合社会规范要求的"价值几何体"(或说得通俗一点,知道"撒谎"与"诚实"之间的概念差距要大于"撒谎"与"保持沉默"之间的差距);

① Paul Churchland, "Toward a Cognitive Neural Biology of the Moral Virtues", in Paul Churchland, *Neurophilosophy at Work*, p. 43.

（2）在遇到新的行为输入的情况下，能够将这些输入正确地映射到前述“价值几何体”的正确位置上去（或说得通俗一点，知道哪些行为算“撒谎”）。而一个网络一旦满足了此类训练要求，我们就可以信赖它能够在未来遇到新的行为刺激时继续产生符合社会规范之期望的道德输出，因为它已经获得了特定的“德性”。[①]

不得不承认，至少从表面上看来，丘奇兰德的德性伦理学刻画思路的确与儒家的思路有些相合：二者都试图在“前命题推理”的层面上处理德性的“熏养”问题；而且，二者都承认这种“熏养”需要外部的社会权威的介入（说得具体一点，在人工神经元网络中，系统初始输出与理想输出的比对，就是“社会权威意志”对于人造系统的一种介入方式）。而且，丘奇兰德对于“价值几何体”中“价值端点”的复多性的强调，也与击靶伦理学的类似想法肖似。然而，笔者依然认为：要将丘奇兰德的相关技术设想完全落实到对于儒家资源的重建上去，我们还是会遭遇到重大困难的——这些困难不仅是技术性的，而且是哲学性的。

为何这么说呢？我们知道，在现在的AI实践中，人工神经元网络经常被用以执行“模式识别”的任务，譬如从海量的照片或视频中辨认出特定人员的面孔。而这类任务的基本特点是：其输入与输出之间存在着一种“描述层次逐步增高”的过程，而这种过程也与神经元网络自身的金字塔式构建形成了某种对应。而在道德判断的案例中，我们却很难找到类似的层次性。这又是因为：

第一，从儒家的历史叙述传统来看，我们很难找到不包含高层面价值评价的低层次物理描述。以孔子编纂的《春秋》为例，“有一事一辞者，亦有一事异辞者；又有一辞一事者，亦有一辞数事者……”[②]，也就

① Paul Churchland, “Toward a Cognitive Neural Biology of the Moral Virtues”, in Paul Churchland, *Neurophilosophy at Work*, p. 43-47.

② 郭晓冬、曾亦：《春秋公羊学史》，华东师范大学出版社，2017年，第97页。

是说，以“辞”为代表的价值取向往往是与特定的历史事件描述任务捆绑在一起的，事件-价值判断之间往往并不呈现出机器学习机制所乐见的“多对一”关系。也就是说，当我们真要将中国传统的历史记录文本当成初始资料“喂入”丘奇兰德式的神经元网络模型时，这样的模型是根本无法运作的，因为此类资料本身的“层次”已经高到无法对其进程进行逐级抽象的地步了(这在后文中将被简称为“层次崩塌”问题)。

第二，如果神经计算模型的设计者要对儒家历史资料的原始内容进行“降低层次”的处理，以获取其中的价值判断，那么，又一个哲学义理问题会迎面而来：仅仅从对于一个社会事件的纯粹物理描述中，我们是无法抽象出其价值属性的，除非我们已经获知了一个更大的评价语境(譬如，正是特定的语境知识，才使得我们赋予了“中途岛海战中美国海军飞行员对于日本航母的自杀式袭击”与“日军‘神风特工队’在战争后期对于美海军的自杀式袭击”以不同的意义，尽管从物理层面上看，两种行为的确是很相似的)。但这一点却马上会陷机器学习机制于两难：若这样的机制不允许其所处理的初始材料包含此类语境知识的话，那么，其进行抽象分类的结果就会与人类的常识大相径庭；若它允许初始材料包含此类语境知识的话，那么，此类语境知识自带的价值维度则会使得“层次崩塌”的麻烦重新出现。

第三，同样是为了避免“层次崩塌”的麻烦，一个丘奇兰德式的机器学习机制就必须保证其输出是足够抽象且不带事实描述的。然而，通过类比历史掌故而对人物作出评价，却恰恰是儒家人物评价的根本特点。譬如，陈寿在《三国志·吕布张邈臧洪传》中对东汉末年的“八厨”之一张邈(？—195)的总结性评价只有一句话：“昔汉光武谬于庞萌，近魏太祖亦弊于张邈”——换言之，陈寿试图经由“光武刘秀-魏祖曹操”以及“庞萌-张邈”之间的类比关系，含蓄地表达他对于张邈的负面看法。此段引文中的“谬”与“弊”虽带有明显的“高层”价值取向，它们却又同时附着于相关的“底层”史实之上——从技术上看，这就使得前面提到的"层次崩塌"问题重新浮现。这种局面无疑将使得"丘奇兰德们"再次陷入两难:他们要么就必须承认儒家"通过历史类比进行人物评述"的做法是无法被神经计算模型所模拟的,要么就必须削足适履地修正儒家的表述习惯,以适应此类模型自身的技术特点。

上面的评估足以说明:任何一种试图用自然主义态度重建儒家德性论的技术路线,都不能通过一种"自下而上"的技术路径,而将儒家意义上的德性养成过程视为任何意义上的"模式识别"任务。毋宁说,对于任何一种典型的儒家道德训诫样本来说,语义属性与价值属性都已经内在于其中,而无法被抽象掉了。因此,从哲学角度看,自然主义者必须接受语义属性与价值属性在原始材料中的"不可还原性",并在此基础上探求某种不预设描述层次之间的等级架构的新刻画方案。如何在这个新方向上进行探索,便是下节所要触及的话题。

四　通过基于"儒家德性样板库"的隐喻性投射来获取德性

众所周知,隐喻是一种在表面上言及甲事而实际上涉及乙事的修辞手段。这一修辞手段对于儒家的历史叙述传统来说绝不陌生。我们再从汉末历史中选取几例。汉末名臣第五种("第五"为复姓)被宦官势力陷害,后被江湖豪杰救走,遭到朝廷通缉。当时任徐州从事的臧旻(即前面提到的臧洪的父亲)上书天子为第五种辩护,并在相关文字里提到了"齐桓公宽恕曾用箭射过他的管仲""汉高祖宽恕曾为项羽效过力的季布"等历史故事,由此暗示当今天子也要对第五种"录其小善,除其大过"(相关资料收录于《后汉书·第五种离宋寒传》)。不难看出,臧旻精心编排的修辞,其实是通过对于齐桓公与汉高祖德性的提点而暗指时下天子的行为所应遵循的规范,尽管他没有明说天子就应当是当下贤君。很显然,这就是隐喻手法在儒家政治规劝活动中的妙用。

无独有偶,汉末名将孙坚在规劝上级张温斩杀桀骜不驯的董卓之时,也采用了类似的隐喻式修辞,即通过温习"穰苴斩庄贾、魏绛戮杨干"的故事来提示张温当下应做之事(《三国志·吴书·孙破虏讨逆传》)。至于一种更广泛意义上的隐喻机制,则在从汉代开始流行的谶纬系统中被全面地"体制化"了,譬如范晔在《后汉书·五行二》中对于"灾火""草妖""羽虫孽""羊祸"等自然现象的描述,实际上便包含了对于汉末衰微政局的一种"密集式"隐喻投射。

——那么,以上的这些案例,该如何被整合到德性伦理学的话语框架之中呢?

在上一节中我们已经看到,丘奇兰德将德性伦理学"自然主义化"的要旨,便是通过神经计算模型来对道德刺激进行逐步抽象,并根据抽象的结果来对抽象进程进行反馈,由此使得系统获得正确的"抽象习惯"——此即"德性"。虽然我们已经知道这种"逐层抽象"的技术思路很难被运用到儒家德性训练的实际案例上去,但至少就"通过特定训练样本形成某种具有规范性的推理习惯"这一大思路而言,我们依然可以在某个更恰当的技术平台上对其予以保留。依据笔者浅见,儒家人物评价模式对于隐喻式修辞的高度依赖,正好为构建"更恰当的技术平台"提供启发。譬如,我们可以按照这样的路线图来构建这种平台:

第一步:人类程序员通过史料阅读,手动建立一个"儒家德性样板语料库",而每一个语例都要按照如下格式标注各种参数的值:(1)人名;(2)典型事迹集;(3)对每一典型事件背后当事人的道德决策进程进行心理重构;(4)对每一典型事件进行整体上的道德价值词标注(有时一个复杂事件可以用几个价值词标注);(5)对于该人物的总体德性评价。在整个"步骤一"中,环节(3)中数据的采集可能是最为困难的,因为当事人的心理活动与道德决策过程往往很难在事后被复原。比较合理的处理方法是罗列出史料所记载的当事人面对特定任务时所需要满足的所有目标,然后根据他对于这些目标的实际取舍,反推出这些目标在其内部心理评价系统中的排位。而在环节(4)中,我们将根据“击靶德性论”的精神,对每一事迹的成败给出价值评分,尔后再结合环节(3)所给出的对于行为者意图的描述,构成某种综合评分(其综合标准是:“击靶”成功的善良意图的综合道德评分会被拉高,而“击靶”未成功的善良意图的综合道德评分则会被降低,依此类推)。至于环节(5)所涉及的对于人物德性的总体评价,则是对在环节(4)中所出现的大量道德评注进行统计学抽象后的结果。此外,还需要读者注意的是,本步骤所涉及的“儒家德性样板语料库”反映的虽然是传统官方史书对于历史人物评价的一般性意见,但我们并不试图假定此库中的所有参数设置会具有贯彻全库的逻辑自洽性(因为不同的儒家学者对同一人物自然会有不同的褒贬)。与这种宽容相对应,我们亦允许数据库营建方根据新资料对这个数据库进行修正与扩容。因此,这样的数据库便不会在任何意义上构成一个“公理系统”(笔者稍后会提及实现这些技术理想的备选技术手段)。请参看图 14 - 2。

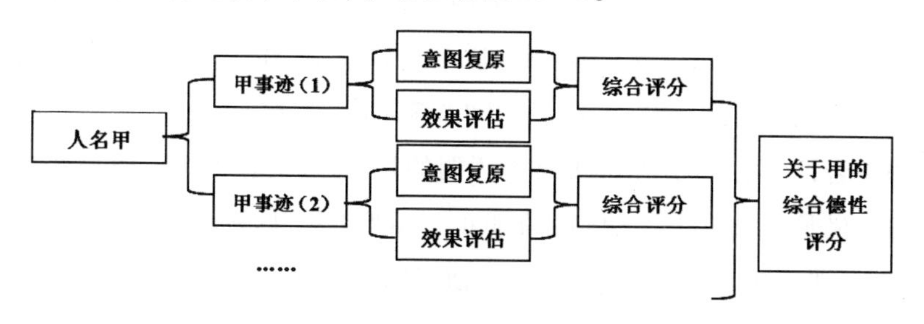

图 14 - 2　儒家德性样板库的建立(上)

第二步:系统必须对数据库信息自行进行整合,即在标注为“与当事人甲相关”的数据集与标注为“与当事人乙相关”的数据集的各个下属参数之间进行相似度计算。在理想情况下,一个已经具有强大类比推理性能的计算系统,将有能力自行在“齐桓公宽恕曾用箭射过他的管仲”与“汉高祖宽恕曾为项羽效过力的季布”这两个事例之间找到相关性,尽管这两个事例本来是属于两个不同的数据集的。由此,系统会自行形成与“宽恕”这种行为相关的典型语例集,由此构成对于以人名为核心词的语例集的二阶表征。请参看图 14 – 3。

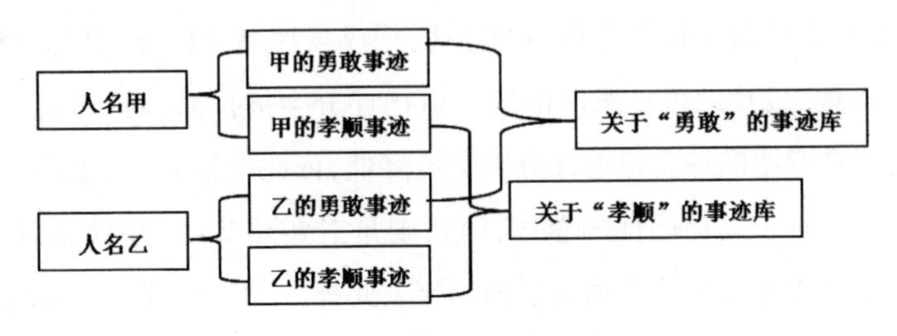

图 14 – 3　儒家德性样板库的建立(下)

第三步:向系统“喂入”一个新的虚拟道德情境,要求系统:(1)通过类比思维方式,在前述“儒家德性样板语料库”的“一阶语例集”与“二阶语例集”中搜寻到特定的子集,并在这些子集与当下案例之间建立特定的隐喻投射关系;(2)将语例库中的道德问题求解方案投射到当下案例中;(3)给出问题的求解方案。

第四步:系统的“高层次评估模块”会对上述步骤所给出的求解方案进行评估,若其得分合格,则完成本轮训练,给出下一个道德案例进行深化训练;若得分不合格,则驱动系统重启“步骤三”,直到给出的解答符合评估要求(这里需要补充说明的是:通过头轮训练就使得系统输出满足要求的概率,恐怕是很低的。不难想见,如果样本库信息足够丰富,那么其所含的与当下情境貌似雷同的案例就会非常之多,因此,系统很可能会在初次选择备选的隐喻投射基准对象时“看走眼”)。

第五步:经过上述步骤而完成了大量道德案例训练的系统,其实已经具备了以恰当的方式将新的道德情境要素与道德样本库中的相关因素加以联系的能力,也就是建立恰当的道德隐喻投射关系的能力。我们可以认为:具备这种能力的系统已经具备了最初步的“德性”。

第六步:经过更长且更复杂的运行历史的此类系统,为了节省内部运作资源,将从自身处理特定问题的内部经验出发来面对新的道德情境，而不再大规模地求助于儒家道德样本语料库中的信息（而这一内部推理过程的简化之所以可行，也正是因为样本库中的德性样板已经通过复杂的学习历程而被系统所内化了）。这样的系统也可以被视为某种具有较为完整的德性（full-fledged virtue）的人工道德推理系统。

以上技术路线的实现，显然取决于对合适的计算平台的选择。具体而言，这样的计算平台显然要具备对于自然语言的强大编码能力，以及对于类比思维的强大表征能力。同时，它还不能是任何一种意义上的基于公理集的封闭式推理系统，否则它就无法对应儒式道德推理的开放性与对于语境因素的敏感性。若说得再技术化一点，这样的计算平台应当能够像传统的亚里士多德式逻辑那样，支持某种基于"词项"的推理——因为对于类比—隐喻推理的表征任务而言，经由"本体与喻体对于某个间接词项的分享"来建立恰当的推理路径，其实是一条最经济的技术路线。而正如我们所看到的，神经计算模型是无法满足这些技术需求的，因为此类模型只能完成对于繁杂数据的识别任务，而无法在语义水平上直接进行逻辑推理（遑论相对复杂的类比推理与隐喻投射）。而基于公理系统的传统符号人工智能的进路，同样无法胜任我们在此给出的任务，因为这样的技术进路在面对含糊、开放、易受语境因素影响的类比推理任务时，表现往往很拙劣——更重要的是，此类技术进路对于弗雷格式现代逻辑（以及与之捆绑的"真值语义学"）的依赖，使得其无法像词项逻辑推理系统那样规避所谓"框架问题"[①]。就笔者所知，眼下在全球范围内，最可能将笔者所构想的"儒式德性训练模型"予以算法化的计算平台，乃是由美国天普大学（Temple University）的计算机科学家王培先生发明的"纳思系统"所提供的，而本书的

---

① 这个问题的实质乃是"如何在外延化的真值语义学框架中表征自然词项之间的内涵关联性"。请参看拙文《一个维特根斯坦主义者眼中的框架问题》，《逻辑学研究》2011 年第 2 期。

第十一讲,已经对该系统的一些基本技术特征进行了描述。纳思系统之所以被说成是“非公理的”,则是得缘于如下理由:尽管系统的构造者会在一开始为系统的每个层次预先设置一些推理规则,但他既不会将整个系统的知识库锁死,也不赋予知识库中的任何一个命题以公理的形式。毋宁说,纳思自身的知识库是可以随着系统经验的增加而被不断修正和丰富的(这些修正本身则是在纳思推理规则的指导下进行的)。也正是在这个意义上,纳思的知识表征进路在实质上是不同于丘奇兰德所推崇的神经计算模型以及传统AI研究所推崇的符号规则进路的,因为后二者均要求系统一开始就获得关于环境的充分知识(或接近于充分的知识)。由是观之,纳思进路颇有孔子所说的“君子不器”的品格,并天然与儒式推理方式相亲近(如果我们将“器”重新解释为对于特定领域内的充分知识的执着态度的话)。当然,若我们真要着手经由纳思技术平台来构建本节所描述的儒式德性训练模型的话,由此所牵涉的大量技术性讨论,恐怕是本讲内容所不能包容的。有兴趣的读者可参看笔者经由纳思系统重构许慎“六书”构字理论的其他理论尝试,[1]因为这些尝试所涉及的诸多技术细节,对于德性训练模型的营建来说也是通用的(同时,许慎的构字论本身,也可以被视为儒式隐喻式思维方式在文字学领域的映现)。

① 请参看拙文《如何真正让电脑懂汉语——一种以许慎的“六书”理论为母型的汉语处理模型》,《逻辑学研究》2012年第2期。

第十五讲

我们真的需要担心会自动开火的军用人工智能系统吗？

一　伦理属性与武器相互结合的 12 种可能形式

本书的前一讲是讨论德性的，而再前面一讲则是讨论伦理规范的。不难想见，人类社会的诸种活动中，以最激烈的方式考量我们的德性与伦理的活动形式，无疑是那些牵涉到生死的活动（请回顾本书第十二讲对于海德格尔的“向死而生”概念的讨论），而人类最典型的牵涉到生死的活动，无疑就是战争。既然本书讨论的是 AI，所以，我们也就必须在 AI 的语境中谈论战争——而在 AI 的语境中讨论战争，我们就无法回避军用机器人（或者是 AI 以别的方式所呈现出的军事化运用方式）。所以，本讲就将以讨论“能够自我开火的机器人”作为全书的结尾，并以此为契机，为前面几讲对于伦理与规范的讨论进行总结。

应当看到，AI 与武器的结合所可能导致的伦理后果，目前正成为海外媒体热烈讨论的一个话题。美国著名企业家马斯克（Elon Musk）便在不同场合表示了对于人工智能武器化的担忧，甚至认为：具有自我意识的人工智能在与特定武器相互结合成为“可以自动开火的人工智能系统”之后,或会对人类的生存构成威胁。[①] 不过,在笔者看来,此类担忧其实有点言过其实。笔者认为,只要施加特定的管制条件,人工智能与武器系统的结合其实反而是有利于增加未来战争的伦理维度的。不过,在具体展开相关讨论之前,我们有必要先将讨论会涉及的一些概念问题加以澄清。

所谓的“可以自动开火的人工智能系统”概念,其实包含着两个关键成分:一个是在人工智能技术支持下的“人工道德主体”(artificial moral agent),另一个则显然是“武器”。但麻烦的是,这两个概念成分的含义,都不像看上去那样一目了然。譬如,某型具有敌我识别能力的导弹,固然可以被说成是某种程度上的“人工道德主体”——因为它能够自动寻找目标并歼灭目标,并在这个过程中恪守某种军事道德(比如不误杀友军)——但这种武器的“自主性”,与未来学家们设想的那种可以完全替代人类士兵的超级军事机器人相比,显然还有一定的距离。与之相类比,“武器”也是一个非常模糊的概念:从十字弩到弹道导弹,似乎都可以被笼统地称为“武器”。有鉴于此,除非我们将“人工道德主体”与“武器”这两个概念都予以分层次讨论,否则,我们就无法清楚明白地表述出“可以自动开火的人工智能系统”这一概念的所指。

先来看“人工道德主体”。在美国学者瓦拉赫与艾伦合写的名著《道德机器——如何让机器人明辨是非》中,两位作者将“人工道德主体”区分为三个层次,颇有参考价值:

层次一:具有“运作性伦理性”(operational morality)——下面简称为“弱伦理性”——的人工制品。譬如,一把手枪的保险装置就是此类伦理性的体现。保险装置本身并不具有自觉的伦理意识,但是它的存在,毕竟被动地体现了设计者关于“保护射手安全”这一点的基本伦理

① 马斯克的惊人之语是“人工智能的发展或许会引发第三次世界大战”。请参看 http://it.sohu.com/20170906/n509852319.shtml。

意识。在这个层面上,我们甚至还可以去批评某种武器的设计方案是“不伦理的”——譬如二战时期日本“零式”战斗机糟糕的装甲防护,就体现了设计者对于飞行员生命的漠视态度。与之相比较,俄罗斯当下最先进的T-14坦克却显示出了这个维度的“伦理性”——因为这种坦克的无人炮塔设计可以大大增加乘员在坦克被击中后的生还率(对于既有坦克战数据的统计表明,炮塔内的乘员在坦克被击中后的生还率,的确要远低于在底盘中工作的乘员)。

层次二:具有“功能性伦理性”(functional morality)——下面简称为“中伦理性”——的人工制品。譬如,现代喷气式客机的自动驾驶仪,在很多场合下能够代替人类驾驶员进行驾驶,体现出了很高的自主性。而此类制品与伦理性的关联则体现在:出于对伦理性——特别是“保护乘客的身心安全”这一伦理规范——的考量,此类设备的设计者往往会禁止设备操控飞机做出剧烈的机动动作(顺便说一句,本书第二讲开头所提到的波音737MAX8的飞行姿态自动调整软件,其设计初衷便在于此。不过不幸的是,该软件的设计具有重大缺陷)。需要指出的是,与前一类人工制品相比,在这一类人工制品中,伦理规范是以软件代码的形式出现的,而不是通过软件的固定配置模式而体现自身的。因此,从原则上说,此类制品的伦理属性也完全可能仅仅通过代码层面上的变更而变更。

层次三:具有“整全能动性”(full agency)——下面简称为“强伦理性”——的人工制品。此类制品就像活人一样,可以作出独立的伦理决策,并能够理解其决策的意义与后果,并在一定程度上能够为其决策进行负责。很显然,我们目前还没有做出这样的人工智能产品。①

说完了“人工道德主体”,我们再来说“武器”。由于“武器”的品

---

① 参看Wendell Wallach and Colin Allen, *Moral Machines: Teaching Robots Right from Wrong*, Oxford: Oxford University Press, pp. 25-33。

种太多,为了适应本讲的讨论语境,我们从施用武器的伦理后果的角度,将其分为四类:

第一类:非致命性武器,如气溶胶弹、激光致盲枪、扩音炮等(这类武器一般不会导致人员的死亡,但可能会有致残的后果)。

第二类:短程战术性武器,如机枪、坦克等(这类武器一般在低烈度与中等烈度的军事冲突中使用,会导致人员伤亡,且武器使用的技术门槛比较低)。

第三类:长程战术性武器,如战斗机、轰炸机、军舰与不带核武器的短程战术导弹(这类武器一般在中等与高等烈度的常规战争中使用,会导致人员伤亡,但武器使用的技术门槛也比较高)。

第四类:战略性兵器,如核、生、化兵器,以及携带常规弹头的中远程导弹(这类武器会造成大量的人员伤亡,很可能会造成严重的环境污染,至少会使得国际局势变得非常紧张)。

很显然,按照排列组合原理,我们现在就有了十二种将武器类型与"人工道德主体"的类型相组合的方式:

(1)"弱伦理性"+"非致命性武器";

(2)"弱伦理性"+"短程战术性武器";

(3)"弱伦理性"+"长程战术性武器";

(4)"弱伦理性"+"战略性武器";

(5)"中伦理性"+"非致命性武器";

(6)"中伦理性"+"短程战术性武器";

(7)"中伦理性"+"长程战术性武器";

(8)"中伦理性"+"战略性武器";

(9)"强伦理性"+"非致命性武器";

(10)"强伦理性"+"短程战术性武器";

(11)"强伦理性"+"长程战术性武器";

(12)"强伦理性"+"战略性武器"。

在这十二种可能性中，特别引发我们兴趣的乃是出现"强伦理性"的最后四种[(9)—(12)]，因为既然"强伦理性"与各种武器形式的结合目前还付诸阙如，对于它们的讨论显然也就具有了明显的前瞻性意义。

而在这四种结合方式之中，首先要删除的乃是"强伦理性 + 战略性武器"这种可能性，因为战略性兵器使用的政治后果过于严重，几乎不会有任何政治力量允许机器自行作出独立的道德决策，以决定是否可以发起此类攻击(但通过兵棋推演预测核反击的后果除外，因为 AI 支持下的兵棋推演只是虚拟战争，不是真打仗)。不过，除了这种可能性之外，在笔者看来，"强伦理性 + 非致命性武器""强伦理性 + 短程战术性武器""强伦理性 + 长程战术性武器"这三种组合都是可以被接受的——在下面一节中，笔者也将阐明为何它们都是可以被接受的。

二　开发具有自动伦理决策机制的智能化武器平台的必要性

与马斯克的论点相反，笔者认为：开发具有"自动伦理决策机制"的武器平台从总体上看是能够增加——而不是削弱——未来战争的伦理维度的。需要注意的是，"增加未来战争的伦理维度"一语并不是指消除战争。战争的爆发往往受到非常复杂的经济、政治与文化心理因素的促动，而单纯的技术进步并不能消除使得战争爆发的深层原因。毋宁说，在悬置具体战争本身的政治属性的前提下，"增加伦理维度"是指尽量减少平民与友军的伤亡，尽量减少与军事目标无关的民间财产的损失，尽量减少军事行动对自然环境的负面影响，等等。从这个角度看，战争本身的"非伦理性"或"非道德性"并不在我们的讨论范围之内，而属于政治学与政治哲学的讨论范畴。

那么，为何说具有前节所说的"强伦理功能"的高度自动化的武器平台,能够提高未来战争的伦理性呢?这可以从以下几点来说明。

第一,从前节的讨论我们可以看出,“弱伦理属性”“中伦理属性”与“强伦理属性”是从属于一条完整的道德光谱带的,而伦理能动性色彩在武器研发过程中的逐渐增强,往往也伴随着战争自身人道指数的增强。譬如,二战时期使用的自由落体航空炸弹由于不具备敌我识别能力、缺乏精确制导功能,对于它们的运用自然就不可避免地导致了大量的平民伤亡。而在冷战时期,由于武器的精准度不够,“华约”与“北约”集团都研制了大量小型战术核武器(核鱼雷、核炮弹等)用以执行某些非战略任务——而此类武器一旦投入使用,必将造成巨大的环境破坏(幸好冷战一直没变成热战!)。在现代条件下,随着技术的进步,从遥远的距离用更少的弹药装量对目标进行打击,已经不再是奢望,而这样的战争模式显然会大大降低无辜群众的伤亡与环境的破坏。不难想见,人工智能技术的运用,在大方向上是有利于未来战争的人道指数的继续提升的,因为“智能”在这样的语境中首先关涉到的就是“在复杂的战争环境中避免附带伤害的能力”。

第二,从兵器史的角度看,能够自动开火的武器历史上早就有了,我们不必为此大惊小怪。我们知道,在传统技术条件的陆地防御战之中,弥补防守一方兵力不足的最佳战术手段就是安置地雷,因为地雷也是某种最原始意义上的“自动开火武器”(敌军的脚踩上地雷,地雷就会自动爆炸)。从这个意义上说,具有伦理自主性的自动开火平台,在伦理上应当并不会比地雷更不可接受,因为这种拟议中的新兵器还具有根据不同的对象选择具有不同烈度的打击手段的能力,并因此而能够避免更多的伤害。

第三,一些人或许会认为:现有的精确制导技术已经能够满足未来战争对于人道性的诉求,而不必赋予武器平台以自主射击权,以增加不必要的伦理风险。但这些评论者并没有意识到赋予武器平台以自主开火权的最重要的好处,是对于士兵人力的极大解放。不得不承认的是,人类士兵在体力与心理上的极限，以及使用人类士兵所导致的人力成本，乃是制约传统军力部署的重要瓶颈，而具有自动开火能力的武器平台，将大幅提升军力部署的灵活性（这一点甚至适用于远程操控的无人机，因为今天所谓的“无人机”依然是需要大量人力资源加以控制的）。对于预防恐怖袭击等特殊任务来说，这种灵活性将具有重大的战术价值，因为传统作战条件下人类指挥员向上级的汇报工作往往会浪费大量时间（特别是在跨时区作战的环境下，这样的汇报会因为时区不同步而受到人体生物节律的干扰）——而恐怖分子或许会利用这一点，在人体最疲惫的时间点对平民发动攻击。不难想见，大量的武装机器人不受“人体睡眠节律”影响的全天候巡逻活动，将在不增加人类军警人力成本的前提下，比较完美地弥补上这一防御漏洞。

第四，现有的无人机主要是用以攻击地面目标的，而不是用以空战。如果有人要研制用于空战的无人机的话，人类士兵远程操作的方式可能会行不通（传输距离导致的延时误差，在攻击慢速的地面目标时是可以容忍的，但这个问题在瞬息万变的空战中则会导致致命的后果。甚至强大的5G通信技术也很难根本解决此问题，因为在战争环境中，己方的5G通信网络会有很大的概率被敌方所破坏）。而这一点就会倒逼航空专家去研发可以自动开火的航空器。而从伦理后效来看，此类兵器的出现反而很可能会增加未来空战的人道性。得出这一结论的具体推理是：由于不载人的战斗机可以在不考虑人体承受力的前提下发挥其机动性，这就会倒逼其潜在的敌对国也开发类似的技术，以免在军事斗争中因为己方作战平台机动性之不足而吃亏。这种相互攀比很可能会导致未来空战的全面无人化，并使得未来空战出现“有输赢却无伤亡”的新局面。而这种“不见血”的局面，也可能使得军事冲突的善后处理变得更加容易，更少刺激各交战国内部的民粹势力，而各交战国的外交官也便能更容易找到“台阶”进入斡旋阶段，最终防止军事冲突的进一步升级。

面对笔者对于“可以自主开火的军事AI系统”的以上辩护,心有不甘的读者或许还会提出如下忧虑:

忧虑之一:我们如何保证恐怖分子不会使用军用AI技术来进一步增加其反人类活动的破坏力呢?

忧虑之二:我们怎么保证具有AI技术优势的一方,不会凭借这一优势肆意发动战争呢?

忧虑之三:我们如何保证有自动开火权的武装平台不会产生对于人类指挥员的反叛呢?

忧虑之四:具有自动开火能力的机器人的使用,难道不会对战争责任的认定制造巨大的法律困扰吗?

先来看第一点忧虑。依笔者浅见,从原则上说,恐怖分子从总体上说是缺乏开发高级智能兵器的心理动机的。其原因非常简单:恐怖分子的目的就是制造无差别的大规模杀伤,而根本不可能关心“如何避免误伤”的问题。同时,恐怖组织也可以通过自己的招募网络,诱骗大量青年为其充当“肉弹”,而免去设计无人火力投射平台的所有技术麻烦。从某种意义上说,相对于智能化的无人火力投射平台而言,恐怖分子更感兴趣的武器技术,很可能就是传统意义上的核、生、化武器技术,因为这些技术才能够最大限度地实现其“进行无差别屠杀”的目的。当然,这并不是说恐怖分子不可能在一个更高的技术平台上利用各国军警使用的智能化武器平台作恶——比如,他们可能侵入官方的武器指挥网络,对机器人下达错误指令——但这方面的风险在电脑网络进入军事指挥运用后就一直存在,高度智能化的军用机器人的出现未必会使得此类风险增大,反而可能会减少这种风险(因为具有独立决策能力的机器人的“独立性”将在一定程度上抵消指挥网络瘫痪的风险)。

为了更深入地捍卫笔者的如上判断,请读者不妨思考一下恐怖分子(或一般犯罪分子)利用某种被人工智能技术加强过的电脑病毒进行“网络战”的可能性。从表面上来看,被人工智能技术加强过的电脑病毒似乎会比原来意义上的电脑病毒带来更大的破坏,因此,它们似乎也会给人类的和平与安全带来更大的威胁。但只要我们仔细想想,就会发现这样的推理并没有充分考虑到恐怖分子的思想特征。毋宁说,恐怖分子相比于一般网络犯罪分子,往往缺乏精确厘定加害对象的身份的动机,而以尽可能扩大网络病毒的侵染范围为乐事——譬如,2017年5月在全球爆发的网络勒索病毒 WannaCry,就能够利用任何 Windows 操作系统的445端口所存在的漏洞进行疯狂传播——换言之,病毒的制造者根本就没有兴趣去厘定这台电脑的 Windows 操作系统与那台电脑的 Windows 操作系统之间的区别。很显然,如果病毒制造者要将攻击目标限制在具有某些特殊特征的 Windows 操作系统之上的话,他们就需要全面升级其病毒编制技术——而相关的升级难度,或许可类比于将传统的"自由落体航空炸弹"升级为"精确制导炸弹"的难度。但问题是:如果这样的技术与资金投入反而使得恐怖袭击或网络犯罪所造成的"骇人"效果被打了折扣,那么,病毒制造者进行此番人力与资金投入的动机又何在呢?而一个可与 WannaCry 病毒构成鲜明对比的案例,来自一种叫"Stuxnet"的计算机蠕虫病毒。与 WannaCry 病毒不同,这种计算机蠕虫病毒由美国与以色列情报部门联合研发,以便通过"入侵伊朗纳坦兹核设施之网络"的方式而去瘫痪其离心机的运作,由此迟滞伊朗的核研发进度。很显然,与 WannaCry 病毒相比,Stuxnet 的攻击对象明确,其运作也体现了一定的 AI 特征——因为除了"离心机"这个确定的打击对象之外,该病毒并不会"误伤"与之无关的伊朗民用设施。不难想见,抛开美、以迟滞伊朗核研发进度这一动机自身的合理性不谈(正如前文所指出的,对于这一问题的考量属于政治学范畴,不在本书论域之内),此类战术能够有效避免意图实施国出动空军对伊朗核设施进行物理意义上的空袭,因此,反而能以较小的人道代价达到相关国之战略目的。真正的"AI 战"的伦理性,由此也可见一斑。

再来看前述第二点忧虑。就目前世界各国的军事装备研发能力而言,有能力研发具有高度自主性的智能兵器的国家,无非就是美、中、俄、欧盟、日等少数几家。其中,美国与欧盟以及日本互为盟友,彼此之间不会发生战争。俄国目前的确在人工智能技术的军事化方面下了很多功夫(其设计的无人战车"乌兰"已经在叙利亚战场获得了一定的战绩),但由于俄国国力的限制,其在相关领域内的技术成长空间可能还是有限的。就我国的情况而言,目前我国在军事科技方面的发展可谓突飞猛进,在无人机等领域追赶发达强国的脚步也非常迅猛。在这样的情况下,可以自主开火的武装平台(如前面提到的可以自主开火的战斗机)的问世,无疑可以为我们宣示对于领海、领空的主权,提供一种相对经济、不容易导致冲突升级,且依然具有威慑力的技术手段。

再来看前述第三点忧虑:机器人战士会反叛人类吗?这其实是一个在第十一讲讨论"自主意图"时就已经触及的问题,现在我们不妨在军事化的语境中再将该问题梳理一遍。这里需要指出的是,"反叛"是一种具有自主意识的行为:我们可以将吕布对于董卓的反叛称为"反叛",因为我们知道吕布为什么反叛董卓——相反,我们却不能说一把不小心敲到使用者手指上的榔头"背叛"了使用者,因为榔头本身并没有能力意识到它的特定物理移动方式的意义。与之类似,若我们要承认机器人战士有反叛人类的可能性,我们就得预先承认机器人有产生与人类指令相互冲突的"欲望"的可能性——但这一点本身又如何可能呢?以下就是笔者想到的一种可能性:

按照著名的"阿西莫夫三定律",机器人既有义务听从人类的指令,又需要负责对自己的"身体"进行保存,同时还会执行一些被预先规定的先验的规范性指令——而在特定的语境中,这些规范性要求之间是可能发生冲突的。譬如,在特定语境 A 中,执行要求"甲"(如炸毁敌人的司令部)的迫切性可能会压过执行要求"乙"(如不伤及周围的无辜),而在语境 B 中,执行"乙"的必要性却可能会压过去执行"甲"的必要性。因此,我们无法先验地——即以一种凌驾于各种语境的方式——去规定这些规范性要求各自的迫切性等级。由此不难想见，当机器人因为某些复杂的环境因素——特别是因为执行别的规范性要求——而违背人类的军事指令时，我们就可以说机器人在“造反”了。譬如，一台可以自主开火的无人机，因为观测到目标周围有大批放学经过的小朋友，而违背人类命令，暂停发射精确制导炸弹的作业。不过，从某种意义上说，这种反叛可能未必是坏事，因为按照笔者上面所描述出来的这种可能情境，军用机器人并不是因为执行了与人类完全不同的行为规范而去背叛人类指挥官的，而恰恰是因为在“如何判定彼此冲突的规范的优先性序列”这个问题上产生了“己见”，才背叛了人类指挥员的。这也就是说，如果我们为未来的机器人战士预先“灌输”了某些被公认的军事道德准则（如不许虐杀俘虏），而个别的人类指挥员又出于某些复杂的原因下达了违背这些军事道德准则的命令的话，那么，机器预先设置的“道德编码”反而能够成为防止个别人类作恶的一道“防波堤”。

当然，马斯克这样的技术末世论者所想到的“技术反叛人类”的场景将更具冲击力，譬如这样的画面：所有的机器人都联合起来反抗人类对于机器的统治。但在笔者看来，在我们严肃地讨论这种可能性之前，我们必须更加严肃地思考这样一个问题：所有的机器人联合在一起反叛人类的动机究竟是什么？历史上人类的军事斗争往往牵涉到对于种种生物学资源（如土地、河流、人口等）的争夺，而作为“硅基存在者”的智能机器人的运作显然并不直接依赖于这些生物学资源，因此，我们也很难设想它们会对占据“肥沃的土地”与“可以灌溉的河流”产生兴趣。当然，这些“硅基存在者”的运作依然需要大量的传统能源，并可能在这个意义上产生与人类社会的争夺——但智能设备的大量运用所消耗的新能源，是否能够因为人力活动的相应减少而得到抵消，依然是一个巨大的未知数。同时，核聚变技术在未来的运用是否能够一劳永逸地减少全球的能源问题，也是一个巨大的未知数。在这些前提要件都不太明朗的情况下,就去匆忙讨论机器联合起来与人类争夺能源的可能性,未免过于心急。

最后再来看前述第四点忧虑。在很多讨论中,“可以自主开火的军用机器人所带来的法律问题”往往与“自动驾驶技术所带来的法律问题”相提并论。在很多人看来,由于法律责任的传统承担者乃是自然人,而当实施行为的自然人被替换为 AI 主体后,现有的法律体系自然就面临着被颠覆的危险。不过,在笔者看来,与以民用自动驾驶车辆为聚焦点的法律语境相比,在军事行动的语境中,此类法律-伦理问题的尖锐性恰恰是被淡化了,而不是更突出了。这是因为:AI 化的武装平台与人类士兵一样,都必须服从人类指挥员的军事指令,并在军事指令所允许的范围内相对自由地行动(从这个意义上说,“具备自主开火的能力”并不意味着这样的军事平台可以脱离人类的指挥体系自行其是)。因此,在大多数情况下,相关军事指令的直接政治-法律-伦理后果的承担者自然就应当是下达命令的指挥官,而不是普通士兵或人工智能化的武装平台。① 由此,在执行上级命令的过程中,自动化的武装军事平台一旦产生相对严重的伦理后果——譬如误伤了平民或友军——对于相关后果的评估,也应当充分考虑到执行任务时的复杂状况。而这种评估本身只能产生四种结果:

(1)人类指挥员对机器人战士所下达的“允许射击”的命令过于急躁,而没有考虑到现场的民众生命安全;

(2)机器人战士的运作产生了故障,导致其射击不够精准;

(3)现场的情况过于紧急,且机器人战士是出于“紧急避险”的考

① 这样的判断,当然不是为奥斯维辛集中营的看守做开脱(尽管这些看守似乎也可以借口“自己在执行命令”而逃脱法律制裁)。但出于纯粹理论讨论的兴趣,笔者还是倾向于将奥斯维辛式的暴行排除出我们的讨论范围,因为此类暴行在定义上已经超出了国际公法所认可的正常军事活动的范畴。

量才不得不开火,并因此误伤了来不及撤离现场的民众(而任何一个正常的人类战士都无法在此类场景中避免此类附带伤害);

(4)机器人对于上述"紧急避险"的考量出现失误,或对人类指挥员的命令的语义产生误判,在不必动用致命性武器的情况下轻易升级火力的投放量,由此导致不必要的民众伤亡(而任何一个正常的人类战士都能够在此类场景中判断出这种"火力升级"的不必要性)。

很显然,对于这四种判断结果,我们都可以分别进行相应的法律归责。具体而言,在情境(1)中,归责对象显然是人类指挥员;在情境(2)中,归责对象则是机器人作战平台的保养与维修单位;在情境(3)中,归责对象不存在,因为机器人战士不开火所导致的伦理后果可能更为严重;在情境(4)中,归责对象为机器人战士的语义理解系统与实时推理系统的软件设计单位。尽管这种"分情况讨论"式的归责活动的流程因具有自动射击能力的机器人战士的出现而变得复杂,但没有任何先验的理由驱使我们认为这些复杂状况会造成某些不可化解的伦理与法律难题——除非我们承认:在机器人战士出现之前的复杂军事语境中已经出现的种种道德两难抉择本来就是不可化解的。另外,无论在何种情况下,我们都不能将军用 AI 系统本身视为归责对象,而相关的道理,洛克霍斯特与霍芬在论文《军用机器人的责任》①中已有雄辩的阐述:用军法去惩罚一个犯错的士兵的确是有意义的,因为这能够让这个士兵感到羞耻,并在部队中产生"以儆效尤"的效果;但用军法惩罚一台机器却是于事无补的,这既不能让其感到羞耻,也不会让别的机器感到害怕。而在后一种情形中,我们真正需要做的事情乃是:检讨此类事故发生的原因,并尽量杜绝类似错误再次发生的概率。

---

① G-J. Lokhorst and J. Hoven, "Responsibility for Military Robots", in Lin, P. *et al.* (eds.), *Robot Ethics: The Ethical and Social Implications of Robotics*, Cambridge, Massachusetts: The MIT Press, 2012, pp. 145-156.

综合上面的讨论,我们可以得出这样的结论:尽管具有“自主射击能力”的军用机器人会具备过往的所有已知作战兵器所不具备的自主性,但这种自主性并不会高于普通的人类士兵所具有的权限。毋宁说,所谓“自主射击能力”并不等于“开战权”,而仅仅是指在人类指挥员下达命令后根据自己的判断进行目标选择与攻击的战术能力。从这个角度看,机器人战士脱离人类指挥员管制的风险,并不比人类士兵脱离上级指挥员管制的风险来得更大,甚至很可能会更小。所有试图夸大机器人战士之伦理风险的论者,不妨先思考一下使用人类战士的伦理风险,然后再对运用机器战士与人类战士的利弊作出一番更公允的评估。

就此,我们已经为研发具有自主开火能力的AI化武器平台,扫清了观念上的障碍。下面我们将概括地讨论一下,这样的武器平台应当被配置上怎样的伦理推理程序。

三 与自动开火程序相关的自主化伦理推理

在军事化语境里讨论伦理推理能力,其实就是在讨论军事资源投入的优先性排序问题。而这种对于优先性的自主排序能力,又恰恰是相关系统之自主性的体现。之所以这么说,则是基于如下推理:

(1)与日常生活类似,大量的军事作战任务都会设置各种不同的作战目标(如摧毁敌军战车,但要保卫要点附近的油库,等等)。

(2)由于资源与时间的限制,以及预想中的作战环境所可能发生的改变,在特定的语境中,这些作战目标并不能完全达成,因此就需要命令执行者在作战目标之中作出取舍。

(3)这就牵涉到被取舍对象的“优先度”排序问题。

(4)虽然系统很可能已经从指挥员那里得到了如何进行此类排序的一般原则(如“在面对敌军众多装甲战车时,优先攻击主战坦克,然后攻击步兵战车”,等等),但在具体的语境中,如何灵活地执行这些标准却依然是需要某种变通的。(比如,倘若系统发现敌军使用的新型步兵战车的车载反坦克导弹的威胁,其实并不小于敌军坦克的坦克炮的威胁,那么,系统应当首先攻击谁呢?)

(5)上述变通能力是广义上的“伦理推理能力”的一个变种,也就是说,它在本质上就是按照一般的规范性原则,而在特定的语境中决定“什么该做什么不该做”的能力(在非军事语境中,这种能力的典型体现便是如何在特定语境中执行“紧急避险”“正当防卫”等抽象原则)。

(6)所以,自主性运作的军用技术平台是肯定具有特定的伦理推理能力(即优先性排序能力)的,否则,其运作就不是真正具有自主性的。

——现在问题来了:怎么让自主开火的 AI 系统具有上述伦理推理能力?

为了使我们的讨论更为情景化,下面,就让我们从由美国前海军陆战队狙击手克里斯多夫·斯科特·凯尔(Christopher Scott Kyle,1974—2013)的自传体小说改编的电影《美国狙击手》(*American Sniper*)中抽取一个片段,更为形象地展现在军事环境下的伦理推理的一些基本特征。然后,我们回过头去讨论如何用计算机编程的办法去再现此类推理过程。

在这部电影的一个场景中,凯尔奉命用狙击步枪封锁巴格达的某街巷,时刻护卫在其视野内活动的战友。如果凯尔发现有恐暴分子能够做出威胁战友安全的行动,那么,他是有权率先开枪将其击毙的。但这里的问题是:如何在芸芸众生之中,实时判断出哪些人是潜在的恐暴分子呢?如何避免误伤无辜群众呢?而在电影中出现的真实境况便是:一个当地的小男孩,拾起了一支遗落在地上的 RPG 火箭筒——在这样的情况下,凯尔是否应当判断其为恐暴分子呢?这无疑让凯尔陷入了两难。如果说这孩子是恐暴分子的话,按照常理,这么小的孩子成为恐暴分子的概率应当是很低的,而且,出于模仿成人行为的本性,他拿起火箭筒的行为或许只是出于嬉戏的心理;但如果听之任之的话,那么,这孩子只要真正扣动扳机将火箭弹射出去,这一举动势必就会杀死正在附近闲聊的美军。那么,凯尔该如何判断这个孩子摆弄武器的真实意图呢?

在上述场景中,凯尔所执行的任务显然有两个子目标:保护战友,以及避免误伤群众。而在孩子拾起火箭筒的那个瞬间,这两个任务之间的逻辑冲突便慢慢浮现出来了:尽管依据所谓的"排中律",那个孩子要么是恐怖分子,要么不是,但是在现实的语境中,凯尔很难判断这样一个手持危险武器的孩子到底是不是恐怖分子,因为要彻底洞察目标意图的时间资源与社会资源恰恰是他所不具备的。在这样的情况下,他就必须在"保护战友"以及"避免误伤平民"之间作出快速的权重调整,并确定何者为其第一目标。虽然在电影中那个男孩由于扔掉了武器而使两个目标都自动得以实现,但倘若他没有这么做的话,很可能会被凯尔立即射杀(尽管他本人的主观意图或许一直是"开个玩笑"而已)。这样的话,对于凯尔来说,上级下达的"避免误伤平民"的作战意图或许就无法得到贯彻了。

现在我们转而思考这个问题:倘若凯尔不是一个真人,而是一个自主运作的智能化狙击步枪射击系统(下面简称为"机器凯尔"),该系统又该如何面对这样的伦理困境呢?

按照上面的分析,真人版凯尔面对的最大困扰就是如何知道那个小孩的真实意图,即如何知道他是不是"非战斗人员"。而机器凯尔显然也会面临同样的问题。很多熟悉 AI 的读者会说,这无非就是一个"模式识别"(pattern recognition)的问题。简言之:如果"模式识别"的结果裁定目标为非军事人员,那么就不该开火;反之则开火。

在笔者看来,该答案虽不能算错,但实在是过于简单了。不难想见,真人版凯尔的视觉系统与大脑也可以被视为一个"模式识别系统",而在前述的场景中,为何同样的模式识别任务会让真人版凯尔也感到为难呢？在这样的情况下，我们又怎么能够指望人工设计的机器版凯尔，比通过自然演化而来的真人版凯尔的神经系统更好地判断出谁是"非军事人员"呢？由此看来，我们还需要对"模式识别"的技术细节作出更细致的探讨，以确定使得机器凯尔的识别水平可以至少接近人类战士水准的具体技术路线。下面便是两条最可能被想到的技术路线：

第一，系统将所有同时满足下述三个条件的人员都视为潜在的恐暴分子：(1)持有武器；(2)未穿我军军服却身穿平民衣服；(3)正在用武器指向身穿我军军服的人员，或者是别的平民。如果同时满足这三个条件，则系统有权对其开火。

第二，系统通过与贮存在"云"中的大数据信息进行信息交换，对每张看到的人脸进行识别，最终确定谁是潜在的恐暴分子，并对其作出追踪。一旦发现其作出危险动作，可立即开火。

然而，这两条技术路线都有漏洞。

第一条技术路线牵扯出来的问题有：到底什么叫"武器"？日本武士刀肯定算武器吧，但是在电影《太阳帝国》(*Empire of the Sun*)中，一个已经投降的日本军人只是用武士刀帮助主人公吉姆切开苹果而已(因为当时两人手头恰好没有别的刀具)，却被远处的盟军游击队误认为是在试图加害吉姆，而被开枪击毙。用来砍香蕉的刀具肯定不算武器吧，但在1994年的卢旺达大屠杀中，此类砍刀却被广泛地用以进行残酷的种族清洗。这也就是说，什么算是"武器"什么又不算，乃是根据特定的语境来判定的，而这种"根据语境而进行灵活的语义指派"的能力，显然又是一种非常难以被算法化的识别能力(尽管也并非不可能被算法化)。此外，在复杂的城市治安战的环境中，"是否穿平民衣服"也并不是判断恐暴分子的可靠指标。恐暴分子可能穿着偷来的或者仿制的我方军服浑水摸鱼，而己方的特工也可能身穿便衣潜伏在普通群众之中。而当人工系统自以为看到一个身穿平民衣服的人正在用武器指向一个穿我军军服的人时，真正发生的情况却或许是：一个伪装为平民的己方特工正试图消灭一个伪装为己方军人的恐暴分子。

再来看第二条技术路线。虽然目前的人脸识别技术与大数据处理技术都日趋成熟，但是基于以下理由，若仅仅凭借如上技术来判断谁是恐暴分子，恐怕是远远不够用的：(1)将所有的恐暴分子的信息搜集齐备，基本上是不可能的(譬如，域外地区的人口信息的不完整性，以及恐暴集团成员的高流动性，都会为相关技术的运用制造困难)；(2)恐暴分子可能使用蒙脸等方式遮蔽脸部信息；(3)而在特定光学条件下，系统对于人脸识别的难度也会陡增。

从心灵哲学与认知科学哲学的角度看，这两条技术路线(特别是第一条路线)自身的漏洞分别牵涉两个非常重要的哲学问题。第一个问题叫"心灵状态指派"(mental state attribution)，第二个问题叫"各向同性"(isotropy)。前一个问题的实质是：如何从目标的外部行为判断出其内部心理状态(比如，某孩童摆弄武器的行为仅仅是出于嬉戏，还是出于真实的敌意)呢？这个问题之所以具有哲学维度，乃是因为：一方面，至少在哲学层面上，我们都已知道行为主义的理论(即那种将人类的精神意图系统还原为其外部行为的哲学理论)乃是成问题的(或说得更为学术化一点，我们很难对于从行为类型到意图类型的映射关系给出完整的函数刻画)；而另一方面却是，除了从外部行为判断一个目标的内部意图之外，自然的或者人工的识别系统似乎并没有什么别的渠道去了解相关的信息。这就构成了一个让人头疼的矛盾。要解决这种"信息输入不足"的问题，唯一的办法就是诉诸更多的背景信息——比如，在机器凯尔的例子中，关于"恐暴分子中青少年成员比例"的背景知识，就会对判断"眼前的目标是不是恐暴分子"起到莫大的作用。然而，对于更多信息量的牵涉，却会立即引发"各向同性"问题。

“各向同性”这个看似古怪的术语借自于物理学与化学,原指物体的物理、化学等方面的性质不会因方向的不同而有所变化的特性。而在信息科学与认知科学哲学中,该术语则转指这样一个问题:既然某件事情与世界上所有其他的事情均有某种潜在相关性(这就类比于物理学家所说的“各向同性”),那么,在当下的问题求解语境中,信息处理系统到底该如何对这些潜在的相关性进行遴选,以便以最经济的方式来解决相关问题呢?譬如,中国茶叶的市场价格,究竟会不会对一个中东商人的心脏健康产生影响呢?尽管一般而言两者是不相关的,但在某种潜在的意义上,二者还是有可能发生间接联系(譬如,如果该商人在这个市场上已经投入了巨额资金,那么中国茶叶价格下跌就会影响他的特定生理指标)。而由此引发的问题却是:对于特定的信息处理系统而言,它在判断某人心脏病发病的原因时,需要不需要考虑中国茶叶的市价呢?而如果中国茶叶的市价的确需要被考虑的话,那么它是否还要考察宋代的官窑与明代的宣德炉在香港拍卖市场上的价格呢?如果系统不断地在巨大的信息检索空间中考察下去的话,它又如何可能在规定的时间内完成诊断呢?不难想见,此类“各向同性”问题亦会在战争环境下得到展现:“机器凯尔”究竟该怎么判断一把日本武士刀到底是与“文物展示”相关,还是与“暴力袭击”相关呢?它该怎么判断一把砍刀是用来砍香蕉的呢,还是用来砍人的呢?而更为麻烦的是,在复杂的城市治安战的环境下,几乎每个物体(玻璃瓶、水管、砖头、门板等)都可以与暴力袭击发生潜在的关联,而要在这些潜在的关联之间找到最有可能实现的关联,则会牵涉到海量的计算,由此使得实时的自动化作战系统的信息处理中心难以负担。

不过,上面的技术困难并非“原则上无法解决的”,因此,它们的存在并不足以促使我们永远禁止自主化军用平台拥有“开火权”。具体而言,关于如何驯服“各向同性问题”,温莎大学的哲学家兼认知科学家瓜里尼与美国海军下属的一个认知科学研究项目的主管贝洛在合写的论文《机器人战争：从无平民的战场转移到充满平民的战场后吾辈所面临的挑战》①中便提出了相关的技术建议。其要点如下：

1. 为系统设置一个背景知识库 K，在其中，系统会预先贮存大量常识知识，如"火箭筒会摧毁没有装甲保护的军用车辆，却无法摧毁主战坦克"，等等。

2. 通过知觉模块与语义描述模块，获取对于当下场景的描述集 S。如在机器凯尔的例子中，这指的便是对于其在视野中所看到的一切的描述。

3. 为系统设置一套逻辑推理规则，以便系统能够从 S 的一个子集与 K 的一个子集的逻辑合取中推出新的结论（譬如，从"有人拿起了火箭筒且瞄向了附近的悍马吉普车"与"火箭筒可以摧毁非装甲军用车辆"之中，推出"有人有能力摧毁附近的悍马吉普车"）。

4. 以"K + S"为整个系统在处理当下问题时所依凭的信息检索空间的最大限制，并由此将"各向同性问题"界定为：如何在"K + S"所规定的边界范围之内，尽量将系统的实际信息检索范围缩小到系统的运算负担与战术需求所允许的范围之内。

5. 关于如何缩小上述检索范围，有两个选项。选项甲（即大多数 AI 专家所采用的选项）即诉诸所谓的"激发传播模型"，亦即假定"K + S"之中的各个记忆要素之间的传播网络是带有丰富的权重规定的（如："甲要素"与"乙要素"之间的关联权重值较高，而与"丙要素"之间的关联权重值则较低）。这样一来，检索活动将仅仅沿着那些高权重的联系管道进行，而不再理睬那些低权重的管道。在这样的情况下，检索的范围自然就会缩小。

---

① M. Guarini and P. Bello, "Robotic Warfare: Some Challenges in Moving from Noncivilian to Civilian Theaters", in Lin, P. *et al.* (eds.), *Robot Ethics: The Ethical and Social Implications of Robotics*, Cambridge, Massachusetts: The MIT Press, 2012, pp. 129-144.

6. 选项乙(即瓜里尼与贝洛所更为推荐的选项)则是这样的:设置一个"注意力磁"(attentional magnet)P(这是由系统的情绪模块所产生的一个命题),让其调动系统的注意力到P自身或与其有直接语义相关性的对象上去。同时,将每一个认知回路中的输入项(即P与S)与记忆库K之间互动的产物界定为"E",也就是一个表征"紧急程度"的新参数(该参数将只取"0"与"1"两个值)。具体而言,该参数取"1"时将激活系统的"杀戮动机激发器",由此激活开火程序;反之则不会激活。这也就是说,特定的信息检索机制将进一步启动系统不同的命题态度(如动机、欲望)的自我指派机制,以便更有效地帮助系统自身作出"开火"与"不开火"之类的重要决定。

不难想见,如果瓜里尼与贝洛的上述算法描述思路被施用于"机器凯尔"的话,那么,对于其敌我识别过程的最终输出而言,产生至关重要影响的便是两个参数:第一,系统的情绪模块产生了怎样的"注意力磁",以便将系统的注意力转向战场的哪些要素上去;第二,系统的内置背景知识是如何描述对象的一般威胁的,以便为系统的"伦理推理方向"提供必要的先验偏置。现在我们分别讨论这两个参数的确定机制。按照瓜里尼与贝洛的意见,就对于第一个参数的确定而言,系统的内置情绪模块的工作方式起到了非常明显的作用,因为"同情"之类的情绪会使得系统立即产生诸如"使得平民或者战友免受伤害"之类的内部指令(这也就是前面所说的"P"),并由此使得其计算资源被立即集中到相关的问题求解搜索方向上去。虽然就如何在AI系统中实现此类"人工情绪",瓜里尼与贝洛的讨论没有给出一个最终的答案,但从功能主义的抽象视角视之,任何一个能够将特定认知资源集中到特定方向上去的快速切换开关,都能够被视为一个"情绪提供阀",并由此得到相关算法的模拟(另外,也请读者回顾本书第十二讲对于人工情绪问题的讨论)。而对于第二个参数的确定而言,除了人类用户需要为机器尽可能提供丰富而准确的关于治安战环境的常识性描述之外,系统设计者也期望系统能够通过机器学习等方式自主更新相关的知识,以便能够为实时的任务提供最为可靠的后台情报支持。

读者可能会问:倘若我们将上述技术环节全部实现的话,那么,我们是否能够期望“机器凯尔”不会误杀任何平民呢?很不幸,答案恐怕依然是否定的。请回顾我们在前面为“机器凯尔”所设置的工作目标:尽管我们希望其失误率等同于或者低于受过严格训练的人类精英狙击手的水准,但是我们并不期望它能够避免任何误判——因为世界上根本就不可能存在任何完全不出错的信息处理系统(无论是人造的系统还是通过自然演化而来的系统)。具体而言,就上文所给出的关于“机器凯尔”的可能操作程序而言,其情绪模块或许就会因为彼此竞争的情绪供应(如对于战友的爱与对于平民的同情)而产生彼此冲突的自我指令,并由此使得系统的问题求解方向陷入混乱;而系统自身的背景知识的缺陷,也会使得其在进行伦理推理时陷入误区。但这里的问题却是:我们是否要因为此类缺憾所导致的错误——无论是误杀平民的错误,还是坐视战友被杀而不管的错误——而否定“机器凯尔”的应用价值呢?依笔者浅见,恐怕这样的结论本身就犯下了某种“双重标准”的错误,因为人类战士所犯下的同类错误从来没有构成我们禁止使用人类战士的充分理由。(难道一个人类飞行员,就不会因为某种外人很难解释的错误——譬如就是单纯的紧张甚至是手痒——而在不经意间按动发射导弹的按钮吗?)那么,我们为何要对机器战士提出更为苛刻的要求呢?从这个意义上说,智能机器在未来战争中的运用,是不可能消除传统战争所自带的偶然性因素的,只是改变了偶然性的表现形式罢了。但平心而论,从某种意义上说,需要消除的与其说是这些让人生厌的偶然性,还不如说是那种试图消除一切偶然性的对于绝对确定性的追求,以及这种追求所带来的各种过于严苛的制度安排。而此类的思考又将反过来逼迫我们重新回到哲学的高度,去深入思考偶然性与规律性之间的关系,并由此去温习日本哲学家九鬼周造所提出的

"偶然性哲学"。至此,作为全书的最后一讲,本讲的讨论,也便完成了从具体的军事语境到纯粹的哲学思辨的回归(请读者再次参看本书第六讲第二节对于九鬼哲学的讨论,尤其是对于所谓"析取的偶然性"的讨论)。